普通高等教育"十一五"国家级规划教材

机械制造系列

机械工程检测技术

Jixie Gongcheng Jiance Jishu

第三版

陈瑞阳　田宏宇　主编

毛智勇　昝　华　刘晓彤　李一男　编

U0393415

高等教育出版社·北京

内容提要

　　本书是普通高等教育"十一五"国家级规划教材，根据近年来应用性、技能型人才培养的教学需要，对本书第二版进行了修订，删除了一些陈旧的内容，增加了有关新技术、新知识。全书共9章，分为基础理论和应用技术两部分。基础理论部分介绍检测方法、检测误差、数据处理、常用传感器等基础知识。应用技术部分介绍位移、速度、转速、压力、流量、应变、力、温度、湿度、开关量和数字量、几何量的检测方法，并介绍工程中常用的检测软件 LabVIEW 的使用方法。每章有学习目的、小结和思考题与习题，书后附录为实验指导书，可供各专业根据各自的教学要求组织实训。

　　本书适用于应用性、技能型人才培养的各类教育，也可供有关工程技术人员参考。

图书在版编目（C I P）数据

　　机械工程检测技术／陈瑞阳，田宏宇主编 . —3 版 . —北京：高等教育出版社，2010. 11（2017. 8 重印）
　　ISBN 978-7-04-030342-1

　　Ⅰ. ①机⋯　Ⅱ. ①陈⋯　②田⋯　Ⅲ. ①机械工程 - 检测 - 高等学校：技术学校 - 教材　Ⅳ. ①TH16

　　中国版本图书馆 CIP 数据核字（2010）第 187719 号

策划编辑	查成东	责任编辑	贺 玲	封面设计	张雨微	责任绘图　尹 莉
版式设计	余 杨	责任校对	杨凤玲	责任印制	毛斯璐	

出版发行	高等教育出版社	网　　址	http://www.hep.edu.cn
社　　址	北京市西城区德外大街 4 号		http://www.hep.com.cn
邮政编码	100120	网上订购	http://www.landraco.com
印　　刷	三河市骏杰印刷有限公司		http://www.landraco.com.cn
开　　本	787×1092　1/16		
印　　张	15.25	版　　次	2008 年 8 月第 1 版
字　　数	370 000		2010 年 11 月第 3 版
购书热线	010-58581118	印　　次	2017 年 8 月第 5 次印刷
咨询电话	400-810-0598	定　　价	26.50 元

第三版前言

本书是普通高等教育"十一五"国家级规划教材,根据近年来应用性、技能型人才培养的教学需要,本版在第二版的基础上增加了开关量和数字量的测量,介绍了工程中常用的检测软件LabVIEW 的使用方法等内容,修订了检测技术基础部分,弱化了测试系统理论及信号处理部分,调整了几何测量部分内容的位置,并补充了互换性和公差的相关内容,使该部分趋于完备,成为一个完整体系,以利于不单独开设"互换性与公差"课程的学校选用。

本书以培养学生从事实际工作的基本能力和基本技能为目的,本着理论知识必需、够用为度和少而精的原则,注意理论知识的讲解与工程检测实践的有机结合,从实用性出发,以介绍典型机械量的检测方法为主线,将常用传感器、测量电路和数据分析处理技术等内容有机地融汇到检测方法中讲解,使学生对检测系统和方法有一个完整的认识,能够针对被测对象选用检测装置,实施检测过程,并给出测量结果。

本书在编写时,以技术应用为出发点,在内容上力求概念清楚、通俗易懂、由浅入深,加强实验、实训等实践环节,强调理论知识和实践训练的统一,着重培养学生的科学实践能力、分析问题和解决问题的能力以及创新精神。

全书共9章,第1章为基础理论部分,讲述检测技术的基础知识、误差处理方法、有关测试信号的描述、常用传感器等知识;第2章介绍位移的测量方法;第3章介绍速度的测量方法,包括线速度和转速的测量;第4章介绍压力和流量的测量方法;第5章介绍应变和力的测试方法;第6章介绍温度和湿度的测量方法;第7章介绍开关量和数字量的测量方法;第8章介绍 LabVIEW检测软件及其应用;第9章介绍几何量误差检测方法。在本书的最后附有实验指导书,可供各专业根据各自的教学要求选择组织实训。

本书由北京联合大学机电学院陈瑞阳和田宏宇主编,参加编写的有刘晓彤(第1章)、陈瑞阳(绪论、第2章、第3章)、毛智勇(第4章、第5章)、田宏宇(第6章、第7章、第8章)、昝华(第9章)、李一男(附录),全书由田宏宇负责统稿。本书由孙建东、程光审阅。

本书在编写过程中参考了众多专家的大量著作,这些著作对于本书的编写提供了重要的帮助,在此表示由衷的感谢。

由于作者水平所限,书中难免有错误和不足,衷心希望读者将错误与不足反馈给我们,对此深表感谢。

编　者

2010 年 9 月

目　　录

绪　论

1. 检测技术在国民经济中的地位和作用

在人类的各项生产活动和科学实验中,为了了解和掌握整个过程的进展及其最后结果,经常需要对各种基本参数或物理量进行检查和测量,从而获得必要的信息,作为分析、判断和决策的依据。检测技术就是利用各种物理效应,选择合适的方法与装置,将生产、科研、生活中的有关信息,通过检查与测量手段,进行定性的了解和定量的分析所采取的一系列技术措施。

自然科学的产生与发展离不开检测。科学技术的进步是与检测方法、检测技术的不断完善分不开的。著名科学家门捷列夫说过:"科学,只有当人类懂得测量时才开始。"这说明,测量是人类认识自然的主要武器。只有借助于检测技术,人们才有可能发现、掌握自然界中的规律,并利用这些规律为人类服务。

现代科学技术的发展离不开检测技术,特别是科学技术迅猛发展的今天,机械工程、电子通信、交通运输、军事技术、空间技术等许多领域都离不开检测技术。

机械工业在我国社会主义经济建设中占有相当重要的地位。它既要以各种技术装备服务于国民经济各部门,又要提供大量的日用机电产品来满足人们日益增长的物质需求。经过五十多年的努力和发展,现在我国不但可以生产大型、重载的冶金、矿山设备以及高精度的仪器、仪表和机床,而且还可以生产具有尖端技术的航天、航空和航海设备等。

在机械制造行业中,通过对机床的许多静态、动态参数如工件的加工精度、切削速度、床身振动等进行在线检测,从而控制加工质量。在化工、电力等行业中,如果不随时对生产工艺过程中的温度、压力、流量等参数进行自动检测,生产过程就无法控制甚至发生危险。在交通领域,一辆现代化汽车装备的传感器有十几种,分别用于检测车速、方位、转矩、振动、油压、油量、温度等。在国防科研中,检测技术用得更多,许多尖端的检测技术都是因国防工业需要而发展起来的。例如,研究飞机的强度时,要在机身、机翼上贴上几百片应变片并进行动态测量。在导弹、卫星、飞船的研制中,检测技术就更为重要。例如,阿波罗宇宙飞船用了 1 218 个传感器,运载火箭部分用了 2 077 个传感器,对加速度、温度、压力、应变、振动、流量、位置、声学等进行监测。近年来,随着家电工业的兴起,检测技术也进入了人们的日常生活中。例如,自动检测并调节房间的温度、湿度等。

总之,检测技术已广泛地应用于工农业生产、科学研究、国内外贸易、国防建设、交通运输、医疗卫生、环境保护和人民生活的各个方面,起着越来越重要的作用,成为国民经济发展和社会进步的一项必不可少的重要基础技术。因而,先进检测技术的应用正成为经济高度发展和科技现代化的重要标志之一。

从另一方面看,现代化生产和科学技术的发展不断地对检测技术提出新的要求,成为促进检测技术向前发展的动力。科学技术的新发现和新成果不断应用于检测技术中,有力地促进了检测技术自身的现代化。

检测技术与现代化生产和科学技术的密切关系,使它成为一门十分活跃的技术学科,几乎渗透到人类的一切活动领域,发挥着愈来愈大的作用。

2. 检测系统的组成

完整的检测系统或检测装置通常是由传感器、信号处理电路和显示记录装置等部分组成,分别完成信息获取、转换、显示和处理等功能。图 0.1 给出了检测系统的组成框图。

图 0.1　检测系统的组成框图

（1）传感器

传感器又称变换器或转换器、变送器,是检测系统的信号拾取部分,作用是感受被测量并将其转换成可用信号输出,通常这种输出是电信号。如将机械位移量转换成电阻、电容或电感等参数的变化,将振动或声音信号转换成电压或电荷的变化。

（2）信号处理电路

信号处理电路又称测量电路或中间变换电路。用于对传感器输出的信号进行加工,作用是把传感器输出的微弱信号变成具有一定功率的电压、电流或频率信号,以满足显示记录装置的要求。如将阻抗的变化转换成电压或电流的变化;又如将信号进行放大、调制与解调、线性化以及转换成数字信号等。经过这样的加工使之变成一些合乎需要,便于传送、显示或记录以及可作进一步处理的信号。对于电阻应变式传感器,被测量引起传感器直接变化的是粘贴在传感器弹性元件上的应变片的电阻变化。信号处理电路通过测量电桥电路及放大电路等,把该电阻量变化转换成电压量输出。对于电感、电容、压电传感器,被测量引起传感器直接变化的是电感量、电容量和电荷量,然后经过信号处理电路,可获得足够大量值的电压或电流输出。信号处理电路还能起阻抗变换的作用,如压电传感器具有高的输出阻抗,经过信号处理电路后,输出阻抗降低,这样才能与某些记录仪相匹配。

应当指出,测量电路的种类和构成是由传感器的类型决定的,不同的传感器所要求配用的测量电路经常具有自己的特色。在以后各章节中,我们将针对不同的传感器作详细介绍。

（3）显示、记录部分

显示、记录部分的作用是将信号处理电路输出的被测信号转换成人们可以感知的形式,如指针的偏转、数码管的显示、荧光屏上的图像等。还可将此电信号记录在适当的介质(如磁带、记录纸等)上,以供人们观测和分析。目前,常用的显示器有四类:模拟显示、数字显示、图像显示及记录仪等。

模拟显示是利用指针对标尺的相对位置表示被测量数值的大小。如各种指针式电气测量仪表,常见的有毫伏表、微安表、模拟光柱等,其特点是读数方便、直观,结构简单,价格低廉,在检测系统中一直被大量应用。但这种显示方式的精度受标尺最小分度限制,而且读数时易引入主观误差。

数字显示则直接以十进制数字形式来显示读数,专用的数字表它可以附加打印机,打印记录测量数值,并且易于和计算机联机,使数据处理更加方便。这种方式有利于消除读数的主观误差,目前多采用发光二极管(LED)和液晶(LCD)等以数字的形式来显示读数。前者亮度高,后者耗电省。

图像显示,如果被测量处于动态变化之中,用一般的显示仪表读数就十分困难,这时可以将输出信号送至显示装置,用示波管(CRT)或LCD屏幕来显示被测参数的变化曲线或读数,有时还可用图表、彩色图等形式来反映整个生产线上的多组数据。

记录仪主要用来记录被测量随时间变化的曲线,作为检测结果,供分析使用。常用的记录仪有笔式记录仪、光线示波器、磁带记录仪、快速打印机等。

显示、记录部分通常都是选用市场上现售的标准设备。

3. 检测技术发展概况

检测技术是随着现代科学技术的发展而迅速发展起来的一门新兴学科。20 世纪 20 年代,检测技术已经应用在机械工程试验和生产过程的自动控制中。1946 年电子数字计算机诞生,并很快渗透到机械行业。20 世纪 50 年代初期出现了第一批机电一体化产品——数控机床,它将机械加工、检测技术和计算机技术结合在一起,大大提高了加工精度和生产效率。目前,在现代机械制造最具代表性的产品中,如数控机床、机器人、柔性制造系统(FMS)、计算机集成制造系统(CIMS)等,检测技术已成为不可缺少的重要组成部分。

近年来,由于物理学、化学、材料学,特别是半导体材料学、微电子学等方面的新成就,使新型检测系统正在向器件集成化、信息数字化和控制智能化方向发展,新型或具有特殊功能的传感器不断涌现出来。检测技术的新进展主要表现在以下几个方面:

(1)不断提高检测系统的测量精度、量程范围,延长使用寿命,提高可靠性

随着科学技术的不断发展,对检测系统测量精度的要求也相应地在提高。近年来,人们研制出许多高精度的检测仪器以满足各种需要。例如,用直线光栅测量直线位移时,测量范围可达二三十米,而分辨率可达微米级。人们已研制出能测量小至几十帕的微压力和大到几千兆帕高压的压力传感器,开发了能够检测出极微弱磁场的磁敏传感器。从 20 世纪 60 年代开始,人们对传感器的可靠性和故障率的数学模型进行了大量的研究,使得检测系统的可靠性及寿命大幅度地提高,现在许多检测系统可以在极其恶劣的环境下连续工作数万小时。目前,人们正在不断努力,以进一步提高检测系统的各项性能指标。

(2)应用新技术和新的物理效应,扩大检测领域

检测原理大多以各种物理效应为基础,人们根据新原理、新材料和新工艺研究所取得的成果,将研制出更多品质优良的新型传感器。例如光纤传感器、液晶传感器、以高分子有机材料为敏感元件的压敏传感器、微生物传感器等。近代物理学的成果如激光、红外、超声、微波、光纤、放射性同位素等的应用,都为检测技术的发展提供了更多的途径。如激光测距、红外测温、超声波无损探伤、放射性测厚等非接触测量的迅速发展。另外,代替视觉、嗅觉、味觉和听觉的各种仿生传感器和检测超高温、超高压、超低温和超高真空等极端参数的新型传感器,将是今后传感器技术研究和发展的重要方向。

(3)发展集成化、功能化的传感器

随着超大规模集成电路技术的发展,硅电子元件的集成化有可能大量地向传感器领域渗透。人们将传感器与信号处理电路制作在同一块硅片上,得到体积小、性能好、功能强的集成传感器,

使传感器本身具有检测、放大、判断和一定的信号处理功能。例如,已研制出高精度的 PN 结测温集成电路;又如,人们已能将排成阵列的成千上万个光敏元件及扫描放大电路制作在一块芯片上,制成 CCD 摄像机。今后,还将在光、磁、温度、压力等领域开发新型的集成化、功能化的传感器。

(4) 采用微机技术,使检测技术智能化

从 20 世纪 60 年代微处理器问世后,人们已逐渐将计算机技术应用到检测系统中,使检测仪器智能化,从而扩展了功能,提高了精度和可靠性。计算机技术在检测技术中的应用,还突出地表现在整个检测工作可在计算机控制下,自动按照给定的检测实验程序进行,并直接给出检测结果,构成自动检测系统。其它诸如波形存储、数据采集、非线性校正和系统误差的消除、数字滤波、参数估计等方面,也都是计算机技术在检测领域中应用的重要成果。目前,新研制的检测系统大都带有微处理器。

4. 本课程的任务和学习要求

“检测”是测量,“计量”也是测量,两者的区别在于:“计量”是指用精度等级更高的标准量具、器具或标准仪器,对送检量具、仪器或被测样品、样机进行考核性质的测量,这种测量通常具有非实时及离线和标定的性质,一般在规定的具有良好环境条件的计量室、实验室,采用比被测样品、样机更高精度的并按有关计量法规经定期校准的标准量具、器具或标准仪器进行测量;而“检测”通常是指在生产、实验等现场,利用某种合适的检测仪器或综合测试系统对被测对象进行在线、连续的测量。

对于机械及机电一体化专业来说,本课程是一门技术基础课。通过本课程的学习,使学生初步掌握静、动态测试所需要的基本理论、基本知识和基本技能。对机械工程中常见的被测量能够较正确地选用检测装置并完成检测任务。

学生在学完本课程后应具有以下几方面的知识:

(1) 了解机械工程检测的基本概念和测量数据的处理方法。

(2) 基本掌握常用传感器及其测量电路的工作原理和性能。

(3) 针对常见的机械量,能够正确地选用检测装置。

(4) 掌握典型机械量的检测方法。

(5) 掌握典型几何量的测量方法,初步学会使用常用的计量器具。

本课程涉及的学科面广,需要有较广泛的基础和专业知识,学好本门课的关键在于理论联系实际。要富于设想,善于借鉴,重视实验环节,参加必要的实验,这样才能得到检测能力的训练。

本书各章均附有数量较多的应用实例及思考题与习题,引导学生循序渐进地掌握检测技术的实际应用能力。

第1章 检测技术基础

通过本章的学习,你将能够:

- 了解常用的检测方法及特点。
- 懂得产生测量误差的原因及不同类型误差的处理方法。
- 对检测装置的基本特性有一个全面的了解,知道不失真检测的条件。
- 了解传感器的构成、分类及选用方法。

1.1 检测方法和检测误差概述

为了实现对一种特定物理量的检测,需要涉及检测原理、检测方法和检测系统三个要素。所谓检测原理,是指实现测量所依据的物理现象和物理定律的总体。例如,热电偶测温依据热电效应,压电晶体测力依据压电效应,激光测距依据多普勒效应等。检测方法是指实现测量所使用的原理和设备。检测系统是指具有一定特性并用于测量的装置。

1.1.1 检测方法

根据检测时被测量具有的不同特征,检测方法有许多种分类。

1. 电测法和非电测法

两者的差别在于检测回路中是否有检测信息的电信号转换。在现代检测技术中都是采用电测方法来检测非电量。广泛采用非电量电测法的原因是电测法可以获得很高的灵敏度和精度,可以实现远距离传输,便于实现测量过程的自动化,便于实现测量与控制的联动。

2. 静态测量和动态测量

这两种测量方法是根据被测物理量的性质来划分的。静态测量即测量那些不随时间变化或变化很缓慢的物理量,例如工件几何尺寸的测量。动态测量即测量那些随时间快速变化的物理量,例如机械振动的测试。

静态与动态是相对的,可以把静态测量看作是动态测量的一种特殊形式。动态测量的误差分析比静态测量要复杂得多。

3. 直接测量和间接测量

直接测量是用预先标定好的测量仪表,对某一未知量直接进行测量,得到测量结果。例如,用压力表测量压力、用游标卡尺测出轴径的大小等。直接测量的优点是简单而迅速,所以在工程上被广泛应用。

间接测量是对几个与被测物理量有确切函数关系的物理量进行直接测量,然后把所得的数据代入关系式中进行计算,从而求出被测物理量。例如,如图 1.1 所示,对于小于半圆的圆弧形工件,可以通过测量圆弧的弦长 L 和弓高 H 计算出工件的直径 D:

$$D = \frac{L^2}{4H} + H$$

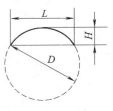

图 1.1 弦长弓高
测量法

4. 接触测量和非接触测量

接触测量是指测量时,仪器的测头与工件表面直接接触,由于有接触变形的影响,将给测量带来误差。

非接触测量是指测量时,仪器的敏感元件与工件表面不直接接触,因而没有接触变形的影响。一般利用光、气、磁等物理量关系使敏感元件与工件建立联系。

5. 绝对测量和相对测量

绝对测量是指能直接从计量器具的读数装置读出被测量整个数值的测量。如用千分表测量轴的直径。

相对测量又称比较测量,是先用标准器具调整计量器具的零位,测量时由仪器的读数装置读出被测量相对于标准器具的偏差,被测量的整个量值等于所示的偏差与标准量的代数和。例如用量块调整比较仪进行相对测量。

6. 离线测量和在线测量

离线测量又称被动测量,是在零件加工完成后进行的测量,其作用仅限于发现并剔除废品。

在线测量又称主动测量,是在工件加工过程中进行的测量。它可直接用来控制零件的加工过程,决定是否需要继续加工或调整机床,能及时防止废品的产生。

1.1.2 检测误差的基本概念

1. 误差的定义

被测物理量所具有的客观存在的量值,称为真值,记为 x_0。由检测装置测得的结果称为测量值,记为 x。测量值与真值之差称为误差。误差一般有以下两种表达形式。

(1)绝对误差 δ

测量值 x 与真值 x_0 之差称为绝对误差,它表示误差的大小。

$$\delta = x - x_0$$

真值是一个理想概念,一般无法得到。实际测量中常用高精度的量值或平均值代表真值,称为"约定真值"。

(2)相对误差 ε

绝对误差 δ 与被测量的真值 x_0 之比称为相对误差,一般用百分比(%)表示。因测量值与真值接近,所以也可近似用绝对误差与测量值之比作为相对误差。

$$\varepsilon = \frac{\delta}{x_0} \times 100\% \approx \frac{\delta}{x} \times 100\%$$

绝对误差只能表示出误差量值的大小,不便于比较测量结果的精度。例如,有两个温度测量结果(15±1)℃ 和(50±1)℃,尽管它们的绝对误差都是 ±1 ℃,但后者的精度显然高于前者。

(3)引用误差 γ

为了使用方便,对计量器具还常常使用"引用误差"的概念,它是以测量仪表某一刻度值的绝对误差为分子,满刻度值为分母所得的比值。

$$引用误差 = \frac{某一刻度值的误差}{满刻度值} \times 100\%$$

引用误差是一种实用方便的相对误差,常在多挡和连续刻度的仪器仪表中应用。

2. 误差的来源

测量误差产生的原因可以归纳为以下五个方面:

(1) 基准件误差

如量块和标准线纹尺等长度基准的制造或检定误差会带入测量值中。一般取基准件误差为测量误差的 1/5 ~ 1/3。

(2) 测量装置误差

测量装置的误差包括仪器的原理误差和制造、调整误差,仪器附件及附属工具的误差,被测件与仪器的相互位置的安置误差,接触测量中测力及测力变化引起的误差等。

(3) 方法误差

由于测量方法不完善而引起的误差,如经验公式、函数类型选择的近似性引入的误差,尺寸对准方式引起的对准误差,在拟定测量方法时由于知识不足或研究不充分而引起的误差等。

(4) 环境误差

环境条件不符合标准而引起的误差,如温度、湿度、气压、振动等。在几何量测量中,温度是主要因素。测量时的标准温度定为 20 ℃,精密工件、刀具和量具的测量需要在计量室中进行。一般车间没有控制温度的条件,应使量仪与工件等温后测量。

(5) 人员误差

由于测量者受分辨能力的限制、固有习惯引起的读数误差以及精神因素产生的一时疏忽等引起的误差。

总之,产生测量误差的因素是多种多样的,在分析误差时,应找出产生误差的主要原因,并采取相应的措施,以保证测量精度。

3. 误差按特征的分类

根据测量误差的特征,可将误差分为三类:系统误差、随机误差和粗大误差。

(1) 系统误差

在同一测量条件下,对同一被测量进行多次测量时,误差的绝对值和符号保持不变或在条件改变时按一定规律变化的误差称为系统误差。例如,仪表的刻度误差和零位误差、应变片电阻值随温度的变化等都属于系统误差。

因为系统误差有规律性,所以应尽可能通过分析和试验的方法加以消除,或通过引入修正值的方法加以修正。

(2) 随机误差

在同一测量条件下,对同一被测量进行多次测量时,误差的绝对值和符号以不可预定的方式变化的误差称为随机误差。例如,仪表中传动件的间隙和摩擦、连接件的变形、测量温度的波动等因素引起的误差。

应当指出,在任何一次测量中,系统误差和随机误差一般都是同时存在的,而且它们之间并不存在严格界限,在一定的条件下还可以互相转化。例如,仪表的分度误差,对制造者来说具有随机的性质,为随机误差;而对检测部门来说就转化为系统误差了。随着人们对误差来源及其变化规律认识的深入和检测技术的发展,对系统误差与随机误差的区分会越来越明确。

（3）粗大误差

粗大误差是一种显然与实际值不符的误差,主要是由于测量人员的粗心大意、操作错误、记录和运算错误或外界条件的突然变化等原因产生的。由于粗大误差明显地歪曲了测量结果,因此在处理测量数据时,应根据判别粗大误差的准则将其剔除。

4. 测量结果的精度

测量结果与真值接近的程度称为精度。它可细分为:

（1）精密度

精密度反映测量结果中随机误差的大小程度,即在一定条件下进行多次重复测量时,所得结果的分散程度。

（2）准确度

准确度反映测量结果中系统误差的大小程度,即测量结果偏离真值的程度。

（3）精确度

精确度反映系统误差与随机误差综合影响的程度,即测量结果与真值的一致程度。

如图 1.2 所示的三种打靶结果,图 1.2a 表示系统误差小而随机误差大,即准确度高而精密度低;图 1.2b 表示系统误差大而随机误差小,即准确度低而精密度高;图 1.2c 表示两种误差都小,即精确度高。

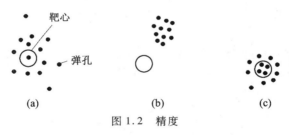

图 1.2　精度

1.1.3　随机误差的估算

虽然一次测量的随机误差的产生没有规律,但是通过大量的测量发现,在多次重复测量的总体上,随机误差却服从一定的统计规律,最常见的就是正态分布规律。

1. 随机误差的分布及其特征

现进行如下实验,对一个工件的某一部位用同一方法进行 150 次重复测量,所得的一系列测得值常称为测量列。将测得的尺寸进行分组,从 7.130 5 mm 到 7.141 5 mm 每隔 0.001 mm 为一组,共分 11 组,其每一组的尺寸范围如表 1.1 中第 1 列所示,每组中工件尺寸出现的次数为 n_i,列于表中第 3 列。若总的测量次数用 N 表示,则可算出各组的相对出现次数 n_i/N,列于表中第 4 列。用横坐标表示测得值 x,纵坐标表示相对出现次数 n_i/N,则得图 1.3a 所示的图形,称为频率直方图。连接每个小方框上部的中点,得一折线,称为实际分布曲线。若将上述测量次数 N 无限增大,而分组间隔取值很小,Δx 就趋近于零,且用测量的绝对误差 δ 代替测得尺寸 x_i,则得图 1.3b 所示的光滑曲线,即随机误差的正态分布曲线。

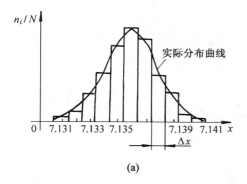
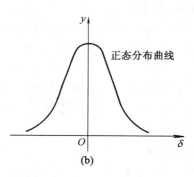

图 1.3　频率直方图和正态分布曲线

表 1.1　频率计算示例

测量值范围	测量中值	出现次数 n_i	相对出现次数 n_i/N
7.130 5 ~ 7.131 5	$x_1 = 7.131$	$n_1 = 1$	0.007
7.131 5 ~ 7.132 5	$x_2 = 7.132$	$n_2 = 3$	0.020
7.132 5 ~ 7.133 5	$x_3 = 7.133$	$n_3 = 8$	0.054
7.133 5 ~ 7.134 5	$x_4 = 7.134$	$n_4 = 18$	0.120
7.134 5 ~ 7.135 5	$x_5 = 7.135$	$n_5 = 28$	0.187
7.135 5 ~ 7.136 5	$x_6 = 7.136$	$n_6 = 34$	0.227
7.136 5 ~ 7.137 5	$x_7 = 7.137$	$n_7 = 29$	0.193
7.137 5 ~ 7.138 5	$x_8 = 7.138$	$n_8 = 17$	0.113
7.138 5 ~ 7.139 5	$x_9 = 7.139$	$n_9 = 9$	0.060
7.139 5 ~ 7.140 5	$x_{10} = 7.140$	$n_{10} = 2$	0.013
7.140 5 ~ 7.141 5	$x_{11} = 7.141$	$n_{11} = 1$	0.007

根据概率论,正态分布密度曲线可用下式表示:

$$y = \frac{1}{\sigma\sqrt{2\pi}} e^{-\frac{\delta^2}{2\sigma^2}} \tag{1.1}$$

式中,y 为概率密度;σ 为标准偏差;e 为常数,e = 2.718 28;δ 为随机误差(绝对误差)。

随机误差的正态分布有以下基本性质:

1)绝对值小的误差比绝对值大的误差出现的机会要多,即单峰性。

2)测量次数很多时,绝对值相等的正负误差出现的机会相等,即对称性。由此推理,随着测量次数趋于无穷大,随机误差的算术平均值将趋于零,即抵偿性。

3)在一定条件下,误差的绝对值不会超过一定的限度,即有界性。

随机误差的分布多数属于正态分布。正态分布随机误差的评定指标有两类:一类表示分布中心的位置,其数字特征为算术平均值;另一类表示分散的程度,其数字特征为标准偏差(均方根偏差)。

2．算术平均值

对某量进行 n 次等精度的、无系统误差的测量，测得值为 $x_1, x_2, \cdots, x_n$，则算术平均值为

$$\overline{X} = \frac{1}{n}(x_1 + x_2 + \cdots + x_n) = \frac{\sum x_i}{n} \qquad (1.2)$$

当测量次数无限大时，被测量的算术平均值即为真值。但实际上进行无限多次测量是不可能的，真值也就难以得到。而作为有限次测量，算术平均值则最接近真值，因此以算术平均值作为测量结果是可靠而合理的。

3．标准偏差

由式（1.1）可知，当 $\delta = 0$ 时，概率密度最大，即 $y_{max} = 1/(\sigma\sqrt{2\pi})$。若 $\sigma_1 < \sigma_2 < \sigma_3$，则 $y_{1max} > y_{2max} > y_{3max}$。即 σ 越小，y_{max} 越大，正态分布曲线越陡，随机误差的分布越集中，测量的精密度越高。图 1.4 表示了三种不同标准偏差的正态分布曲线。

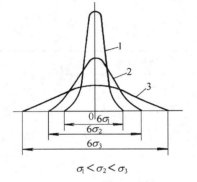

$\sigma_1 < \sigma_2 < \sigma_3$

图 1.4　标准偏差对随机误差分布性质的影响

由上述可知，测量的精密度可用标准偏差 σ 来表示。

（1）单次测量值的标准偏差

在一定的条件下，对某一被测量进行连续多次的重复测量，得到的一系列测量值称为测量列，其中每一个测量值称为单次测量值。

单次测量值的标准偏差可表示为

$$\sigma = \sqrt{\frac{\delta_1^2 + \delta_2^2 + \cdots + \delta_n^2}{n}} = \sqrt{\frac{\sum \delta_i^2}{n}} \qquad (1.3)$$

由于 $\delta = x - x_0$，而 x_0 为真值，不易得到。实际上常采用残余误差（简称残差）ν_i 计算标准偏差的估计值。残余误差为某测量值与算术平均值之差，即

$$\nu_i = x_i - \overline{X} \qquad (1.4)$$

通过数学推导，单次测量的标准偏差可用下式表示：

$$\sigma = \sqrt{\frac{\sum \nu_i^2}{n-1}} \qquad (1.5)$$

（2）测量列算术平均值的标准偏差

算术平均值的标准偏差可表示为

$$\sigma_{\overline{X}} = \frac{\sigma}{\sqrt{n}} \qquad (1.6)$$

增加测量次数可以提高测量精度。但当 σ 一定时，在 $n > 10$ 以后，测量次数的增加对提高精度的影响已很小。因此，一般情况下取 $n \leq 10$。若要进一步提高测量精度，则需采取其它措施来解决。

4．极限误差

用标准偏差 σ 评价随机误差是一个统计平均值，在许多情况下需要知道其极限误差的大小。由于随机误差具有一定分布，可以通过分布去估计随机误差的最大取值范围。

设测量结果（单次测量值或测量列的算术平均值）的误差不超过某极端误差的概率为 P，若

差值 $1-P$ 可忽略,该极端误差称为极限误差。

正态分布曲线下的全部面积相当于全部误差出现的概率,即

$$P = \int_{-\infty}^{+\infty} \frac{1}{\sigma\sqrt{2\pi}} e^{-\frac{\delta^2}{2\sigma^2}} d\delta = 1$$

随机误差落在区间 $(-\delta, +\delta)$ 上的概率为

$$P = \int_{-\delta}^{\delta} \frac{1}{\sigma\sqrt{2\pi}} e^{-\frac{\delta^2}{2\sigma^2}} d\delta$$

将上式进行变量置换,设 $t = \delta/\sigma, dt = d\delta/\sigma$,则

$$P = \frac{1}{\sqrt{2\pi}} \int_{-t}^{t} e^{-\frac{t^2}{2}} dt$$

这样就可以求出概率值 P。为了应用方便,表 1.2 给出了几个典型 t 值及相应概率。

表 1.2　四个特殊 t 值对应的概率

t	δ	不超出 δ 的概率 P	超出 δ 的概率 $P' = 1-P$
1	σ	0.682 6	0.317 4
2	2σ	0.954 4	0.045 6
3	3σ	0.997 3	0.002 7
4	4σ	0.999 36	0.000 64

现已查出 $t = 1, 2, 3, 4$ 等几个特殊值的积分值,并求出随机误差不超出相应区间的概率 P 和超出相应区间的概率 P',如表 1.2 所示。从表中可以得到下列结果:若进行 n 次等精度测量,当 $t=1$,即 $\delta=\sigma$ 时,有 68.26% 的测量误差在 $\pm\delta$ 的范围内;当 $t=2$,即 $\delta=2\sigma$ 时,有 95.44% 的测量误差在 $\pm\delta$ 的范围内;当 $t=3$,$\delta=3\sigma$ 时,有 99.73% 的测量误差在 $\pm\delta$ 的范围内。由此可知,t 和误差出现的概率有关,常称为置信系数或置信度。当 $t=3$ 时,概率 $P \approx 1$,因此常取 $\delta = \pm 3\sigma$ 为随机误差的极限误差,如图 1.5 所示。即

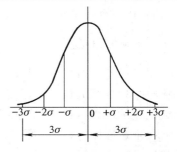

图 1.5　随机误差的极限误差

$$\delta_{lim} = \pm 3\sigma \tag{1.7}$$

5. 测量结果的表示

(1)单次测量值的测量结果可表示为

$$x = x_i \pm 3\sigma$$

(2)测量列算术平均值的测量结果可表示为

$$x = \overline{X} \pm 3\sigma_{\overline{X}}$$

1.1.4　系统误差

1. 系统误差的分类

(1)定值系统误差

定值系统误差指大小和符号均固定不变的系统误差。如刻度尺不准确、千分尺未校准零位

等都将对测量结果引入定值系统误差。

（2）变值系统误差

变值系统误差指大小和符号按一定规律变化的误差,它又可分为:

1）累积性(线性)系统误差。这种误差随时间或测量值的变化呈线性递增或递减。如千分尺测微螺杆螺距的累积误差,使测量误差随被测尺寸增大而增大。

2）周期性系统误差。误差的大小和符号呈周期性变化。如指示式仪表的指针回转中心与刻度盘中心有偏心,测量机构中有齿轮传动,引起的误差都是正弦周期误差。

3）复杂系统误差。误差的变化规律比较复杂。如刻度分划不规则引起的示值误差。

2. 系统误差对测量结果的影响及消除

定值系统误差只影响一系列重复测得值的算术平均值,对残余误差和标准偏差没有影响。而变值系统误差对它们都有影响,如果不将其从整个误差数据中分离出去,仍按随机误差处理就会失去意义。由于系统误差往往大于随机误差,又不能用取平均值的方法减小系统误差,因而减小或消除系统误差很重要。系统误差的发现及消除的方法很多,这里不详细叙述,仅对消除系统误差的三条主要途径概括如下:

1）消除产生系统误差的根源。如防止零位变动、对计量器具按时进行检测和修理等。

2）在测量过程中消除系统误差。如用工具显微镜测螺距时,由于安装后螺纹的轴线与滑台纵向移动方向不平行,所测的螺距不等于沿螺纹轴线的实际螺距。为消除安装误差的影响,可分别测牙型左、右两侧的螺距,取其平均值作为螺距的实际尺寸。

3）在测量结果中引入修正值,得到不包含该系统误差的测量结果。

1.1.5　粗大误差

粗大误差会对测量结果产生明显的歪曲,因而必须从测量数据中加以消除。粗大误差的剔除应根据判断粗大误差的原则进行,凡超出随机误差分布范围的误差,就可视为粗大误差。判断粗大误差的准则有:拉依达准则、肖维勒准则、格拉布斯准则以及狄克逊准则等。

拉依达准则又称 3σ 准则,主要适用于服从正态分布的误差和重复测量次数比较多的情况。其具体做法是:用测量列的数据,按式(1.5)算出标准偏差,然后用 3σ 准则来检测所有的残余误差 ν_i。若某一个 $|\nu_i| > 3\sigma$,则该残差判为粗大误差,其相应的测量值应从测量列中剔除,然后重新计算标准偏差,再对新算出的残差进行判断,直到剔除完所有粗大误差为止。

产生粗大误差的原因主要在于测量人员的主观方面,其次在于外界条件。在测量过程中,对于误读、误记或运算错误,应随时发现,随时剔除(或加以纠正)。如果外界条件突然变化,如产生冲击、振动,仪器示值突然变化,应当立即停止测量,并将有关测量结果剔除,直到外界条件恢复正常或重新调整仪器以后再进行测量。如果直到测量结束也没有充分理由确定哪一个测得值含有粗大误差,这时可用 3σ 准则来判别。

1.1.6　测量数据的处理

1. 有效值

记录数据和计算结果应保留的位数,是由测量方法和使用的仪器准确度决定的。测量得到的值都是近似值,因为测量不可避免地会产生误差,为了确切地表达测量数的位数,提出了有效数的概念。

组成数据的每个必要数字称为有效数字。即从左边第一个非零数字开始,直至右边最后一个数字为止的所有数字都称为有效数。一个近似数有几个有效数,也称为这个近似数有几位有效数。如 65、6.5、0.65、0.45、0.065 均为两位有效数;125.45、10.000 都是五位有效数。有效数的位数不仅反映被测量的大小,而且也反映测量结果的准确度。

决定有效数字位数的根据是误差。并非写出的位数越多越好,多写位数就夸大了测量准确度;少记位数将带来附加误差。对测量结果有效数字的处理原则是:根据测量的准确度来确定有效数字的位数(允许保留一位欠准数字),再根据舍入规则将有效位以后的数字作舍入处理。

(1)确定有效数的规则

1)有效数的位数与小数点位置无关。例如 354 mm 和 35.4 mm 都是三位有效数。

2)第一位数字为 9 或 8 时,有效数位数可以比实际书写的位数多计一位。例如 9.78 是三位有效数,可以作四位运算。因为 9.78 的相对误差已很接近 10.00 的相对误差。

3)数字"0"有两种作用,一是作为有效数字,二是作定位用。

例如,30.5 N、12.050 mm 中的"0"都是有效数。而 0.032 0 m 中前面两个 0 是非有效数,它仅与所取的单位有关,若用 mm 为单位,则变为 32.0 mm,前面两个 0 都没有了。

4)常数的有效数位数为无限多,如 π、e、$\sqrt{2}$ 等,在计算时可视为无限多位数,根据需要截取。

5)对于不易确定有效数位数的,例如 15 000 不能确定是几位有效数,这时最好根据测量结果的准确度,按实际有效数写成指数形式:

$$1.5 \times 10^4 \qquad 二位有效数$$

$$1.50 \times 10^4 \qquad 三位有效数$$

$$1.500 \times 10^4 \qquad 四位有效数$$

(2)数值修约规则

在数据处理中,当有效数位数确定后,对有效数之后的数字要进行修约处理。除有特殊规定者外,应按 GB/T 8170—1987《数值修约规则》进行。

1)如将某一数值修约为 n 位有效位数,当 $n+1$ 位的数字小于 5 时舍去,大于 5 进 1。例如,将下列数字修约为三位有效数:

$$12.443\ 2 \rightarrow 12.4$$

$$12.464\ 3 \rightarrow 12.5$$

2)当第 $n+1$ 位数字等于 5 时,再向后看,若 5 后有数字,进 1;若 5 后无数字或皆为 0,则根据第 n 位数的奇偶决定取舍,当 n 位为奇数时进 1,为偶数时舍去。例如,将下列数值修约为三位有效数:

$$12.251 \rightarrow 12.3$$

$$12.35 \rightarrow 12.4$$

$$2.325\ 0 \rightarrow 2.32$$

3)不得连续修约。拟修约数字应在确定修约位数后一次修约完成,不得多次连续修约。

例如,修约 15.454 6 为二位有效数字。正确的做法:15.454 6→15。不正确的做法:15.454 6→15.455→15.46→15.5→16。

（3）有效数运算规则

在数据处理过程中,常常要对几个乃至几组数据进行加、减、乘、除等运算。

1）加减法运算。几个数相加或相减时,以小数位最少的数为准,其余各数均修约成比该数的小数位多一位的数,计算结果的位数与参与计算的小数位数最少的位数相同。

例如：　$60.4+2.02+0.212+0.036\ 7$

　　　$\approx 60.4+2.02+0.21+0.04$

　　　≈ 62.67

　　　≈ 62.7

再如：　$4.234\ 57+\sqrt{3}+2.34+\sqrt{7}-\sqrt{9}$

　　　$\approx 4.235+1.732+2.34+2.646-3.000$

　　　≈ 7.953

　　　≈ 7.95

2）乘除运算。几个数相乘除时,以有效位数最少的数为准,其余数据的有效位数再多保留一位,而且与小数点无关。计算结果的位数,与有效位数最少的那个数相同。

例如：　$4.143\ 2\times 0.33$

　　　$\approx 4.14\times 0.33$

　　　≈ 1.366

　　　≈ 1.4

再如：　$85.842\div 0.02$

　　　$\approx 86\div 0.02$

　　　$\approx 4\ 300$

　　　$\approx 4\times 10^{3}$

3）乘方、开方运算。乘方、开方的计算结果应保留的有效位数与原来的数据相同,且与小数点的位置无关。

例如：$\sqrt{3.7}\approx 1.923\approx 1.9$

再如：$8.25^{2}=68.062\ 5\approx 68.1$

2. 测量数据处理举例

例 1.1　在相同的条件下对某工件的直径 d 测量 15 次,测量值见表 1.3,试求测量结果。

表 1.3　测量数据及计算值

测量序号	测得值 x_i/mm	残差 $\nu_i=x_i-\overline{X}$/μm	残差的平方 ν_i^2/μm²
1	24.959	+2	4
2	24.955	−2	4
3	24.958	+1	1

14

测量序号	测得值 x_i/mm	残差 $\nu_i = x_i - \overline{X}/\mu\text{m}$	残差的平方 $\nu_i^2/\mu\text{m}^2$
4	24.957	0	0
5	24.958	+1	1
6	24.956	−1	1
7	24.957	0	0
8	24.958	+1	1
9	24.955	−2	4
10	24.957	0	0
11	24.959	+2	4
12	24.955	−2	4
13	24.956	−1	1
14	24.957	0	0
15	24.958	+1	1
算术平均值 $\overline{X} = 24.957 \text{ mm}$		$\sum_{i=1}^{n} \nu_i = 0$	$\sum_{i=1}^{n} \nu_i^2 = 26 \ \mu\text{m}^2$

解：（1）判断系统误差

假定经过判断，测量列中不存在系统误差。

（2）求测量列算术平均值

$$\overline{X} = \frac{1}{n}(x_1 + x_2 + \cdots + x_n) = \frac{\sum x_i}{n} = 24.957 \text{ mm}$$

（3）计算残余误差

各测量值的残余误差值列于表 1.3 中。

（4）计算测量列单次测量值的标准偏差

$$\sigma = \sqrt{\frac{\sum \nu_i^2}{n-1}} = \sqrt{\frac{26}{15-1}} \ \mu\text{m} \approx 1.3 \ \mu\text{m}$$

（5）判断粗大误差

按照拉依达准则，测量列中没有出现绝对值大于 3σ（$3 \times 1.3 \ \mu\text{m} = 3.9 \ \mu\text{m}$）的残余误差，因此测量列中不存在粗大误差。

（6）计算测量列算术平均值的标准偏差

$$\sigma_{\overline{X}} = \frac{\sigma}{\sqrt{n}} = \frac{1.3}{\sqrt{15}} \ \mu\text{m} \approx 0.35 \ \mu\text{m}$$

（7）计算极限误差

算术平均值的极限误差

$$\delta_{\lim} = \pm 3\sigma_{\bar{X}} = \pm 3 \times 0.35 \ \mu m = \pm 1.05 \ \mu m$$

单次测量值的极限误差

$$\delta_{\lim} = \pm 3\sigma = \pm 3 \times 1.3 \ \mu m = \pm 3.9 \ \mu m$$

（8）确定测量结果

用测量列算术平均值表示

$$d = \bar{X} \pm 3\sigma_{\bar{X}} = 24.957 \ \pm 0.001 \ mm$$

用第 3 次测量值表示

$$d = x_3 \pm 3\sigma = 24.958 \ \pm 0.004 \ mm$$

1.2 检测装置的基本特性

对于某一物体的特性,比如运动物体的速度,若知道了它的检测原理和检测方法,就可以选用检测装置对它进行检测。但这一检测装置得到的检测结果是否满足要求呢? 要想满意地回答这个问题,就要对检测装置的特性有一个了解。

检测装置的基本特性包括静态特性和动态特性。当被测量为恒定值或为缓变信号时,通常只考虑检测装置的静态性能。而当对快速变化的量进行测量时,就必须全面考虑检测装置的动态特性和静态特性。只有当其满足一定要求时,才能从检测装置的输出中正确分析、判断其输入的变化,从而实现不失真测试。

1.2.1 线性系统及其主要性质

检测装置的特性是指检测装置对其输入量的影响。数学模型就是系统的输出与输入关系的数学描述。在动态条件下得到的数学模型是微分方程,它可以通过理论分析与试验方法相结合而得到。

理想的检测系统应当是线性系统,因为在动态测试中作非线性校正相当困难,而且只有对线性系统才能作比较完善的数学处理和分析。严格地说,一切物理系统都是非线性系统,但为了研究方便起见,常常在一定的工作范围内略去那些影响较小的非线性因素所引起的误差,在工程上允许时,这一系统就可以作为线性系统来处理。

线性系统的输入 $x(t)$ 和输出 $y(t)$ 之间的关系可用下列微分方程来描述:

$$a_n \frac{\mathrm{d}^n y(t)}{\mathrm{d}t^n} + a_{n-1} \frac{\mathrm{d}^{n-1} y(t)}{\mathrm{d}t^{n-1}} + \cdots + a_1 \frac{\mathrm{d}y(t)}{\mathrm{d}t} + a_0 y(t)$$

$$= b_m \frac{\mathrm{d}^m x(t)}{\mathrm{d}t^m} + b_{m-1} \frac{\mathrm{d}^{m-1} x(t)}{\mathrm{d}t^{m-1}} + \cdots + b_1 \frac{\mathrm{d}x(t)}{\mathrm{d}t} + b_0 x(t) \qquad (1.8)$$

式中,若 $a_n, a_{n-1}, \cdots, a_1, a_0$ 和 $b_m, b_{m-1}, \cdots, b_1, b_0$ 均由系统物理参数所决定而与时间无关,则该方程所描述的系统称作常系数线性系统,也称为时不变线性系统。这种系统具有下面两个重要性质。

1. 叠加性

叠加性指同时作用在系统上的几个输入所引起的输出,等于各个输入单独作用于系统上所引起的各个输出之和,即若

$$x_1(t) \rightarrow y_1(t), \quad x_2(t) \rightarrow y_2(t)$$

则

$$[x_1(t) + x_2(t)] \rightarrow [y_1(t) + y_2(t)]$$

2. 频率保持性

若对常系数线性系统输入某一频率的信号 $x(t)$,则其稳态输出 $y(t)$ 的幅值和相位与输入可能不同,但其频率将与输入信号的频率完全相同。如输入 $x(t) = \sin \omega t$,则输出

$$y(t) = A\sin(\omega t + \varphi)。$$

这就是频率保持性。频率保持性是线性系统的一个很重要的特性,用实验的方法研究系统的响应特性就是基于这个性质。根据线性时不变系统的频率保持性,如果系统的输入为一个已知频率的正弦信号,其输出却包含有其它频率成分,那么可以断定,这些其它频率成分绝不是输入引起的。它们或是由外界干扰引起的,或是由系统内部噪声引起的,或是输入太大使系统进入非线性区,或是系统中有明显的非线性环节。

1.2.2 检测系统的静态特性

如果系统的输入和输出都是不随时间变化的常量或变化十分缓慢,在所观察的时间间隔内可忽略其变化而视作常量,则式(1.8)中的微分项均为零,从而得

$$y = \frac{b_0}{a_0}x = Kx \tag{1.9}$$

理想的静态量测试系统的输出应单调,与输入成线性比例,即式(1.9)中的斜率 K 是常数。

描述测试系统静态特性的主要参数有灵敏度、线性度、回程误差等。

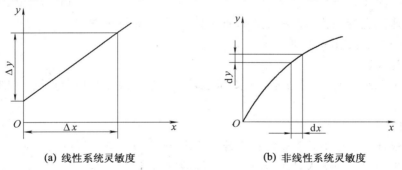

(a) 线性系统灵敏度　　　　　　　(b) 非线性系统灵敏度

图 1.6　灵敏度的定义

1. 灵敏度

灵敏度为检测装置的输出量与输入量的变化之比,即

$$S = \frac{\Delta y}{\Delta x} \tag{1.10}$$

对特性成线性关系的系统,如图 1.6a 所示,其灵敏度为常量,即

$$S = \frac{\Delta y}{\Delta x} = \frac{y}{x} = \frac{b_0}{a_0} = 常量$$

17

对于特性成非线性关系的系统,如图 1.6b 所示,其灵敏度为系统特性曲线的斜率,即

$$S = \frac{\mathrm{d}y}{\mathrm{d}x}$$

若检测装置的输出与输入为同量纲量,其灵敏度就是量纲为一的量(无量纲量),常称为放大倍数。

在选择检测装置的灵敏度时,应当注意合理性。一般来讲,灵敏度以高为好。但是,当灵敏度增大时,测试量程就变小,稳定性变差。

2. 线性度

在静态测量中,检测装置的输出与输入之间的关系曲线称为定标曲线(亦称输入输出特性曲线),通常用实验的方法求取。理想测试系统(线性系统)的定标曲线是直线,实际测试系统是很难做到的。一般测试系统的定标曲线是一条具有特定形状的曲线。

定标曲线与理想直线的偏离程度称为线性度。如图 1.7 所示,作为技术指标,采用定标曲线 2 和它的拟合直线 1 间的最大偏差 B 与测试系统标称全量程输出范围 A 之比的百分数来表示,即

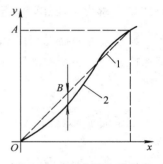

图 1.7　定标曲线与线性度

$$线性度 = \frac{B}{A} \times 100\% \qquad (1.11)$$

由于线性度是以所参考的拟合直线为基准得到的,因此拟合直线不同时,线性度的数值也不同。常用的确定拟合直线的方法有以下两种。

(1)最小二乘法

拟合直线通过坐标原点,使它与定标曲线输出量偏差的平方和为最小。这一方法比较精确,但计算复杂。

(2)两点连线法

在测得的定标曲线上,把通过零点和全量程输出点的连线作为拟合直线,如图 1.7 所示。此方法简单但不精确。

3. 回程误差

回程误差也称滞后误差。理想测试系统的输出、输入有完全单调的一一对应关系,而实际测试系统有时会出现同一个输入量对应有几个不同的输出量的情况。在同样的测量条件下,在全量程范围内,当输入量由小增大再由大减小时,对于同一个输入量所得到的两个数值不同的输出量的最大差值与全量程输出量的比值的百分数为回程误差,如图 1.8 所示,即

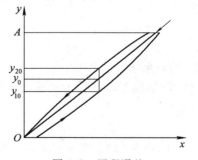

图 1.8　回程误差

$$回程误差 = \frac{\Delta y_{max}}{A} \times 100\% = \frac{y_{20} - y_{10}}{A} \times 100\% \qquad (1.12)$$

产生回程误差的原因可归纳为系统内部各种类型的摩擦、间隙以及某些机械材料和电气材料的滞后特性。

1.2.3 检测系统的动态特性

动态测量中当输入量变化时,人们观察到的输出量的变化,不仅受研究对象动态特性的影响,同时也受到测试系统动态特性的影响。即当一个输入量经过测试系统的"传递"后,由于受测试系统本身特性的影响,使通过它的输入量在输出时原状态产生了变化。测试系统对输入量的影响不是一个定值,而是一个自变量为输入频率的函数。

动态测试时,输入和输出都随时间变化,式(1.8)中各阶微分就不都等于零。因此,要了解系统对输入的动态响应,就要对系统的微分方程求解,这显然是比较困难的。利用数学中的拉普拉斯变换(关于拉普拉斯变换可参阅有关文献)可把实数域中复杂的微分方程变换为复数域中简单的代数方程而求解。因此,为了工程上的需要,常用通过拉氏变换建立的传递函数来表示线性系统的动态特性。

1. 传递函数

若系统的初始条件为零,即在考察时刻以前,其输入量、输出量及其各阶导数均为零,则对式(1.8)进行拉氏变换,得

$$\left(a_n s^n + a_{n-1} s^{n-1} + \cdots + a_1 s + a_0\right) Y(s)$$

$$= \left(b_m s^m + b_{m-1} s^{m-1} + \cdots + b_1 s + b_0\right) X(s) \tag{1.13}$$

将输出量的拉氏变换 $Y(s)$ 与输入量的拉氏变换 $X(s)$ 之比定义为系统的传递函数 $H(s)$,即

$$H(s) = \frac{Y(s)}{X(s)} = \frac{b_m s^m + b_{m-1} s^{m-1} + \cdots + b_1 s + b_0}{a_n s^n + a_{n-1} s^{n-1} + \cdots + a_1 s + a_0} \tag{1.14}$$

传递函数以代数式的形式表征了系统的传输、转换特性。它与输入无关,即不因 $x(t)$ 而异。同时,它并不表明系统的具体结构。许多不同的物理系统可以有相同的传递函数,因而具有相似的传递特性。

2. 频率响应函数

在实际工程中,检测系统所遇到的输入量大部分是正弦函数,或是可以分解成若干个正弦函数的函数,而且在仪器性能考核时,用正弦激励比较方便,因此常用频率特性来分析测试系统的动态特性。

将式(1.14)中的 s 代之以 $j\omega$,就得到

$$H(j\omega) = \frac{Y(j\omega)}{X(j\omega)} = \frac{b_m (j\omega)^m + b_{m-1} (j\omega)^{m-1} + \cdots + b_1 (j\omega) + b_0}{a_n (j\omega)^n + a_{n-1} (j\omega)^{n-1} + \cdots + a_1 (j\omega) + a_0} \tag{1.15}$$

$H(j\omega)$ 称为频率响应函数,又称频率响应特性。它是传递函数的特例,是输出量与输入量的傅里叶变换之比(关于傅里叶变换可参阅有关文献)。它是一个复数,具有相应的模和相位。

对于稳定的常系数线性系统,若输入为一正弦函数,则稳态时输出也是一个与输入同频率的正弦函数,输出的幅值和相位则通常不等于输入的幅值和相位。输出、输入幅值的比值和相位差是输入频率的函数,并反映在 $H(j\omega)$ 的模和相位上。

将频率响应函数 $H(j\omega)$ 的虚部和实部分开,并记作

$$H(j\omega) = \mathrm{Re}(\omega) + j\mathrm{Im}(\omega)$$

还可将 $H(j\omega)$ 用复指数形式来表达,即

$$H(j\omega) = A(\omega)\,\mathrm{e}^{j\varphi(\omega)}$$

则

$$A(\omega) = |H(j\omega)| = \sqrt{\mathrm{Re}^2(\omega) + \mathrm{Im}^2(\omega)}$$

$$\varphi(\omega) = \angle H(j\omega) = \arctan\frac{\mathrm{Im}(\omega)}{\mathrm{Re}(\omega)}$$

式中,$A(\omega)$ 称为系统的幅频特性,表达了输出信号与输入信号的幅值比随频率变化的关系;$\varphi(\omega)$ 称为相频特性,表达了输出信号与输入信号的相位差随频率变化的关系。

除了数学表达式外,还常用图形法表示频率特性,把 $A(\omega)$-ω 曲线称为幅频特性曲线,把 $\varphi(\omega)$-ω 曲线称为相频特性曲线。图形法不仅直观,而且用起来十分方便。在实用上,这两种曲线常取对数值作图,即分别画出对数幅频曲线和对数相频曲线,总称为伯德图。在伯德图上,以频率或频率比的对数值为横坐标,采用对数分度。作对数幅频特性时,以 $20\lg A(\omega)$ 为纵坐标(单位为 dB),采用线性分度;作对数相频特性时,以 $\varphi(\omega)$ 为纵坐标[单位为(°)],采用线性分度。测试系统的低频特性十分重要,因此对频率采用对数分度就等于扩展了低频段,便于进行分析。

3. 一阶、二阶系统的频率响应函数

当系统输入为正弦信号时,很容易从一阶、二阶系统的传递函数得到其频率响应函数,进而确定其幅频特性和相频特性。

(1)一阶系统

一阶系统方程式的一般形式为

$$a_1\frac{\mathrm{d}y(t)}{\mathrm{d}t} + a_0 y(t) = b_0 x(t)$$

将灵敏度归一化,即设 $S = b_0/a_0 = 1$;令 $\tau = a_1/a_0$,τ 具有时间的量纲,称为时间常数,则有

$$\tau\frac{\mathrm{d}y(t)}{\mathrm{d}t} + y(t) = Sx(t) \tag{1.16}$$

由式(1.15)可得一阶系统的频率响应特性为

$$H(j\omega) = \frac{1}{1 + j\omega\tau} = \frac{1}{1 + (\omega\tau)^2} - j\frac{\omega\tau}{1 + (\omega\tau)^2} \tag{1.17}$$

幅频特性

$$A(\omega) = \frac{1}{\sqrt{(\omega\tau)^2 + 1}} \tag{1.18}$$

相频特性

$$\varphi(\omega) = -\arctan(\omega\tau) \tag{1.19}$$

一阶测试系统的伯德图如图 1.9 所示。由图可见,当 ω 很小,即 $\omega^2\tau^2 \ll 1$ 时,幅值比接近等

于 1,相位滞后也小。ω 增大,输出的幅值将变小,相位滞后接近 90°。

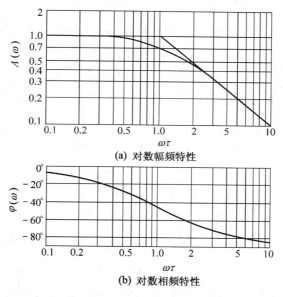

(a) 对数幅频特性

(b) 对数相频特性

图 1.9　一阶系统的伯德图

一阶系统的实例:忽略质量的单自由度振动系统,如图 1.10a 所示;简单 RC 低通滤波电路,如图 1.10b 所示。通过相应的物理定律可建立它们的一阶微分方程,进而可以得到与式(1.17)相同的频率响应特性。对于图 1.10a,$x(t)$、$y(t)$ 分别为力和位移,$\tau = C/K$,C 为阻尼系数,K 为刚度。对于图 1.10b,$x(t)$、$y(t)$ 分别为输入、输出电压,$\tau = RC$,R 为电阻,C 为电容。

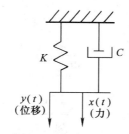

(a) 忽略质量的单自由度振动系统

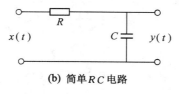

(b) 简单 RC 电路

图 1.10　一阶系统实例

例 1.2 试求周期信号 $x(t) = \sin 10t + 0.5\sin(100t + 60°)$ 输入到时间常数 $\tau = 0.01$ s 的一阶装置后,所得到的稳态响应 $y(t)$。

解: 由题意可知,信号 $x(t)$ 是由两个正弦信号叠加而成的,幅值、角频率和初相角分别为

$$A_1 = 1, \quad \omega_1 = 10, \quad \varphi_1 = 0$$

$$A_2 = 0.5, \quad \omega_2 = 100, \quad \varphi_2 = 60°$$

利用时不变线性系统的叠加性和频率保持性,即可求出稳态响应 $y(t)$。

信号 1 的幅频特性 $\quad A(\omega_1) = \dfrac{1}{\sqrt{(\omega_1\tau)^2 + 1}} = \dfrac{1}{\sqrt{(10 \times 0.01)^2 + 1}} = 0.995 \approx 1$

信号 1 的相频特性 $\quad \varphi(\omega_1) = -\arctan(\omega_1\tau) = -\arctan(10 \times 0.01) \approx -6°$

信号 2 的幅频特性 $\quad A(\omega_2) = \dfrac{1}{\sqrt{(\omega_2\tau)^2 + 1}} = \dfrac{1}{\sqrt{(100 \times 0.01)^2 + 1}} \approx 0.7$

信号 2 的相频特性 $\quad \varphi(\omega_2) = -\arctan(\omega_2\tau) = -\arctan(100 \times 0.01) \approx -45°$

则稳态响应 $\quad y(t) = \sin(10t - 6°) + 0.7 \times 0.5\sin(100t + 60° - 45°)$

通过以上分析可知,一阶系统对高频信号有抑制作用,输入信号的频率愈高,其幅值衰减得愈严重。

（2）二阶系统

二阶系统方程式的一般形式为

$$a_2 \frac{d^2 y(t)}{dt^2} + a_1 \frac{dy(t)}{dt} + a_0 y(t) = b_0 x(t) \tag{1.20}$$

令 $\omega_n = \sqrt{\dfrac{a_0}{a_2}}$，$\omega_n$ 为系统的固有频率；$\zeta = \dfrac{a_1}{2\sqrt{a_0 a_2}}$，$\zeta$ 为系统的阻尼比；$S = \dfrac{b_0}{a_0}$，S 为系统的灵敏度。

则式（1.20）可写成

$$\frac{1}{\omega_n^2} \frac{d^2 y(t)}{dt^2} + \frac{2\zeta}{\omega_n} \frac{dy(t)}{dt} + y(t) = Sx(t)$$

二阶系统的频率响应函数为

$$H(j\omega) = \frac{S}{1 - \left(\dfrac{\omega}{\omega_n}\right)^2 + 2j\zeta \dfrac{\omega}{\omega_n}} \tag{1.21}$$

幅频特性 $\quad\quad A(\omega) = \dfrac{S}{\sqrt{\left[1 - \left(\dfrac{\omega}{\omega_n}\right)^2\right]^2 + 4\zeta^2 \left(\dfrac{\omega}{\omega_n}\right)^2}} \tag{1.22}$

相频特性 $\quad\quad \varphi(\omega) = -\arctan \dfrac{2\zeta \dfrac{\omega}{\omega_n}}{1 - \left(\dfrac{\omega}{\omega_n}\right)^2} \tag{1.23}$

若令 $S = 1$,则根据上述两式画出的二阶系统的频率响应曲线如图 1.11 所示。从图上可以看出:

1）二阶系统的频率特性受 ω_n 和 ζ 两个参数的共同影响。当 ζ 很大时，二阶系统和一阶系统的频率响应特性很接近。当 ζ 很小时，在系统固有频率附近，输出信号的幅值变化很大，引起共振。

2）相频特性因 ζ 的不同而不同。但当 $\omega = \omega_n$ 时，不管 ζ 为何值，其相角 $\varphi = -90°$；当 $\omega \to \infty$ 时，$\varphi \to -180°$。

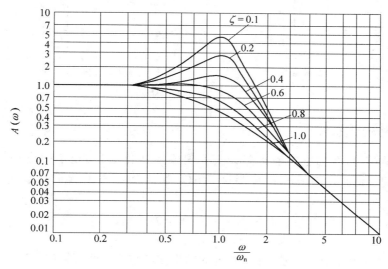

(a) 幅频特性曲线

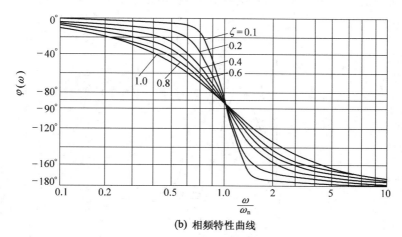

(b) 相频特性曲线

图 1.11 二阶系统的频率特性

二阶系统的实例：如图 1.12 所示的弹簧质量阻尼系统和 RLC 电路，它们都可以得到与式（1.21）相同的频率特性。对于图 1.12a，$x(t)$ 为作用力，$y(t)$ 为位移，$\omega_n = \sqrt{\dfrac{K}{m}}$，$\zeta = \dfrac{C}{2\sqrt{mK}}$，$S = \dfrac{1}{K}$。对于图 1.12b，$\omega_n = \sqrt{\dfrac{1}{LC}}$，$\zeta = \dfrac{RC}{2\sqrt{LC}}$，$S = 1$。

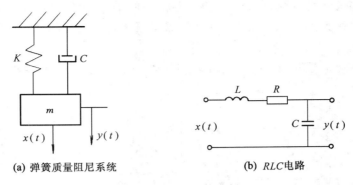

(a) 弹簧质量阻尼系统   (b) RLC电路

图 1.12   二阶系统实例

1.2.4 不失真测试条件

作为检测装置,只有当它的输出能如实反映输入变化,即实现不失真测试时,它的测试结果才是可信的,才能据此解决各种测试问题。那么什么样的检测装置能满足这样的要求呢?

设有一测试系统,其输出 $y(t)$ 与输入 $x(t)$ 满足下列关系:

$$y(t) = A_0 x(t - t_0) \tag{1.24}$$

式中,A_0 和 t_0 均为常数。此式表明,测试系统的输出波形与输入波形相似,只不过幅值增大了 A_0 倍,时间延迟了 t_0,如图 1.13 所示,即输出波形不失真地复现输入波形。对式(1.24)两边作傅里叶变换,得

$$Y(j\omega) = A_0 e^{-j\omega t_0} X(j\omega)$$

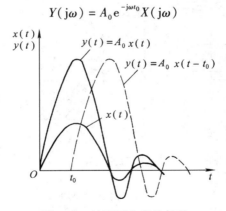

图 1.13   波形不失真地复现

其频率响应特性为

$$H(j\omega) = \frac{Y(j\omega)}{X(j\omega)} = A_0 e^{-j\omega t_0} \tag{1.25}$$

可见,要实现不失真测试,即要求输出波形与输入波形精确地一致,测试装置的频率响应特性应分别满足:

幅频特性 $\qquad\qquad\qquad\qquad A(\omega) = A_0 = 常数 \qquad\qquad\qquad\qquad\qquad (1.26)$

24

相频特性
$$\varphi(\omega) = -t_0\omega \tag{1.27}$$
如图 1.14 所示。

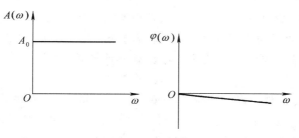

图 1.14　不失真测试条件

　　不能满足上述条件之一所引起的失真分别称为幅值失真或相位失真,只有同时满足幅值条件和相位条件才能真正实现不失真测试。在实际测量中,绝对的不失真是不存在的,但是必须把失真的程度控制在允许的范围内。

　　由于一般检测系统的幅频特性并不是常数,因此在测试前不只是标定系统的灵敏度,还必须知道它的幅频特性,并且对输入信号的频率成分有所估计,使输入信号的频率范围处于幅频特性曲线的平坦部分,以避免幅值失真过大。

　　检测系统的相频特性为线性也不容易做到。因此,应使输入信号的频率范围处于相频特性的直线部分,以避免相位失真。

　　选择检测装置的结构参数时,应把不失真测试条件和其它工作性能综合起来考虑。对于一阶系统而言,时间常数 τ 愈小,则系统的响应愈快,对正弦输入的幅值放大倍数增大,所以 τ 原则上越小越好,而 $\tau = a_1/a_0$, a_0 又与灵敏度 S 有关。应首先根据灵敏度要求确定 a_0,再进一步考虑 τ 的要求。

　　对二阶系统来说,在 $\zeta = 0.6 \sim 0.8$ 时可以获得较为合适的综合特性。计算表明,当 $\zeta = 0.7$ 时,在 $0 \sim 0.58\omega_n$ 的频率范围内,幅频特性 $A(\omega)$ 的变化不超过 5%,同时相频特性 $\varphi(\omega)$ 也接近于直线。另外,系统的固有频率 ω_n 愈高,响应愈快,工作频率范围也愈大。

1.3　常用传感器

　　传感器是一种以一定的精度将被测量(如位移、力、加速度、流量等)转换为与之有确定对应关系的、易于精确处理和测量的某种物理量(如电量)的测量部件或装置。

　　目前,由于电子技术的进步,使电量具有便于传输、转换、处理、显示等特点,因此通常传感器是将非电被测量变换成电量输出。

1.3.1　传感器的构成与分类

1. 传感器的构成

传感器一般由敏感元件、传感元件和其它辅助元件组成。

(1)敏感元件

敏感元件是直接感受被测量,并以确定关系输出某一物理量的元件。如膜片和波纹管把被测压力转换成位移量输出。

敏感元件的种类很多,但在机械行业中最常用的是弹性敏感元件(简称弹性元件)。弹性元件的材料常用弹簧钢,也可采用铝合金。它的输入量可以是力、力矩、流体压力和温度等各种非电量,它的输出就是弹性元件本身的变形(应变、位移或转角)。

(2) 传感元件

传感元件是将敏感元件输出的非电物理量(如位移、应变、光强等)转换成电量(如电阻、电容、电感、电压、电流等)输出的元件。例如,差动式压力传感器中,传感元件不直接感受压力,而是感受由敏感元件传来的与被测压力成确定关系的衔铁的位移量,然后输出电量。再如,应变式压力传感器中,敏感元件——弹性膜片将压力转换成其变形,传感元件——应变片将变形转换成电阻值的变化。

有的敏感元件直接输出电量,那么敏感元件和传感元件就合二为一了。如热电偶和热敏电阻等传感器。

(3) 辅助件

辅助件主要是指用来支撑和安装敏感元件、传感元件及输出接头的构件。

实际的传感器可以做得很简单,也可以做得较复杂,其组成将依不同情况而有较大的差异。有的传感器只有敏感元件,如热电偶感受被测温差时直接输出电动势。也有的传感器传感元件不止一个,要经过若干次转换才能输出电量。

2. 传感器的分类

传感器的分类方法目前尚无统一的标准,基本分类见表 1.4。

表 1.4 传感器的分类

分类方法	传感器的种类	说　明
按用途分类	位移、速度、加速度、温度、压力、流量传感器等	传感器以被测物理量命名,如位移传感器
按工作原理分类	应变式、电容式、电感式、压电式、磁电式、光电式、热电式传感器等	传感器以工作原理命名,如电容式传感器
按变换原理分类	参量型传感器	传感器在感受被测量后输出的是自身参量的变化,如应变式、电容式、电感式等传感器。
	发电型传感器	传感器在感受被测量后输出的是电压或电流量,如压电式、磁电式、光电式、热电式
按输出信号的性质分类	开关型传感器 模拟型传感器 数字式传感器	传感器输出的是通或断两种状态信号。 传感器输出的是随时间连续变化的信号。 传感器输出的是可被计算机接收的数字信号

本书将从应用的角度出发,在讨论各种机械量的检测方法时介绍相应传感器的原理、结构和

特点。

1.3.2 传感器的命名及代码

国家标准(GB/T 7666—2005)规定了传感器的命名方法和代号。

1. 传感器的命名方法

(1)传感器命名法的构成

国家标准规定传感器的名称由主题词加上4级修饰语构成。

1)主题词——传感器。

2)第1级修饰语——被测量(包括修饰被测量的定语)。

3)第2级修饰语——转换原理。

4)第3级修饰语——特征描述(指传感器或敏感元件的结构、性能、材料特征等)。

5)第4级修饰语——技术指标(指量程、精度、灵敏度范围等)。

(2)传感器命名用法举例

1)在技术文件、产品样本、学术论文、教材及书刊等正文中的用法。

例如,80 mm 应变式位移传感器。

例如,±25 g 压电式加速度传感器。

2)在有关传感器统计表格、图书索引、检索及计算机汉字处理等标题中的用法。

例如,传感器、位移、应变式、80 mm。

例如,传感器、加速度、压电式、±25 g。

2. 传感器的代号标记方法

(1)传感器代号的构成

国家标准规定用大写汉语拼音字母和阿拉伯数字构成传感器完整的代号,包括4个部分,如图1.15所示。

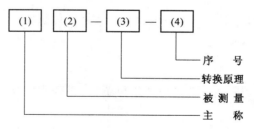

图 1.15　传感器代号的构成

(2)各部分代码的意义

1)主称——传感器,用汉语拼音字母"C"标记。

2)被测量——用一个或两个汉语拼音的第一个大写字母标记。如温度用"W"标记,振动用"ZD"标记,流量用"LL"标记。

3)转换原理——用一个或两个汉语拼音的第一个大写字母标记。如电涡流用"DO"标记,热电偶用"RD"标记,磁电用"CD"标记。

4)序号——用阿拉伯数字标记。

（3）传感器代号标记举例

例如，应变式位移传感器：

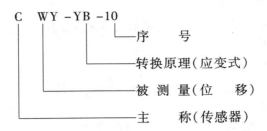

例如，光纤式压力传感器：

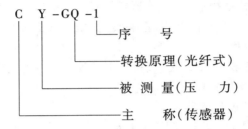

例如，压阻式加速度传感器：

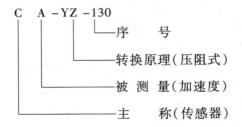

1.3.3 传感器的选用

如何根据检测目的和实际条件合理地选用传感器，是经常会遇到的问题。下面介绍一些选用传感器的注意事项。

1. 灵敏度

一般来讲，传感器的灵敏度越高越好，因为灵敏度越高，传感器所能感知的变化量越小，被测量稍有一微小变化时，传感器就有较大的输出。

当然也应考虑到，灵敏度越高，与测量信号无关的外界干扰也越容易混入，并被放大装置所放大。这时，必须考虑既要检测微小量值，又要干扰小。为保证这一点，往往要求信噪比越大越好，既要求传感器本身噪声小，又不易从外界引入干扰。

此外，和灵敏度紧密相关的是测量范围。灵敏度高，传感器适用的线性范围就小。某些测试工作要在较强的噪声干扰下进行，这时传感器的输入量不仅包括被测量，也包括干扰量，为保证两者之和不进入非线性区，所用传感器的灵敏度一般不宜过高。

28

2. 频率特性

在所测频率范围内,传感器的频率特性必须满足不失真测试条件。此外,实际传感器的响应总有一定延迟,希望延迟时间越短越好。

一般来讲,压电式传感器响应快,工作频率范围宽。而电感式、电容式、磁电式传感器等,由于结构中的机械系统惯性的限制,其固有频率低,工作频率也较低。

在动态测量中,传感器的频率特性对测试结果有直接的影响,选用时应充分考虑被测物理量的变化特点。

3. 线性范围

任何传感器都有一定的线性范围,在线性范围内输出与输入成比例关系。线性范围越宽,表明传感器的工作量程越大。

传感器工作在线性区域内是保证测量精度的基本条件。例如,机械式传感器中的测力敏感元件,其材料的敏感限是决定测力量程的基本因素。当超过敏感限时,将产生非线性误差。

然而,任何传感器都不容易保证其绝对线性,在许可限度内,可以在其近似线性区域内应用。例如,变间隙型的电容式或电感式传感器,都是采用在初始间隙附近的近似线性区域内工作。选用时必须考虑被测物理量的变化范围,令其非线性误差在允许范围以内。

4. 可靠性

可靠性是指产品在规定的条件下和在规定的时间内完成规定功能的能力。

为了保证传感器具有较高的可靠性,事先须选用设计、制造良好,使用条件适宜的传感器。在使用过程中,应严格保持规定的使用条件,尽量减小使用条件的不良影响。

例如,电阻应变式传感器,湿度会影响其绝缘性,温度会影响其零漂,长期使用会产生蠕变现象。又如,对于变间隙型的电容式传感器,环境湿度或浸入间隙的油剂会改变介质的介电常数。对于磁电式传感器,当在磁场中工作时,也会带来测量误差。

5. 精确度

传感器处于测试系统的输入端,因此传感器能否真实地反映被测量值,对整个测试系统具有直接影响。然而,并不是传感器的精确度越高越好,还要考虑经济性。因为传感器的精确度越高,价格也越昂贵。因此,应从实际出发,从检测目的出发来选择。

选择精确度时,首先应了解检测目的,判定是定性分析还是定量分析。如果是属于相对比较的定性试验研究,只需获得相对比较值即可,无需要求绝对量值,那么应要求传感器的精密度高。如果是定量分析,必须获得精确量值,则要求传感器有足够高的精确度。例如,为研究超精密切削机床运动部件的定位精度、主轴回转误差运动、振动及热变形等,就要求测量精确度在 $0.1 \sim 0.01~\mu m$ 范围内,要测得这样的量值,必须采用高精确度的传感器。

6. 测量方法

传感器在实际应用时的测量方法,也是选用传感器应考虑的重要因素。测量方法不同对传感器的要求也不同。

在机械系统中,运动部件的被测量(如回转轴误差运动、振动、扭矩)常常需要非接触测量。因为对运动部件的接触测量不仅造成对被测系统的影响,而且许多实际问题如测量头的磨损、接触状态的变动及信号的采集都不易妥善解决,也容易造成测量误差。采用电容式、涡流式等非接触传感器,会带来很大方便。若选用电阻应变片,则需配以遥测应变仪或其它装置。

7. 其它

除了以上选用传感器时应充分考虑的一些因素外,还应尽可能兼顾结构简单、体积小、重量轻、价格便宜、易于维修、易于更换等条件。

表 1.5 对几种常用传感器的特点与应用作了比较,可供选用传感器时参考。

表 1.5　几种常用传感器比较

类型	示值范围	示值误差	对环境的要求	特　点	典型应用
电位器	2.5 ~ 250 mm 以上	直线性 0.1%	对振动较敏感,一般应有密封结构	模拟量检测,操作简单、结构简单	直线和转角位移
应变片	250 μm 以下	直线性 0.3%	不受冲击、温度、湿度的影响	应变检测,电路复杂,动、静态测量	力、压力、力矩、应变、小位移、加速度、荷重
自感互感	±(0.003 ~ 1)mm	示值范围 0.1 mm 以下时为 ±(0.05 ~ 0.5)μm	对环境要求低,抗干扰能力强,一般有密封结构	使用方便,信号可进行各种运算处理,可给出多组信号	位移、力、压力、振动、厚度、液位
涡流	1.5 ~ 25 mm	直线性 0.3% ~ 1%		非接触测量,频率响应宽,灵敏度高,抗干扰能力强	位移、厚度、探伤
电容	±(0.003 ~ 0.1)mm	与电感传感器相似	易受外界干扰,要考虑良好的屏蔽,要密封	差动结构接入桥路,零残电压小,能进行高倍放大以达到高灵敏度,频率特性好,信号处理与电感相似	位移、加速度、力、压力、厚度、液位、含水量、声强
光电	按应用情况而定		易受外界干扰,要考虑良好的屏蔽,要密封	非接触检测,反应速度快	位移、转速、温度、浑浊度、图像识别
压电	0 ~ 500 μm	直线性 0.1%		分辨率 0.01 μm,响应速度可达 10 kHz,限于动态测量	力、压力、加速度、粗糙度、振动
霍尔	0 ~ 2 mm	直线性 1%	易受外界磁场干扰,易受温度影响	响应速度高,可达 30 kHz	位移、力、压力、振动、转速、磁场、无接触发信
气动	±(0.02 ~ 0.25)mm	示值范围 ±0.04mm 以下时为 ±(0.2 ~ 1)μm	对环境要求低	易实现非接触测量,可进行各种运算,反应速度慢,压缩空气要净化	各种尺寸与形位的自动检测,特别是内孔的各种表面、软材料工件等
超声波				非接触检测	厚度、液位、流速、无损探伤

类型	示值范围	示值误差	对环境的要求	特 点	典型应用
激光	大位移	$\pm(0.1\ \mu m + 0.1\times10^{-6}L)$	环境温度、湿度、气流对其稳定性有影响	易数字化,精度很高,成本高	精度要求高,测量条件好
光栅	大位移	$\pm(0.2\ \mu m + 2\times10^{-6}L)$	油污、灰尘影响工作可靠性,应有防护罩	易数字化,精度较高	大位移静、动态测量,用于程控、数控机床中
磁栅	大位移	$\pm(2\ \mu m + 5\times10^{-6}L)$	易受外界磁场影响,要磁屏蔽	易数字化,结构简单,录磁方便,成本低	
感应同步器	大位移	$\pm(2.5\ \mu m \sim 250\ mm)$	对环境要求低	易数字化,结构简单,接长方便	

本 章 小 结

本章介绍了机械工程检测中常用的检测方法:电测法和非电测法、静态测量和动态测量、直接测量和间接测量、接触测量和非接触测量、绝对测量和相对测量、离线测量和在线测量等。要求了解这些检测方法的特点,在实际应用中能够正确地选用。

误差在检测过程中是不可避免的。本章阐述了测量误差的主要来源,分析了三种不同特征的测量误差——随机误差、系统误差和粗大误差,介绍了测量误差的处理方法。要求掌握测量数据的处理方法,能够正确地给出测量结果。

检测装置的特性分为静态特性和动态特性。静态特性主要有灵敏度、线性度和回程误差等;而动态特性主要考虑它的幅频特性和相频特性。应用数学工具分析了检测装置的动态特性,在此基础上得出不失真检测的条件,即:①测试装置的幅频特性为常数;②测试装置的相频特性是过原点且具有负斜率的直线。

本章最后对传感器的构成、分类、命名及选用作了介绍,要求学生掌握这些基本知识。

思 考 题 与 习 题

1.1　什么是测量误差?测量误差的主要来源有哪些?

1.2　测量误差按特征分为几类?如何消除它们对测量结果的影响?

1.3　说明下列术语的区别:

(1) 静态测量与动态测量

(2) 绝对误差与相对误差

(3) 准确度与精确度

1.4　用游标卡尺测量 $L_1 = 50$ mm 的工件,测量误差 $\delta_1 = \pm0.08$ mm;测量 $L_2 = 120$ mm 的工件,测量误差 $\delta_2 = \pm0.1$ mm;用千分尺测量 $L_3 = 80$ mm 的工件,测量误差 $\delta_3 = \pm0.014$ mm。试比较这三次测量精度的高低。

1.5 对某工件进行 10 次消除系统误差的测量,测量数据依次为 36.42、36.39、36.55、36.42、36.39、36.43、36.41、36.40、36.42、36.41(单位 mm),用平均值表示写出测量结果。

1.6 按照数值修约规则对下列数据进行处理,使其各保留 3 位有效数字:

36.473,7.614 5,4.615 0,0.036 85,57.455,0.000 49,10.465,27.621。

1.7 检测系统的静态特性指标主要有哪些? 它们对系统的性能有何影响?

1.8 用一个时间常数为 0.35 s 的一阶装置去测量周期为 1 s、2 s 和 5 s 的正弦信号,问幅值误差将是多少?

1.9 用一个一阶系统作 100 Hz 正弦信号的测量,如果要求限制振幅误差在 5% 以内,则时间常数应取多少? 若用具有该时间常数的同一系统作 50 Hz 正弦信号的测试,问此时的振幅误差和相位差是多少?

1.10 试说明二阶系统阻尼比多采用 0.6~0.8 的主要原因。

1.11 简述传感器的组成及各部分的功能。

1.12 传感器有哪几种分类方法? 传感器是如何命名的?

第2章 位移的测量

通过本章的学习,你将能够:

- 了解常用的测量位移的方法。
- 掌握电感式、涡流式、电容式传感器的工作原理及特点。
- 懂得相敏整流、相敏检波、差动脉宽调制等电路的应用。
- 正确选用相应的传感器对位移进行测量。

2.1 概　　述

位移测量是线位移和角位移测量的统称,实际上就是长度和角度的测量。位移是矢量,它表示物体上某一点在两个不同瞬间的位置变化,因而对位移的度量应使测量方向与位移方向重合,这样才能真实地测量出位移的大小。

位移测量在工程中应用很广。这不仅因为机械工程中经常要求精确地测量零部件的位移、位置和尺寸,而且许多机械量的测量往往可以先通过适当的转换变成为位移的测试,然后再换算成相应的被测物理量。例如,在对力、扭矩、速度、加速度、温度、流量等参数的测量中,常常采用这种方法。

位移测量包括长度、厚度、高度、距离、物位、镀层厚度、表面粗糙度、角度等的测量。

能够测量位移的传感器很多,参见表1.5。除表中所列的传感器外,近年来各种新型传感器,如光导纤维传感器、电荷耦合器件(CCD)传感器等均发展十分迅速,给位移的测量提供了不少新的方法。

下面针对几种常用的位移传感器及其测量电路作较详细的介绍。

2.2 常用位移传感器及测量电路

2.2.1 电感式传感器

电感式传感器是利用被测量的变化引起线圈自感或互感量的改变这一物理现象来实现测量的。根据转换原理不同,电感式传感器可分为自感式和互感式两大类。人们习惯上讲的电感式传感器通常是指自感式传感器。而互感式传感器由于它是利用变压器原理,又往往做成差动式,故常称为差动变压器传感器。

1. 自感式传感器

（1）自感式传感器原理

由电工学磁路知识可知,线圈的自感量为

$$L = \frac{N^2}{R_m} \tag{2.1}$$

式中,N 为线圈匝数;R_m 为磁路总磁阻,H^{-1}。

由于自感式电感传感器中铁心和衔铁的磁阻比空气隙磁阻小得多,因此铁心和衔铁的磁阻可忽略不计,磁路总磁阻 R_m 近似为空气隙磁阻,即

$$R_m \approx \frac{2\delta}{\mu_0 A} \tag{2.2}$$

式中,δ 为空气隙厚度;A 为空气隙的有效截面积;μ_0 为真空磁导率,与空气的磁导率相近。因此电感线圈的电感量为

$$L = \frac{N^2 \mu_0 A}{2\delta} \tag{2.3}$$

此式表明,当被测量使 δ、A 或 μ_0 发生变化时,都会引起电感 L 的变化,如果保持其中的两个参数不变,而仅改变另一个参数,电感量即为该参数的单一函数。由此,电感传感器可分为变隙型、变面积型和螺管型三种类型,如图 2.1 所示。

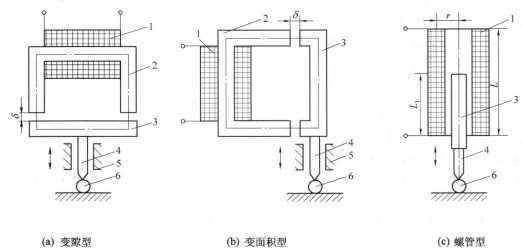

(a) 变隙型   (b) 变面积型   (c) 螺管型

图 2.1 自感式电感传感器示意图
1—线圈;2—铁心;3—衔铁;4—测杆;5—导轨;6—工件

1)变隙型电感传感器 其结构示意图如图 2.1a 所示。灵敏度为

$$S_1 = \frac{dL}{d\delta} = -\frac{N^2 \mu_0 A}{2\delta^2} = -\frac{L_0}{\delta} \tag{2.4}$$

灵敏度 S_1 与空气隙厚度 δ 的平方成反比,δ 越小,灵敏度越高。为了保证一定的线性度,变隙型电感传感器只能在较小间隙范围内工作,因而只能用于微小位移的测量,一般为 $0.001 \sim 1$ mm。

2)变面积型电感传感器 其结构示意图如图 2.1b 所示。灵敏度为一常数:

$$S_2 = \frac{dL}{dA} = \frac{N^2 \mu_0}{2\delta_0} \tag{2.5}$$

由于漏感等原因,变面积型电感传感器在 $A = 0$ 时,仍有一定的电感,所以其线性区较小,而且灵敏度较低。

3) 螺管型电感传感器　螺管型电感传感器的结构如图 2.1c 所示。线圈电感量的大小与衔铁插入线圈的深度有关。

这种传感器结构简单,制作容易,但灵敏度稍低,且衔铁在螺管中部工作时,才有希望获得较好的线性关系。螺管型电感传感器适用于测量比较大的位移。

4) 差动式电感传感器

以上三种电感传感器使用时,由于线圈中通有交流励磁电流,因而衔铁始终承受电磁吸力,会引起振动及附加误差,而且非线性误差较大;另外,外界的干扰如电源电压频率的变化、温度的变化都使输出产生误差。所以,在实际工作中常采用两个相同的传感器线圈共用一个衔铁,构成差动式电感传感器,这样可以提高传感器的灵敏度,减少测量误差。

差动式电感传感器的结构如图 2.2 所示。两个完全相同的单线圈电感传感器共用一个活动衔铁就构成了差动式电感传感器。在变隙型差动电感传感器中,当衔铁随被测量移动而偏离中间位置时,两个线圈的电感量一个增加,一个减小,形成差动形式。在图 2.2a 中,假设衔铁向上移动 $\Delta \delta$,当满足 $\delta \gg \Delta \delta$ 时,则总的电感变化量为

$$\Delta L \approx 2 \frac{N^2 \mu_0 A}{2 \delta^2} \Delta \delta \qquad (2.6)$$

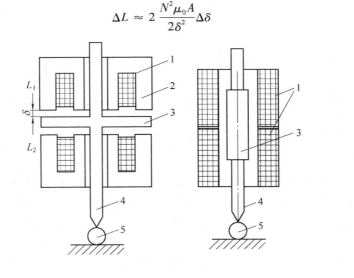

(a) 变隙型　　　　　(b) 螺管型

图 2.2　差动式电感传感器

1—差动线圈；2—铁心；3—衔铁；4—测杆；5—工件

灵敏度为

$$S = \frac{\Delta L}{\Delta \delta} = 2 \frac{N^2 \mu_0 A}{2 \delta^2} = 2 \frac{L_0}{\delta} \qquad (2.7)$$

式中,L_0 为衔铁处于差动线圈中间位置时的初始电感量。

比较式(2.4)和式(2.7)可以看出,差动式电感传感器的灵敏度约为非差动式电感传感器的

两倍。从图 2.3 也可以看出,差动式电感传感器的线性较好,且输出曲线较陡,灵敏度较高。

采用差动式结构除了可以改善线性、提高灵敏度外,对外界影响,如温度的变化、电源频率的变化等也基本上可以互相抵消,衔铁承受的电磁吸力也较小,从而减小了测量误差。所以,实用的电感传感器几乎全是差动的。

（2）电感传感器的测量电路

电感传感器可以通过交流电桥将线圈电感的变化转换成电压或电流信号输出。但是,为了判别衔铁位移的方向,测量电路一般采用带相敏整流的交流电桥,如图 2.4 所示。

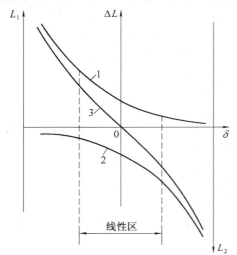

图 2.3　差动式电感传感器与单线圈式电感传感器
的非线性比较

1—上线圈特性；2—下线圈特性；3—差接后的特性

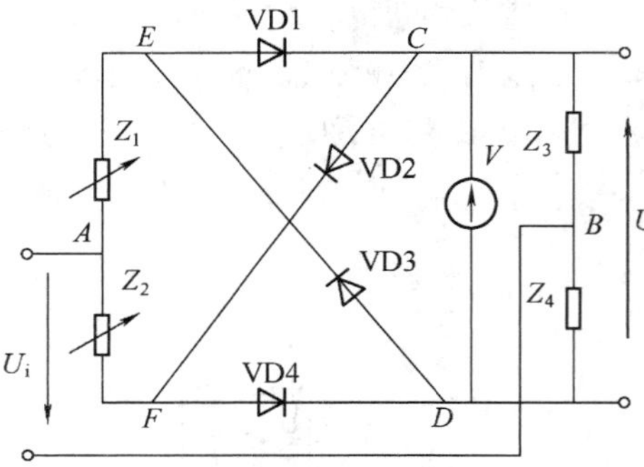

图 2.4　带相敏整流的交流电桥

图中,电桥的两个臂 Z_1、Z_2 分别为差动式传感器中的电感线圈,另两个臂为平衡阻抗 Z_3、Z_4（$Z_3 = Z_4 = Z_0$）,VD_1、VD_2、VD_3、VD_4 四只二极管组成相敏整流器,激励交流电压加在 A、B 两点之间,输出直流电压 U_o 由 C、D 两点输出,测量仪表可以是零刻度居中的直流电压表或数字电压表。

当衔铁处于中间位置时,传感器两个差动线圈的阻抗 $Z_1 = Z_2 = Z_0$,电桥处于平衡状态,C 点电位等于 D 点电位,电表指示为零。

当衔铁向一边移动时,传感器两个差动线圈的阻抗发生变化,当衔铁上移时,上部线圈阻抗增大,$Z_1 = Z_0 + \Delta Z$,下部线圈阻抗减少,$Z_2 = Z_0 - \Delta Z$。如果输入交流电压为正半周,则 A 点电位为正,B 点电位为负,二极管 VD_1、VD_4 导通,VD_2、VD_3 截止。在 A—E—C—B 支路中,C 点电位由于 Z_1 增大而比平衡时的 C 点电位降低;而在 A—F—D—B 支路中,D 点电位由于 Z_2 减少而比平衡时的 D 点电位增高,所以 D 点电位高于 C 点电位,直流电压表正向偏转。

如果输入交流电压为负半周,则 A 点电位为负,B 点电位为正,二极管 VD_2、VD_3 导通,VD_1、VD_4 截止。在 A—E—C—B 支路中,C 点电位由于 Z_2 减少而比平衡时的 C 点电位降低;而在 A—F—D—B 支路中,D 点电位由于 Z_1 增大而比平衡时的 D 点电位增高,所以仍然是 D 点电位

高于 C 点电位,直流电压表正向偏转。

同样可以得出结论:当衔铁下移时,电压表总是反向偏转,输出为负。

由此可见,采用带相敏整流的交流电桥,输出电压既能反映位移量的大小,又能反映位移的方向,所以应用较为广泛。

2. 差动变压器式传感器

（1）差动变压器式传感器原理

差动变压器式传感器是互感式传感器,其工作原理是把被测量的变化转换成线圈间的互感变化,传感器本身相当于一个互感系数可变的变压器。当一次线圈接入激励电源后,二次线圈就将产生感应电动势。当互感变化时,感应电动势也相应变化。由于在使用时采用两个二次线圈反向串联,以差动方式输出,故称为差动变压器式传感器,通常简称差动变压器。

差动变压器式传感器也有变气隙型和变面积型,但最多采用的是螺管型。图 2.5 为螺管式差动变压器的结构示意图。

差动变压器工作在理想情况下（忽略涡流损耗、磁滞损耗和分布电容等的影响）,它的等效电路如图 2.6 所示。图中,u_1 为一次线圈激励电压;M_1、M_2 分别为一次线圈与两个二次线圈间的互感;L_1、R_1 分别为一次线圈的电感和有效电阻;L_{21}、L_{22} 分别为两个二次线圈的电感;R_{21}、R_{22} 分别为两个二次线圈的有效电阻。

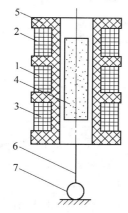

图 2.5　差动变压器的结构示意图

1——次线圈；2、3—二次线圈；

4—衔铁；5—线圈架；6—测杆；7—工件

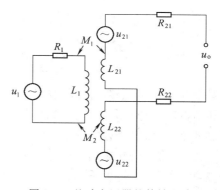

图 2.6　差动变压器的等效电路

对于差动变压器,当衔铁处于中间位置时,两个二次线圈互感相同,因而由一次线圈激励引起的感应电动势相同。由于两个二次线圈反向串接,所以差动输出电压 u_o 为零。

当衔铁移向二次线圈 L_{21} 一边时,互感 M_1 大,M_2 小,因而二次线圈 L_{21} 内的感应电动势大于二次线圈 L_{22} 内的感应电动势,这时输出电压 u_o 不为零。在传感器量程内,衔铁移动越大,差动输出电压 u_o 就越大。

同样道理,当衔铁向二次线圈 L_{22} 一边移动时,差动输出电压 u_o 也不为零,但由于移动方向改变,所以输出电压 u_o 反相。

因此,差动变压器输出电压 u_o 的大小和相位可以反映衔铁位移量的大小和方向。输出电压

的有效值为

$$U_o = \frac{2\omega\Delta M}{\sqrt{R_1^2 + (\omega L_1)^2}}U_1 \qquad (2.8)$$

上式表明,当激励电压的幅值 U_1 和角频率 ω、一次线圈的有效电阻 R_1 及电感 L_1 为定值时,差动变压器输出电压的幅值 U_o 与互感的变化量 ΔM 成正比。而且在衔铁上移或下移量相等时,输出电压幅值相同,但相位相差 180°。

差动变压器的输出特性曲线如图 2.7a 所示。图中,U_o 为差动输出电压,x 表示衔铁偏离中心位置的距离,U_r 为零点残余电压,这是由于差动变压器制作上的不对称以及铁心位置等因素所造成的。

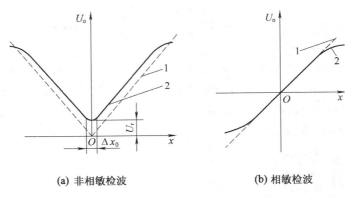

(a) 非相敏检波　　　　　　　　　　(b) 相敏检波

图 2.7　差动变压器输出特性
1—理想特性曲线;2—实际特性曲线

（2）差动变压器式传感器的测量电路

差动变压器的输出电压是交流分量,它与衔铁位移成正比,其输出电压当用交流电压表来测量时存在下述问题:① 总有残余电压输出,因而零点附近的小位移测量困难;② 无法判断衔铁移动的方向。为此,常采用相敏检波电路和差动整流电路来处理。

相敏检波电路的形式较多,图 2.8 是其中的一个例子。相敏检波电路由变压器 T_1 和 T_2 以及接成环形的四个半导体二极管组成。差动变压器输出电压 u_o 经交流放大器放大后变为 u_o',从 1、2 端输入;参考电压 u_s' 由振荡器供给,通过 3、4 端输入;检波后的信号从 5、6 端输出。u_s' 与 u_o' 频率相同,相位相同或相反,用它作为辨别极性的标准。一般情况下,u_s' 的幅值应为 u_o' 幅值的 3～5 倍。

假设衔铁上移,放大器的输出 u_o' 与 u_s' 同相。在正半周,如图 2.9a 所示,VD_1、VD_2 导通,其内阻 r_i 很小,变压器 T_1 二次线圈上半个绕组等于直接接在电表的 5、6 端,流过电表的电流方向为从 5 到 6;在负半周,VD_3、VD_4 导通,变压器 T_1 二次线圈下半个绕组直接接在电表的 5、6 端,流过电表的电流方向仍然为从 5 到 6(图 2.9b)。

衔铁下移时,变压器输出电压相位与上移时相差 180°,放大器的输出 u_o' 与 u_s' 反相。在正半周,如图 2.9c 所示,VD_1、VD_2 导通,流过电表的电流方向为从 6 到 5;在负半周,VD_3、VD_4 导通,流过电表的电流方向仍然为从 6 到 5(图 2.9d)。

由以上分析可知,相敏检波电路输出电压的变化规律既反映了位移量的大小,又反映了位移

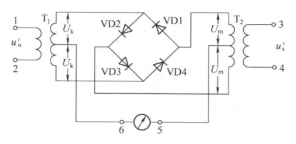

图 2.8　相敏检波电路原理图

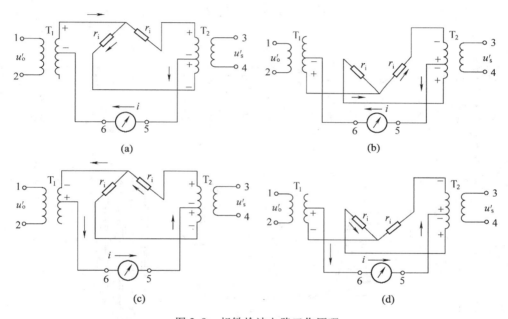

图 2.9　相敏检波电路工作原理

的方向,其输出特性曲线如图 2.7b 所示。各点电压的波形如图 2.10 所示。

3. 实用仪器举例

电感测微仪是目前应用较多的一种微小位移测量仪,测量范围一般为几毫米,分辨率可达 $0.1 \sim 0.5 \ \mu m$,配以一定的卡具后,可以进行工件厚度、椭圆度、不平度、不垂直度、不同轴度等参数的测量。

图 2.11a 为电感测微仪测试原理图,图 2.11b 是轴向式电感测微仪的结构图,测端 6 接触被测体,被测体的微小位移使衔铁 3 在差动线圈中移动,造成线圈电感值的变化。电感测微仪通常以相对比较的方式进行测量。测量前,用量块等标准件将测微仪初值置零,即差动变压器或差动螺管中的衔铁或铁心处于中间位置,测量电路处于平衡状态,没有信号电压输出。测量时再拿掉标准件,将被测零件置于测头下,此时测量数值即为被测零件与标准零件比较出来的差值。

目前,指针式显示的电感测微仪已基本上被数字显示的替代。以单片机装备的具有智能的测微仪可进行量程的自动转换、非线性校正、测量曲线拟合、温度漂移补偿等,使测量精度进一步

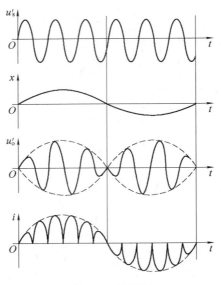

图 2.10　波形图

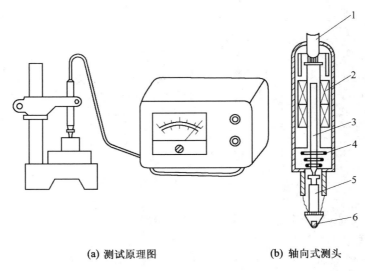

(a) 测试原理图　　　　　(b) 轴向式测头

图 2.11　电感测微仪

1—引线；2—线圈；3—衔铁；4—测力弹簧；5—测杆；6—测端

提高,并使操作更为方便。

2.2.2　涡流式传感器

涡流式传感器的变换原理是利用金属体在交变磁场中的涡流效应。当金属导体置于变化的磁场中或是在磁场中运动时,金属表面将产生感应电流,这种电流在金属导体内是自己闭合的,称为电涡流或涡流。

1. 涡流式传感器原理

完整地看,涡流式传感器是由一个传感器线圈加上被测金属导体组成的。其工作原理如图2.12所示。一个传感器线圈置于金属导体附近,当线圈中通有交变电流 i_1 时,线圈周围就产生一个交变磁场 H_1。置于该磁场中的金属导体就产生涡流 i_2,涡流也将产生一个新磁场 H_2,H_2 与 H_1 方向相反,因而抵消部分原磁场,使通电线圈的有效阻抗发生变化。

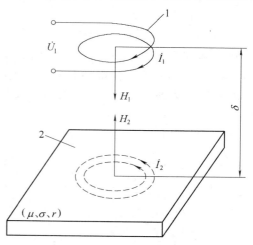

线圈的阻抗变化与金属导体的电导率 σ、磁导率 μ、厚度 t 以及线圈与金属导体的距离 δ、线圈的几何参数 r、线圈激磁电流的角频率 ω 等参数有关。涡流式传感器工作时的总等效阻抗是以上各参数的函数,即

$$Z = f(\mu, \sigma, t, \delta, r, I_1, \omega)$$

图 2.12 涡流传感器工作原理
1—传感器线圈;2—金属导体

涡流式位移传感器可用来测量两类参数:一类是位移、厚度、振幅、压力和转速等参数;另一类是与被测对象材料导电、导磁性能有关的参量,如电导率、磁导率、温度、硬度、材质、裂纹和缺陷等。

涡流式传感器的工作对象必须是金属导体,且表面应光滑。为充分利用涡流效应,对于平板型的被测物体,如图 2.13a 所示,要求 $D>1.8d$;当被测物体为曲面型的圆柱体时,如图 2.13b 所示,则要求 $D>3.5d$ 倍,否则将导致灵敏度降低。

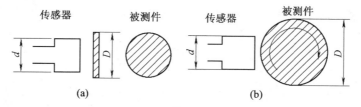

图 2.13 被测物体尺寸与传感器直径的关系

2. 涡流式传感器的测量电路

涡流传感器的测量转换电路有电桥法和谐振法。

谐振法是利用谐振回路,将传感器线圈的等效电感的变化转换为电压或电流的变化。传感器线圈与电容并联组成 LC 并联谐振回路,其谐振频率为

$$f_0 = \frac{1}{2\pi\sqrt{LC}} \qquad (2.9)$$

且谐振时回路的等效阻抗最大,等于

$$Z_0 = \frac{L}{R'C} \qquad\qquad (2.10)$$

式中,R'为回路的等效损耗电阻。

当电感L发生变化时,回路的等效阻抗和谐振频率都将随L的变化而变化,因此可以利用测量回路阻抗的方法或测量回路谐振频率的方法间接测出传感器的被测值。

谐振法主要有调幅式电路和调频式电路两种基本形式。调幅式由于采用了石英晶体振荡器,因此稳定性较高,而调频式结构简单,便于遥测和数字显示。图2.14为调幅式测量电路原理图。

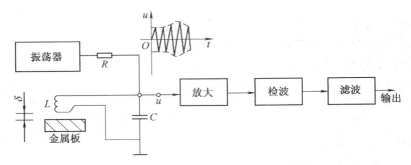

图 2.14　调幅式测量电路原理图

由图 2.14 中可以看出,LC谐振回路由一个频率及幅值稳定的晶体振荡器提供一个高频信号激励谐振回路。LC回路的输出电压为

$$u = u_\circ \frac{Z}{R + Z} \qquad\qquad (2.11)$$

式中,$u_\circ$为石英晶体振荡器输出电压,Z为L、C组成的并联谐振回路阻抗。

因为$Z = f(\delta)$,将它代入上式,则有

$$u = u_\circ \frac{f(\delta)}{R + f(\delta)} = G(\delta) \qquad\qquad (2.12)$$

试验证明,此电路有如图 2.15 所示的特性曲线,它在相当宽的范围内近似于一条直线,可看作是传感器的工作线段。涡流式位移传感器的输出$u(t)$的频率虽然仍是振荡器的工作频率,但其幅值却随线圈与被测金属材料的距离δ的改变而变化,相当于一个调幅波。此调幅波经放大、检波和滤波后,即可得到位移量δ的动态变化信息。

3. 实用仪器举例

涡流传感器的结构很简单,其核心是一个固定在框架上的扁平线圈,又称涡流探头。线圈用多股漆包线或银线绕制而成,可以粘贴在框架的端部,也可以绕在框架端部的槽内。框架一般选用聚四氟乙烯、高频陶瓷、环氧玻璃纤维等材料制成。图 2.16 所示为 CZF-1 型涡流传感器的结构图,其性能如表 2.1 所示。由表 2.1 可知,涡流式传感器的线圈外径越大,线性范围也越大,但灵敏度也越低。理论推导和实践都证明,细而长的线圈灵敏度高,线性范围小;扁平线圈则相反。

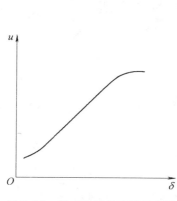

图 2.15　调幅电路输出特性曲线

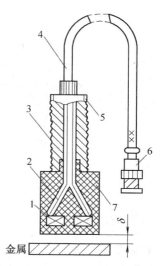

图 2.16　CZF-1 型涡流传感器结构图
1—线圈；2—框架；3—框架衬套；4—电缆；
5—固定用螺纹；6—插接件；7—瓷罩

表 2.1　CZF-1 系列涡流传感器的性能

型　　号	线性范围 /μm	线圈外径 /mm	分辨率 /μm	线性误差 /%	使用温度 /℃
CZF1-1000	1 000	7	1	<3	-15 ~ +80
CZF1-3000	3 000	15	3	<3	-15 ~ +80
CZF1-5000	5 000	28	5	<3	-15 ~ +80

　　涡流式传感器和电容式传感器相比较,其共同之处是均可作非接触测量,而涡流式的线性好,工作范围宽,分辨率小(可达 0.1%),受温度、湿度的影响小,调整也比较方便,但是它的灵敏度稍低于电容式。

　　安装涡流传感器时,应注意以下问题:

　　1)被测对象的表面与传感器敏感部分表面安装时应平行。用涡流传感器测量位移量,是对被测对象表面到传感器敏感部分表面之间距离的平均值进行测量,所以两个表面之间即使有 15°的倾斜也问题不大。由于涡流传感器是面测量而不是点测量,所以在测量凹凸不平的对象时,传感器输出的位移值,是传感器敏感部分直径范围内的平均值。

　　2)当两个以上的涡流传感器并排使用时,它们之间的距离不能小于传感器的直径 d,否则要相互影响。

　　3)当涡流传感器必须安装到金属内进行测量时,最好能车一个如图 2.17a 所示的圆槽,至少也要按图 2.17b 所示的要求去做。

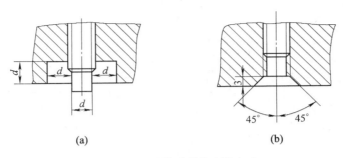

图 2.17　涡流传感器的安装方法

2.2.3　电容式传感器

1.电容式传感器原理

电容式传感器的工作原理可以用图 2.18 所示的两平行板电容器来说明。在不考虑边缘效应时,它的电容量 C 为

$$C = \frac{\varepsilon A}{\delta} = \frac{\varepsilon_r \varepsilon_0 A}{\delta} \qquad (2.13)$$

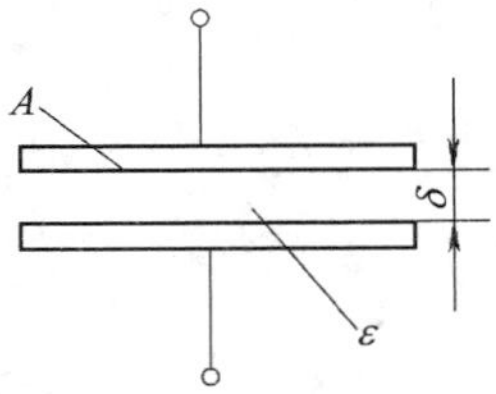

图 2.18　平板电容器

式中,A 为两平行极板相互覆盖的有效面积;δ 为两平行极板间的距离,即极距;ε 为极板间介质的介电常数;ε_r 为极板间介质的相对介电常数,在空气中,$\varepsilon_r = 1$;ε_0 为真空中的介电常数,$\varepsilon_0 = 8.85 \times 10^{-12}$ F/m。

式(2.13)表明,在 δ、A、ε 三个参数中,被测对象使其中任一个参数发生变化时,都将引起电容 C 的变化,并且两者间有确定的函数关系。因而,电容式传感器有三种基本型式,即变极距型、变面积型和变介电常数型。前两种应用较为广泛,均可用作位移传感器。

（1）变极距型电容传感器

电容传感器的灵敏度为

$$S = \frac{dC}{d\delta} = -\varepsilon A \frac{1}{\delta^2} \qquad (2.14)$$

灵敏度与 δ^2 成反比,灵敏度高,但输出特性非线性严重。为了减小非线性的影响,这种传感器只能工作在极小的测量范围内,一般取测量范围为 $\frac{\Delta \delta}{\delta_0} \approx 0.1$,$\delta_0$ 为初始间隙。

（2）变面积型电容传感器

各种类型的变面积型电容传感器如图 2.19 所示。同变极距型比较,其灵敏度为常数,线性好,测量范围大,可用于测量较大的线位移或角位移。图中给出了单边、差动和齿形极板等多种形式。差动结构比单边结构的灵敏度提高约一倍,而齿形极板结构灵敏度高,但受齿的大小限制,只能测量较小的位移。

（3）变介电常数型电容传感器

因为各种介质的相对介电常数不同,所以在电容器两极板间插入不同介质时,电容器的电容量也就不同,利用这种原理制作的电容传感器称为变介电常数型电容传感器,它们常用来检测某些材料的厚度、温度、湿度以及测量物位或液位等。

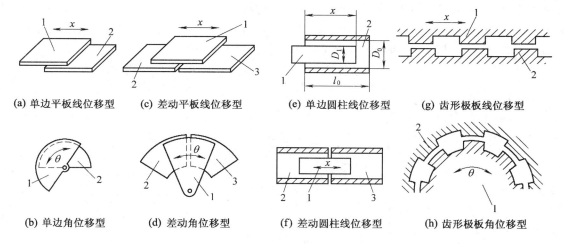

(a) 单边平板线位移型   (c) 差动平板线位移型   (e) 单边圆柱线位移型   (g) 齿形极板线位移型

(b) 单边角位移型   (d) 差动角位移型   (f) 差动圆柱线位移型   (h) 齿形极板角位移型

图 2.19　变面积型电容传感器

1—动极板；2、3—定极板

电容式传感器的优点是结构简单,适应性强;输入能量小,灵敏度高,动态特性好,温度补偿性好,可实现非接触测量,其测量精度可达 0.01 μm。

2. 电容式传感器的测量电路

电容式传感器虽然有上述一些优点,但也有明显不足之处。电容传感器的初始电容量很小,一般为 20 ~ 300 pF,甚至小于 20 pF,测量时电容量的变化更小,常在 1 pF 以下。这样小的电容量,其输出阻抗很高,尤其在低频范围,输出阻抗达几十甚至上百兆欧(MΩ)。因此,传感器负载能力差,易受外界干扰,必须采取屏蔽和绝缘措施。与传感器电容量相比,连接传感器的引线"电缆电容"、极板与周围导体构成的电容以及电子线路间的杂散电容却比较大,如 1 ~ 2 m 的电缆电容量可达 800 pF。这些所谓的"寄生电容"不仅降低了传感器的灵敏度,而且因其随机变化影响传感器的工作稳定性。

因此在设计测量电路时,必须考虑:① 将微小电容变化量转换为容易测量的其它电量;② 电路中必须尽量减少杂散电容,特别是电缆对地电容的影响。

电容式传感器有多种转换输出电路,如交流电桥、脉宽调制电路、调频电路、运算放大器电路等。

脉宽调制电路是利用传感器电容充放电时电容量的变化,使电路输出脉冲的占空比随之变化,通过低通滤波器得到对应于被测量变化的直流信号。脉宽调制电路如图 2.20 所示。它由比较器 A_1 与 A_2、双稳态触发器及电容充放电回路所组成。C_1 与 C_2 为电容传感器的输出,构成差动形式,U_R 为参考电压。当双稳态触发器的 Q 端输出高电平时,A 点通过 R_1 对 C_1 充电,直到 F 点的电位等于参考电压 U_R,比较器 A_1 产生一个置零脉冲,使双稳态触发器翻转,Q 端变为低电平,$\overline{Q}$ 端变为高电平。这时 C_1 经二极管 VD1 迅速放电使 F 点的电位至零;同时 B 点通过 R_2 对 C_2 充电,直到 G 点的电位等于参考电压 U_R,比较器 A_2 产生一个置位脉冲,使双稳态触发器再次翻转,Q 端又变为高电平,$\overline{Q}$ 端变为低电平。周而复始,在双稳态触发器的两个输出端各产生一个宽度受 C_1、C_2 调制的脉冲方波。当 $C_1 = C_2$ 时,两个电容充电时间常数相等,A 与 B 两点输出的脉冲宽度相等,输出电压 U_{AB} 的平均值为零。各点波形如图 2.21a 所示。但当 $C_1 \neq C_2$ 时,如 $C_1 > C_2$,则 C_1 的充电时间大于 C_2 的充电时间,使 A 点输出的脉冲宽度大于 B 点,输出电压 U_{AB} 的平均值不为零。如图 2.21b 所示。输出电压为

$$U_o = U_A - U_B = \frac{t_1}{t_1 + t_2}U_1 - \frac{t_2}{t_1 + t_2}U_1 = \frac{t_1 - t_2}{t_1 + t_2}U_1 \tag{2.15}$$

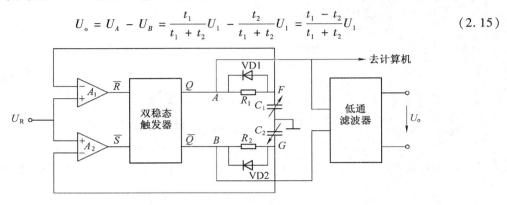

图 2.20　差动脉宽调制电路

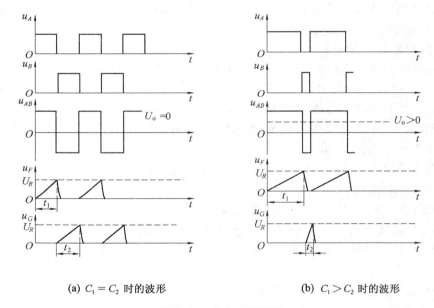

(a) $C_1 = C_2$ 时的波形　　　　　　　　(b) $C_1 > C_2$ 时的波形

图 2.21　各点电压波形

式中,U_1 为触发器输出的高电平值;t_1 为电容 C_1 的充电时间;t_2 为电容 C_2 的充电时间。

$$t_1 = R_1 C_1 \ln \frac{U_1}{U_1 - U_R}; \quad t_2 = R_2 C_2 \ln \frac{U_1}{U_1 - U_R}$$

设电阻 $R_1 = R_2 = R$,则有

$$U_o = \frac{C_1 - C_2}{C_1 + C_2}U_1 \tag{2.16}$$

可见,输出电压与传感器电容的变化量成正比。输出电压信号一般为 100 kHz ~ 1 MHz 的矩形波。

脉宽调制电路的特点是:能获得线性输出;直流输出只需经低通滤波器简单地引出,不需要解调器即能获得直流输出;电路只采用直流电源,虽然要求直流电源的电压稳定性较高,但与其它测量电路中要求较高的稳频、稳幅交流电源相比易于做到;输出的脉冲信号可直接送计算机进行处理。

3. 实用仪器举例

电容测微仪是常用的测量微小位移的仪器,图2.22是变面积型电容测微仪的结构图。这种传感器采用了差动式结构。当测杆随被测位移运动而带动活动电极移动时,导致了活动电极与两个固定电极间的覆盖面积发生变化,其电容量也相应产生变化。这种传感器有良好的线性。

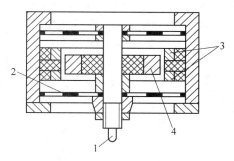

图 2.22　电容式位移传感器

1—测杆;2—开槽片簧;3—固定电极;4—活动电极

2.2.4　数字式位移传感器

随着数字技术的发展,出现了各种各样的数字式位移传感器。常用的有计量光栅、感应同步器、磁栅和编码器等,它们均能给出数字脉冲。它们都有线位移测量和角位移测量两种结构形式。

数字式传感器的优点是数据传输和处理方便,工作可靠,精度高,且使用和维修方便,易于实现自动化和数字化,如配上计算机,还可起到数控作用,有利于提高加工精度,降低废品率,因而在工矿企业的技术改造、机械工业的生产和自动测量以及自动控制系统中得到广泛的应用。在后续的课程中将会详细介绍。

2.3　位移测量实例

2.3.1　一般线位移测量

在工程技术中,测量机械零件的长度、厚度和液位等,实际上都是利用不同的位移传感器进行线位移的测量。

1. 电感式滚柱直径分选装置

以往用人工测量和分选轴承用滚柱的直径是一件十分费时且容易出错的工作。图 2.23 是电感式滚柱直径分选装置的示意图。

由机械排序装置送来的滚柱按顺序进入电感测微仪。电感测微仪的测杆在电磁铁的控制下,先提升到一定的高度,让滚柱进入其正下方,然后电磁铁释放,衔铁向下压住滚柱,滚柱的直径决定了衔铁位移的大小。电感传感器的输出信号送到计算机,计算出直径的偏差值。已测量的滚柱被机械装置推出电感测微仪,这时相应的翻板打开,滚柱落入与其直径偏差相对应的容器中。从图 2.23 中的虚线可以看到,批量众多的滚柱直径偏差的概率分布符合随机误差的正态分布。上述测量和分选步骤均是在计算机控制下进行的。

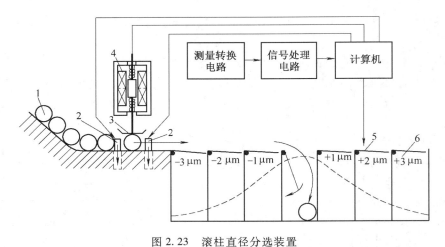

图 2.23　滚柱直径分选装置

1—被测滚柱；2—电磁挡板；3—电感测头；4—电感测微仪；5—电磁翻板；6—容器

2. 电感式仿形机床

在加工复杂机械零件时,采用仿形加工是一种较简单的方法。图 2.24 是电感式(或差动变压器式)仿形机床的示意图。

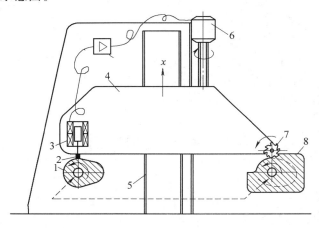

图 2.24　电感式仿形机床工作示意图

1—标准靠模样板；2—测端(靠模轮)；3—电感测微仪；
4—铣刀龙门框架；5—立柱；6—伺服电机；7—铣刀；8—毛坯

假设被加工的工件为凸轮。机床的左边转轴上固定一个已加工好的标准凸轮,毛坯固定在右边的转轴上,左、右两轴同步旋转。铣刀与电感测微仪安装在由伺服电机驱动的、可以沿着立柱的导轨上、下移动的龙门架上。电感测微仪的硬质合金测端与标准凸轮外表轮廓接触。当衔铁不在差动电感线圈的中心位置时,测微仪有输出。输出电压经伺服放大器放大后,伺服电机正转(或反转),带动龙门框架上移(或下移),直到测微仪的衔铁恢复到差动电感线圈的中间位置为止。龙门框架的上下位置决定了铣刀的切削深度。当标准凸轮转过一个微小的角度时,衔铁再一次被顶高(或下降),测微仪必然有输出,伺服电机转动,使铣刀也上升(或下降),从而减小(或增加)切削深度。这个过程一直持续到加工出与标准凸轮完全一样的工件为止。

3. 石棉纸厚度的在线测量

厚度检测包括金属或非金属带材或箔材的厚度、涂层厚度等的测量。

利用非接触式位移传感器在线测量石棉纸厚度的工作原理如图 2.25 所示。由图可知,从输送带送来的纸浆由于下缸的挤压,使其在冷缸 6 表面形成石棉纸 5,随着输送带的不断输送和冷缸的不断旋转,使石棉纸越来越厚。

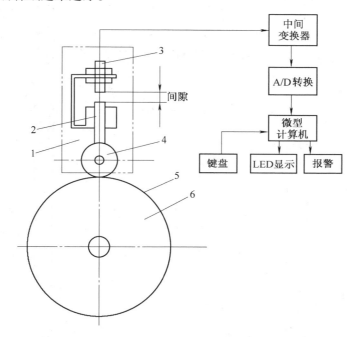

图 2.25　石棉纸厚度在线检测工作原理图

1—测量部件;2—导杆;3—传感器;4—塑料滚轮;5—石棉纸;6—冷缸

当厚度增加时,塑料滚轮 4 连同导杆 2 一起向上移动。非接触式位移传感器 3(涡流式位移传感器或极距变化型电容传感器)的测头与导杆上端面之间的间隙变化量即反映了石棉纸厚度的变化量。由传感器所测得的石棉纸厚度信号经中间变换器变换成电压信号,然后经 A/D 转换器送入计算机进行数据处理,并由显示器显示石棉纸厚度的变化。当石棉纸的厚度达到所要求的尺寸时,检测仪内所设置的报警器即发出声光报警信号或向执行机构发出指令。

4. 物位的测量

在生产过程中常遇到大量的固体和液体物料,存放在容器中或堆放在场地上,并占有一定的高度,此高度还有可能是随时间变化的。对此高度的测量称为物位测量。液体表面的位置、散粒状物质表面的位置以及不同密度互不相溶液体的分界面位置等的测量均属于物位测量。物位测量多是将物位转换成位移量来进行测量的,它也是位移测量应用较多的一个方面。

多种不同转换原理的位移传感器可用于物位测量。

电容式液位传感器是利用被测介质液面变化转换为电容量变化的一种介质变化型电容式传感器。图 2.26a 是用于被测介质是非导电物质时的电容式传感器。当被测液面变化时,两电极间的介电常数随之发生变化,从而导致电容量的变化。

图 2.26b 适用于测量导电液体的液位。液面变化时相当于外电极的面积在改变,这是一种变面积型电容传感器。

沉筒式液位仪是一种常用的液位测量仪器。沉筒式液位仪的测量元件是浸沉于液体中的沉筒。由于液位的变化将使浮力变化,此浮力再以位移或力的变化形式使传感器发出相应的信号。如图 2.27 所示,沉筒由固定段 1 和浮力段 1′ 两部分组成。为适应不同的介质和量程,浮力段是可调换的。沉筒所反映的液位变化——浮力变化,通过测量弹簧 2 线性地转换成衔铁 4 的位移变化。衔铁的位移变化再由差动变压器转换成与之成正比的输出电压 e_y 的变化,因此输出电压的变化就反映了液位的变化。沉筒式液位仪使用比较方便,但它只适用于某一特定介质密度和压力的情况。

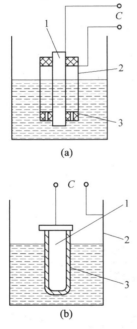

图 2.26　电容式液位传感器
1—内电极;2—外电极;3—绝缘层

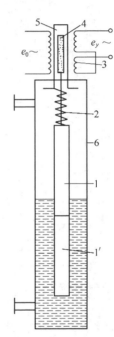

图 2.27　差动变压器的沉筒式液位仪
1—沉筒固定段;1′—沉筒浮力段;
2—测量弹簧;3—差动变压器;4—衔铁;
5—密封隔离管;6—壳体

2.3.2　回转轴误差运动的测量

回转轴误差运动是指在回转过程中回转轴线偏离理想轴线位置而出现的附加运动。回转轴误差运动的测量和控制,是各种精密设备及大型、高速、重载设备的重要技术问题之一。通过对回转轴误差运动的测定,可以了解回转轴的运动状态和判断产生误差运动的原因。

回转轴误差运动的测量实质上是位移的测量,它和一般位移测量的区别在于:

1）由于回转轴处于旋转状态，用于测量的传感器应该是非接触式的（如电容式或电涡流式）。

2）回转轴误差运动的测量是多维位移测量，常需要使用多个传感器。

3）各个传感器所测得的位移量均是时间的连续变量，应将各个传感器所测得的数值联系起来分析，才能得到对回转轴误差运动的正确评价。因此，回转轴误差运动的测量是一个比较复杂的问题。

1. 回转轴的误差运动

若将回转轴置于空间某参考坐标系中来观察，如图 2.28 所示。在理想回转状况下，回转轴线 CD 与空间的某条固定直线 AB（取为参考系 z 轴）应始终重合，并且无相对位移。固定直线 AB 称为理想直线。实际上，由于存在着轴承、轴颈和支承孔的加工误差及轴承静、动载荷的变化等原因，回转轴线的空间位置是在不断变化的，产生了"不需要"的附加运动。这些运动称为回转轴误差运动，可分为轴向运动 $z(t)$、纯径向运动 $x(t)$ 和 $y(t)$、倾角运动 $\alpha(t)$ 和 $\beta(t)$。

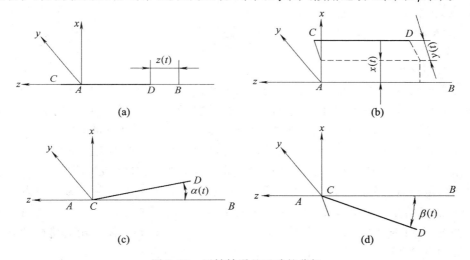

图 2.28　回转轴误差运动的分解

误差运动使回转轴上任何一点发生与轴线平行的移动和在垂直于轴线的平面内的移动。前者称为该点的轴向误差运动 $f(t)$，后者称为该点的径向误差运动 $r(t)$，二者均随测量点所在半径位置不同而异。所以，在讨论误差运动时应指明测量点的位置。

2. 径向回转误差运动的测量

（1）双向测量法

这种方法的测试系统如图 2.29 所示。在主轴前端的摆盘上固定一个精密钢球，作为基准球，用它的表面来"体现"回转轴线。直接采用回转轴上的某一回转表面作为基准面时，由于形状误差的影响，测量精确度较差。传感器 1 和 2 位于互成 90°并通过基准球中心的径向平面内。调节摆盘上的螺钉可使固定基准球的法兰盘绕圆球作相对摆动，从而改变基准球相对于回转轴心的安装偏心量。两个传感器所检测到的实际位移信号经过测量电路处理后，在示波器上以圆图像形式显示。

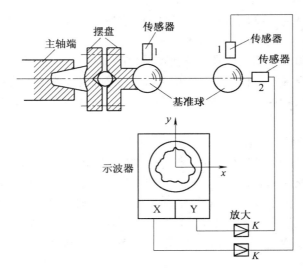

图 2.29　双向测量法

（2）单向测量法

如果不需要测量总的径向误差运动,而只需要测量它在某个方向上的分量,则可将一只传感器置于该方向上来检测,这就是单向测量法。通常,这里所指的某个方向,对机床而言就是它的敏感方向。对于车床这类工件回转型的机床,唯有刀尖至主轴理想回转轴线垂直方向的误差运动分量对工件有影响,而垂直于这个方向的误差运动分量对工件的加工质量基本没有影响,所以前者就是车床类机床的敏感方向,测量径向误差运动就应选择在这个方向上进行。

用单向测量法进行测量的测试系统如图 2.30 所示。在刀具的安装位置上放置一个位移传感器 T,用来沿敏感方向测量基准球在回转中的位移。传感器的输出信号经放大后与基圆信号发生器 R 发出的 $A\cos\theta$ 和 $A\sin\theta$ 分别相乘,然后再相加,可得到两路输出。将此两路信号分别送入示波器的 X、Y 极,便可获得位移信号 d_x 叠加在基圆上的圆图像。

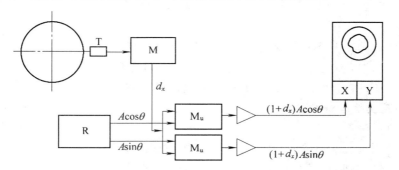

图 2.30　单向测量法

T—位移传感器；M—位移测量仪；R—基圆发生器；M_u—乘法器

3. 圆图像的处理和分析

圆图像一般是在一段时间内连续记录若干转的回转误差运动而获得的。由于随机因素的影

52

响,各转的误差运动并不重合,因而它是由一组误差运动曲线组成的,称为总误差运动圆图像,如图 2.31 所示。各转误差运动曲线的平均曲线,称为平均误差运动圆图像,如图 2.31 中的粗线所示。总误差运动圆图像反映了误差运动的总体情况,而平均误差运动圆图像则反映了某种倾向性的误差运动规律。

对圆图像的数值评定,通常采用包容法,即用两个正好包容误差运动圆图像的同心圆的半径差作为该误差运动大小的评定值,此数值与所采用的同心圆的圆心位置有关。因此,在给出误差运动数值时,应该同时说明所用的圆心特征。可供选择的圆心有最小区域圆圆心(MRC)、图面圆圆心(PC)(误差运动圆图像的极坐标中心)、最小二乘圆圆心(LSC)、最小外接圆圆心(MCC)和最大内切圆圆心(MIC)。

圆心的选择与测试目的和要求有关。一般选择最小区域圆圆心进行回转误差运动圆图像的数值评定,误差运动值是包容圆图像的两同心圆的半径差。通常采用透明的同心圆模板来试凑,试凑的要求是误差运动圆图像上至少有四个点内外相间地在两个圆周上,此时即可以认为两同心圆之间的区域为最小区域,如图 2.32 所示。

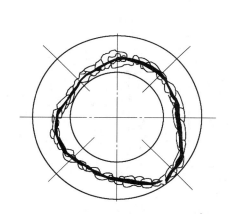

图 2.31　总误差运动和平均误差运动圆图像

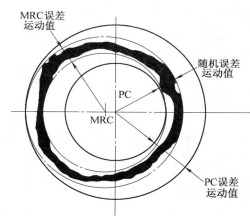

图 2.32　误差运动值的评定

图面圆圆心也是常用的一种,沿通过图面圆圆心的半径方向来衡量的总误差运动圆图像的最大宽度,称为随机误差运动值,如图 2.32 所示。此值表示了各转误差运动不重合的程度,或称分散度。对于机床主轴而言,可用来预测加工表面的粗糙度。

采用最小二乘圆圆心时,该圆心至误差运动圆图像的最大距离与最小距离之差即为误差运动值。采用计算机进行测试数据处理时多采用该方法。

最小外接圆法和最大内切圆法实质上是按"贴切概念"来评定误差运动值。前者可用于预测平刃镗刀镗孔时孔的表面形状;后者则可用于预测平刃车刀车削出的外圆零件的表面形状。

本 章 小 结

位移不仅在机械工程检测中需要进行测量,而且它还是很多非电量检测中的中间变量,例如力、扭矩、速度、加速度、温度、流量等参数都可先转换成位移然后再转换成电量。位移检测常用的传感器有电感传感器、电涡流传感器、电容传感器等。它们都能将微小位移的变化转换成电参量的变化。应注意它们在工作原理、性能特点和应用范围方面的异同。

电感传感器分自感式和互感式两种,每种又分变隙型、变面积型和螺管型。最常用的是差动螺管式电感传感器和差动变压器,它们具有灵敏度高、线性输出范围大、抗干扰能力强的特点。采用相敏检波测量电路,既可以得到位移量的大小,又可以判断位移的方向。电涡流传感器和电容传感器都是非接触测量方式,电涡流传感器的线性范围大,频率响应高,受外界因素影响小,但被测对象必须是金属。电容传感器灵敏度高,动态范围大。

由于数字式传感器具有抗干扰能力强、易于远距离传输等优点,因此,传感器的数字化是传感器的发展方向。感应同步器、光栅传感器、旋转变压器等传感器已经广泛应用在数控机床中位移的测量和控制系统中。

思考题与习题

2.1　电感式传感器有几大类?各有何特点?

2.2　如图 2.33 所示的差动电感式传感器的桥式测量电路,L_1、L_2 为传感器的两个差动电感线圈的电感,其初始值均为 L_0。R_1、R_2 为标准电阻,u 为电源电压。试写出输出电压 u_o 与传感器电感变化量 ΔL 间的关系。

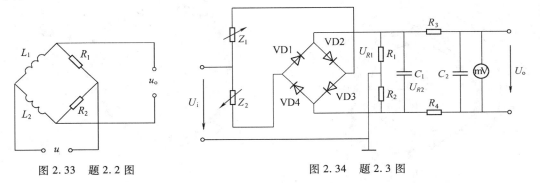

图 2.33　题 2.2 图　　　　　　　　　图 2.34　题 2.3 图

2.3　图 2.34 所示是一种差动电感传感器用的差动整流电桥电路,电路由差动电感传感器 Z_1、Z_2 以及整流二极管、平衡电阻 R_1、R_2($R_1 = R_2$)组成。电桥的一条对角线接有交流电源 U_i,另一条对角线为输出端 U_o。试分析该电路的工作原理(U_i 正、负半周时流经 R_1、R_2 的电流 I_1、I_2 的方向,U_{R1}、U_{R2} 的极性,衔铁位置的方向与 I_1、I_2 的大小及 U_o 的极性之间的关系)。

2.4　某工厂采用图 2.35 所示的电容传感器来测量储液罐中的绝缘液体的液位。已知,内圆管的外径为 10 mm,外圆管的内径为 20 mm,高度 $h_1 = 3$ m,$h_0 = 0.5$ m。被测介质为油,其相对介电常数 $\varepsilon_r = 2.3$,测得总电容量为 401 pF,求液位 H。若储油罐的内径 $D = 3$ m,油的密度 $\rho = 800$ kg/m³,求这时储油罐中油的总量。

2.5　何为回转轴误差运动,它的测定有何实际意义?

2.6　涡流式传感器的工作原理是什么?使用时应注意哪些问题?

2.7　一电容传感器,其圆形极板 $r = 5$ mm,工作初始间隙 $\delta_0 = 0.3$ mm,问:

1)工作时如果传感器的工作间隙变化 $\Delta\delta = \pm 2$ μm,则电容变化量是多少?

2)如果测量电路灵敏度 $S_1 = 100$ mV/pF,读数仪表灵敏度 $S_2 = 5$ 格/mV,在 $\Delta\delta = \pm 2$ μm 时,

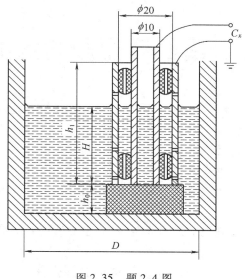

图 2.35　题 2.4 图

读数仪表的指示值变化多少格($\varepsilon_0 = 8.85 \times 10^{-12}$ F/m)？

2.8　用结构参数为长 $L = 100$ mm、宽 $b = 20$ mm、间隙 $\delta = 2$ mm 的线位移电容传感器测量位移量 $\Delta x = \pm 40$ μm 的变化,试求：

1）电容变化量是多少？

2）若测量电路灵敏度 $S_1 = 100$ V/pF,光线示波器灵敏度 $S_2 = 5$ 格/mV,则在记录纸上的指示值是多少格？

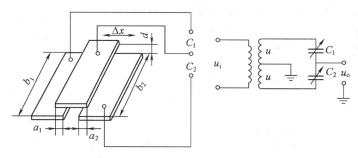

图 2.36　题 2.10 图

2.9　为什么说变间隙型电容传感器特性是非线性的？采取什么措施可改善其非线性特性？

2.10　有一平面直线位移型差动电容传感器,其测量电路采用变压器交流电桥,结构组成如图 2.36 所示。电容传感器初始时 $b_1 = b_2 = b = 20$ mm,$a_1 = a_2 = a = 10$ mm,极距 $d = 2$ mm,极间介质为空气,测量电路中 $u_i = 3\sin \omega t$,且 $u = u_i$。试求当动极板上输入一位移量 $\Delta x = 5$ mm 时,电桥的输出电压。

第3章 运动速度和转速的测量

通过本章的学习,你将能够:
- 了解速度和转速的测量方法。
- 熟悉多普勒效应和相关原理。
- 掌握霍尔传感器和光电传感器的工作原理及特点。
- 正确选用相应的传感器对速度和转速进行测量。

小位移振动速度的测量已在第 2 章中介绍,本章主要讨论大位移运动速度和转速的测量。

3.1 运动速度的测量

3.1.1 激光多普勒测速

当波源或观察者相对于介质运动时,观察者所接收到的波的频率不同于波源的频率,这种现象称为光或声的多普勒效应。不论是波源运动,或是观察者运动,或是两者同时运动,只要两者互相接近,接收到的频率就高于原来波源的频率;两者互相远离,接收到的频率则低于原来波源的频率。由多普勒效应而引起的频率变化数值称为多普勒频移值。

光波的多普勒效应是一种物理现象,如图 3.1 所示,由于物体反射表面的运动速度 v 使光束 A'、B' 的光程较原来物体表面静止时的光束 A、B 的光程缩短 dL,有关系式

$$dL = NO + OM = 2vdt\cos\theta \tag{3.1}$$

由此引起的频率漂移

$$f_d = \frac{1}{\lambda}\frac{dL}{dt} = \frac{2v\cos\theta}{\lambda} \tag{3.2}$$

式中,θ 为光线入射角;λ 为光源波长。

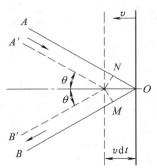

图 3.1　光波的多普勒效应

即由于物体反射表面运动速度而引起光波的频率漂移与光源波长及物体反射表面运动速度的大小和方向有关。当光源波长和入射方向一定时,频率漂移与速度成正比。

如果入射光线垂直于反射表面,则有

$$f_d = \frac{2v}{\lambda} \tag{3.3}$$

激光多普勒测速的方法是:激光作为光源照射运动物体,由于多普勒效应,被物体反射或散射的光的频率发生变化。把频率发生变化的光与原光拍频(求频率差的绝对值),得到频率漂移

f_d,此信号经光电器件转换,即可得到与物体运动速度成正比的电信号。

多普勒效应测速的特点是精度高,测量范围宽,用激光可测 1 cm/h 的超低速至超音速,属于非接触测量,但装置较复杂,成本较高。

3.1.2　相关法测速

相关法测量运动物体的线速度是基于相关原理,即当两个平稳的随机信号 $u_1(t)$ 和 $u_2(t)$ 的波形完全一致时,其互相关函数 $\dfrac{1}{T}\int_0^T u_1(t)u_2(t-\tau_0)\mathrm{d}t$(其中 T 为有限平均时间,τ_0 为延迟时间)获得极大值。测量时,在固定间距为 s 的两处安置两个特性相同的传感器,如光电式传感器(或电容式传感器,或超声波发射和接收传感器等),分别接收所在位置物体运动时的随机信号。当后一个传感器接收的信号波形与前一个相似时,信号则延迟了 τ_0,由此测出两信号互相关函数取极大值的延迟时间 τ_0,即可求得运动物体的线速度:

$$v = \frac{l}{\tau_0} \tag{3.4}$$

图 3.2 是一测量轧钢过程中热轧钢带直线运动速度的相关测速系统。它是通过检测轧制钢带表面微小凹凸不平在运动过程中产生的随机信号,经互相关处理后计算出其瞬时速度的。

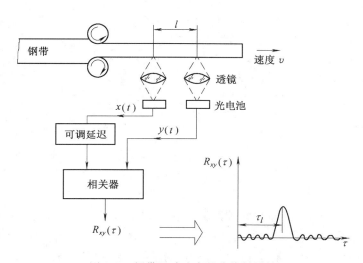

图 3.2　钢带运动速度的非接触测量

钢带表面的反射光经透镜聚焦在相距为 l 的两个光电池上。由于钢带表面存在不规则的微小凹凸不平度,当钢带作直线运动时,光电池接收到的反射光的强度是随机变化的。反射光强度的波动通过光电池转换为电信号。由于所形成的两个随机信号来自钢带上同一轨迹,所以两个光电信号 $x(t)$ 和 $y(t)$ 基本相同,仅有一时差 τ_l。将 $x(t)$ 经可调延迟电路后与 $y(t)$ 一起送入相关器进行互相关处理。当可调延迟时间 τ 等于钢带上某点由第一传感器运动到第二传感器所经过的时间 τ_l 时,互相关函数为最大值。此时,可得钢带的直线速度为

$$v = \frac{l}{\tau_l}$$

类似的工程应用实例还可在测量管道内液体、气体流速,高速公路上汽车是否超速等各个领域中见到。

相关法测速的特点是非接触测量,可连续对大行程物体进行测速,不易受外界如气流等的影响,但安装调整较困难。

3.2　转速的测量

旋转物体的转速一般均采用间接的方法测量,即通过各种各样的传感器将转速变换为其它物理量,如机械量、电磁量、光学量等,然后再用模拟和数字两种方法显示出来。

常用的测速方法有机械式、闪光频率式、光电式、霍尔效应式和测速发电机等。

3.2.1　机械式转速计

常用的机械式转速计有涡流式和离心式。

图 3.3 所示是涡流转速表原理图。它是利用电磁感应原理把转速转变成转角的一种测量装置,主要由永久磁铁组件、金属导体件、游丝、指针和刻度盘组成。

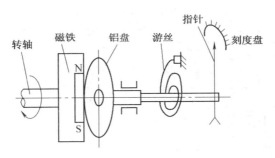

图 3.3　涡流转速表原理图

永久磁铁与旋转轴相固连,当它随被测轴一起旋转时,就等于一个旋转磁场,使临近的与指针相固连的金属导体件铝盘内产生涡流,电涡流产生的磁场与旋转磁场相互作用而产生与转轴转速 ω 成正比的电磁力矩 $M_e = K_e\omega$,此力矩由游丝扭转变形的反作用力矩 $M_s = K_s\theta$ 相平衡,指针轴的转角 θ 即对应于被测轴的转速 ω,即

$$\theta = (K_e/K_s)\omega \qquad (3.5)$$

涡流转速表结构简单,维修使用方便,但精度不高。

离心式转速表是利用离心力的作用将转速转变成转角的机械式仪表,其结构和原理如图3.4 所示。当转速表的旋转轴 1 随被测轴一起旋转时,离心器上的重锤 2 在惯性离心力的作用下离开轴心,通过拉杆 5 带动活动环 4 上移,通过传动装置使表针偏转。轴的转速根据指针在惯性离心力和弹簧力平衡时指示的位置来确定。

机械式转速计虽然结构简单,但它们是接触式测量,它们的探头必须与被测旋转体直接可靠

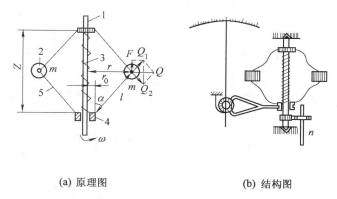

(a) 原理图   (b) 结构图

图 3.4 离心式转速表

1—旋转轴；2—重锤；3—弹簧；4—活动环；5—拉杆

地固连而同步旋转,它们要从被测对象中获取能量而推动仪表工作。

  在某些高转速、小转矩及旋转轴不允许装上转速测量装置等场合,机械式转速计就不再适用,必须采用非接触方式测量转速。

3.2.2 闪光测转速法

  闪光测转速法属于非接触式测量方法。用一个频率连续可调的闪光灯照射被测旋转体上的某一固定标记,并调节闪光频率 f ,当该频率是被测旋转频率 N 的 n 倍或 $1/n$ (n 为整数)时,标记就会在每转到同一位置时被照亮一次,当照亮次数大于每秒 10 次时,由于人眼视觉的滞留现象,该旋转的标记看上去就停留在固定位置上不动。然而,只有当 $n=1$,即闪光频率 f 等于被测旋转频率 N 时,标记图像才最清晰。因此,可通过闪光灯的闪光频率来测定转速。

  通常,闪光灯每分钟闪烁 110 ~ 25 000 次。对大于 2 500 r/min 转速的测量,可通过下述方法进行。首先,从最高闪光频率往下调,当第一次看到标记不动时,记下闪光频率 f_1 ,接着继续减小闪光频率,直到再次看到标记不动时,记下闪光频率 f_2 ,重复上述过程,当第 m 次看到标记不动时,记下闪光频率 f_m ,则被测转速 N 可通过下式计算:

$$N = \frac{f_1 f_m(m+1)}{f_1 + f_m}$$ (3.6)

3.2.3 数字式转速测量系统

  数字式转速测量系统是由频率式转速传感器、数字转换电路和数字显示器等部分组成。

  转速与频率具有共同的量纲(T^{-1}),因此可以利用测量频率的方法来测量转速。把转速转换成脉冲序列的传感器有磁电感应式、电涡流式、电容式、霍尔式和光电式等。

1. 频率测量原理和测量误差

(1)计数测频法

计数测频法的基本思想是在某一选定的时间间隔 T_0 内对被测信号进行计数,然后将计数值

N 除以时间间隔(时基)就得到所测频率,即 $f = \dfrac{N}{T_0}$。

计数测频法的电路原理如图 3.5 所示。为了采用数字技术测量频率,首先要将传感器输出

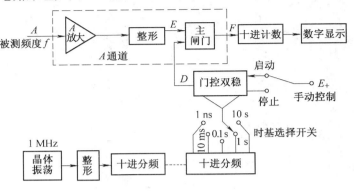

图 3.5　计数测频法电路原理图

的各种非矩形波信号通过整形电路——常用施密特触发器进行整形,使其成为规则的矩形脉冲信号;第二,必须具备时间基准,通常时间基准是采用 1 MHz 或 5 MHz 的石英晶体振荡器作为信号发生器,振荡器的输出经整形后变成规则的矩形时钟脉冲,再采用一系列分频器对时钟脉冲进行分频,即可获得各种时基信号,或称为时标信号。工作时,通过时基选择开关,将所选用的时基信号(如 1 s)作为门控双稳态触发器的触发信号,门控双稳的输出控制计数闸门(主闸门),该主闸门仅在所选时间基准内开启,被测信号通过主闸门进入计数器进行计数。计数值由数显装置显示。由于数字显示中的小数点位置可与时基选择开关联动,因此在测量频率时,即使选用其它时基信号作为主闸门的门控信号,也可同样在仪器面板上直接显示被测频率值。测量频率时,电路中的主要波形如图3.6 所示。

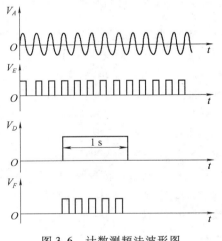

图 3.6　计数测频法波形图

（2）周期测频法

周期测频法是利用测量周期再求其倒数的方法来测量频率的。图 3.7 为电路原理图,图 3.8 为波形图。被测信号由 B 通道输入,经放大、整形后变成矩形脉冲,控制门控双稳仅在被测信号周期 T 时间内开启主闸门,时标信号进入计数器计数。若时标信号的周期为 τ_0,计数器读数为 N,则被测信号的周期为 $T = N\tau_0$;被测信号的频率为 $f = \dfrac{1}{T}$。

通常取 $\tau_0 = 10^{-m}$(m 为正整数),因此适当选择显示数值中的小数点位置并与所选时标信号频率联动,即可直接用计数器示值表示被测周期。

（3）测量误差

频率测量的误差由两部分组成。

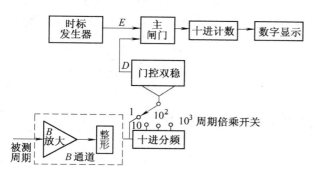

图 3.7　周期测频法电路原理图

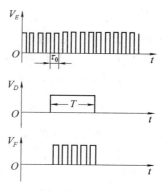

图 3.8　周期测频法波形图

1）时间基准误差　它是一种常值误差。其大小取决于所采用的脉冲信号发生器的稳定度。通常采用石英晶体振荡器,可保证时基误差在 10^{-6} 以下。

2）计数误差　它是由"±1 误差"引起的。由于计数值是以整数形式表示,但主闸门的开启时刻与计数脉冲之间的关系是随机的,这样在相同的主闸门开启时间内,计数器的计数值就会产生误差,使得所记录的脉冲数要么比实际值多一个,要么比实际值少一个。计数误差是随被测频率变化的相对误差,用 E 表示,则 $E = \dfrac{1}{N}$。对于计数测频法,$E = \dfrac{1}{f T_0}$,被测频率越低,计数误差越大。所以,计数测频法不适于低频信号的测量。对于周期测频法,$E = f \tau_0$,被测频率越高,计数误差越大。为了提高测量精度,可采用倍周期测频法,即将放大、整形后的被测周期信号用分频器分频,如图 3.7 所示,这样就能保证在主闸门开启的时间内有足够多的脉冲进入计数器,使 N 增加,计数误差减小。

2. 霍尔传感器测量转速

早在 1879 年,人们就在金属中发现了霍尔效应。但由于这种效应在金属中非常微弱,当时并没有引起重视。1948 年以后,由于半导体技术迅速发展,人们找到了霍尔效应比较显著的半导体材料,并制成了砷化镓、锑化铟、砷化铟、硅、锗等材料的霍尔元件。利用霍尔效应制成的传感器称为霍尔传感器,它可以做得很小,在检测微位移、转速、流量、大电流和微弱磁场等方面得到了广泛的应用。

（1）霍尔效应

在置于磁场中的导体或半导体里通入电流,若电流与磁场垂直,则在与磁场和电流都垂直的方向上会出现一个电位差,这种现象称为霍尔效应。

如图 3.9 所示,在和磁场 B 垂直的半导体薄片中通以控制电流 I,设材料为 N 型半导体,其中多数载流子为电子。电子沿着和电流相反的方向在磁场中运动,因此受到洛仑兹力 F_L 的作用,电子在此力的作用下向一侧偏转,使该侧形成负电荷的积累,另一侧则形成正电荷的积累,这样就在两个横向侧面之间建立起电场 E,电子

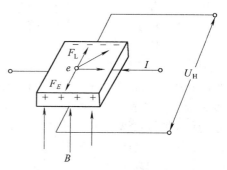

图 3.9　霍尔效应

又受到此电场力 F_E 的作用, F_E 的方向与 F_L 相反, 即阻止电荷的继续积累。当 $F_E = F_L$ 时, 电荷的积累达到动态平衡。这时在两个横向侧面之间建立的电场称为霍尔电场 E_H, 两侧面间的电位差称为霍尔电压 U_H。半导体薄片称为霍尔元件。

霍尔电压 U_H 与通入的电流 I 和磁感应强度 B 成正比

$$U_H = K_H I B \tag{3.7}$$

式中, K_H 为霍尔元件的灵敏度, 表示霍尔元件在单位磁感应强度和单位控制电流下得到的开路霍尔电压。对于某一型号的霍尔元件, K_H 是常数。

在图 3.9 中, 电流 I 和磁感应强度 B 为输入, 电压 U_H 为输出。改变 I 和 B 的大小和方向, 也就改变了 U_H 的大小和方向。

（2）霍尔元件的命名与特性参数

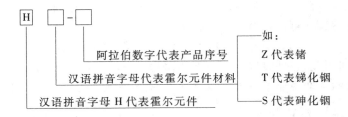

霍尔元件有以下几个特点:

1）尺寸小。特别是厚度很小, 一般只有 0.2 mm, 可以放在磁场的空气隙中, 在许多场合给测试带来方便。

2）输出信号大。如常用的 HZ-1、HZ-2、HZ-3 等型号, 其灵敏度均达 12 mV/(mA·T)。如果外加磁场是 0.1 T, 控制电流用到它们的额定值 20 mA、15 mA、25 mA, 则其输出霍尔电压可达 24 mV、18 mV、30 mV。

3）输出电阻小。只有 0.5～100 Ω。

（3）集成霍尔传感器

把霍尔元件、温度补偿电路、放大器及电源等做在一个芯片上然后封装起来就构成了霍尔传感器。有些霍尔传感器的外形与 PID 封装的集成电路相同, 因此也称为霍尔集成电路。集成霍尔传感器可分为线性型和开关型两种。

线性型集成霍尔传感器的特点是输出电压与外加磁感应强度之间是线性关系。利用这种关系可用来测量电流、电功率等物理量, 还可以对位移进行测量。这种传感器将霍尔元件与放大器、稳压电源等集成在一块芯片上。较典型的线性集成霍尔传感器为 UGN-3501。图 3.10 为单端输出线性集成霍尔传感器的电路原理图、电路符号图和外形图。这是一个三端 T 型器件, 其输出 V_o（脚 3）以 GND（脚 2）为基准。

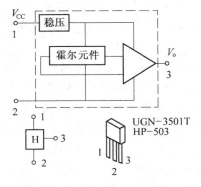

图 3.10 单端输出霍尔传感器

开关型集成霍尔传感器是将霍尔元件与稳压电源、信号放大器、施密特触发器及晶体管输出电路集成于一块硅芯片上。输出晶体管是集电极开路的, 施密特电路起整形作用。常用的开关型集成霍尔传感器 UGN-3000 系列的外封装与 UGN-3501T 相同,如图 3.10 所示。图 3.11 为 UGN-3000 系列的电路原理图及工作特性。由于施密特触发器具有回环的特性,所以整个电路也具有回环特性,如图 3.11b 所示。当 $B>B_{OP}$ 时,V_o 为低电平;若 $B<B_{RP}$,则 V_o 为高电平。利用这一特性,开关型集成霍尔传感器常用来测量转速及进行液位控制等。因为输出晶体管是集电极开路的,可以输出电流,如果要输出电压,必须在脚 3 与正电源之间接电阻,如图 3.11c 所示。

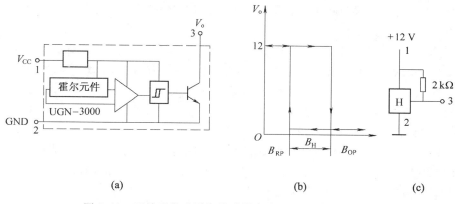

(a)   (b)   (c)

图 3.11 开关型集成霍尔传感器电路原理图及工作特性

(4) 应用霍尔传感器测量转速

在控制电流 I 恒定条件下,霍尔器件所处磁场的磁感应强度大小突变时,输出电压也突变,相当于产生一个脉冲信号。单位时间内脉冲数与转速对应,构成数字量传感器。

图 3.12 为霍尔转速传感器工作原理图,它是利用霍尔传感器的开关特性工作的。图 3.12a 中把永磁体粘贴在非磁性材料制作的圆盘上部;图 3.12b 把永磁体粘贴在圆盘的边缘,霍尔传感器的感应面对准永磁体的磁极并固定在机架上。机轴旋转便带动永磁体旋转。每当永磁体经过传感器位置时,霍尔传感器便输出一个脉冲。用计数器记下脉冲数,便可知转轴转过多少转。为提高测量转速或转数的分辨率,可以适当增加永磁体数。

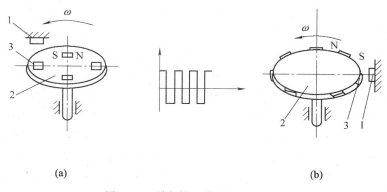

(a)   (b)

图 3.12 霍尔转速传感器工作原理
1—霍尔元件;2—被测物体;3—永磁体

霍尔传感器测量转速属非接触式测量,对被测件影响很小,输出电压信号幅值与转速无关。

转速测量范围为 $1 \sim 10^4$ r/min。

3. 光电式传感器测量转速

利用光电原理检测速度,目前已得到广泛的应用。特别是在自动控制系统中作为检测元件和反馈元件时,具有线性度好、分辨率高、噪声小和精度高等优点。

光电器件有发光器件和光敏器件两大类。给发光器件通以电流,发光器件发出的光线照射到光敏器件,其输出电流就会变化。利用光电器件的这些特性,可以做成各种光电传感器。

(1) 发光二极管的特性

发光二极管是一种将电能转变成光能的半导体器件,简称 LED。它和普通二极管一样,也是由一个 PN 结组成。其内部所用材料不同,发出的光线的频率范围就不同,光的颜色也不同。有的为可见的红光、绿光、黄光,有的发出不可见的红外光。

常用发光二极管的工作电压为 1.5 ~ 2.5 V,电流为 10 ~ 20 mA。发光二极管的反向击穿电压较小,一般为 5 V 左右,最高不超过 30 V。

发光二极管具有体积小、抗冲击和抗震性能好、可靠性高和寿命长等优点,可以在低电压、小电流下工作,而且损耗功率小,光输出响应时间快,工作频率高达 100 MHz。

(2) 光电二极管(光电三极管)的特性

光电二极管和光电三极管统称为光电晶体管,它们的工作原理是基于内光电效应,即在光线作用下物体的电阻率会发生改变。光电晶体管把接收到的光的变化转换成电流的变化,再经放大和处理,用于各种控制目的。光电二极管和光电三极管均为近红外接收管。

光电二极管结构与普通二极管结构的不同之处,在于它的 PN 结装在透明管壳的顶部,可以直接受到光的照射。

光电三极管有两个 PN 结,因而可以获得电流增益,它比光电二极管具有更高的灵敏度,但频率特性较差。如砷化镓(GaAs)红外发光二极管的上升和下降时间为 4 ns,硅光电三极管的上升和下降时间为 3 μs。

(3) 光电传感器转速测量系统

将发光二极管与光电晶体管配对做在同一个体积很小的塑料壳体中,即构成光电开关亦称为光电断路器。其外形如图 3.13 所示,分为透射式和反射式两种。透射式(亦称槽式)槽的宽度、深度及光电元件有各种规格,已形成系列化产品,供用户选择。反射式的检测距离较小,多用于安装空间较小的场合。

图 3.14 为 GK-320 型透射式光电传感器的结构图和电路原理图。图中左边安装一个砷化镓(GaAs)近红外发光二极管,其峰值波长为 880 nm,右边为硅光电三极管,其峰值波长也为 880 nm。发光二极管窗口与光电三极管的窗口正好相对。若发光二极管通以电流,发光二极管便发出红外光。那么,当中间缝隙无物体时,光电三极管便通过电流;若中间缝隙插入不透明片状物,则光电三极管便不会有电流通过。这样,槽型光电耦合器就起到开关作用。

光电开关的发光二极管和光电三极管一般采用直流供电,可用来检测物体的有无、物体的移动和转速等。图 3.15 是利用透射式光电开关测量转速的装置和应用电路。每当旋转圆盘上的长方孔旋转至与光电开关的透光孔重合时,光电三极管导通,使施密特触发器 CD4093 输出为高电平。当旋转圆盘旋转至通光孔被遮住时,CD4093 便输出低电平。圆盘不断地转动,CD4093 便输出脉冲序列,送入计数器便可测出脉冲个数,即圆盘转过的孔数,从而可计算

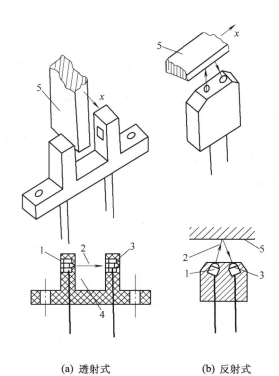

(a) 透射式   (b) 反射式

图 3.13   光电断路器

1—发光二极管；2—红外光；3—光敏元件；4—槽；5—被测物

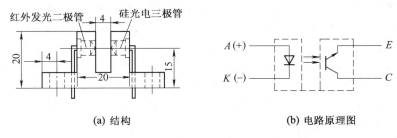

红外发光二极管   硅光电三极管

(a) 结构   (b) 电路原理图

图 3.14   GK-320 型透射式光电传感器

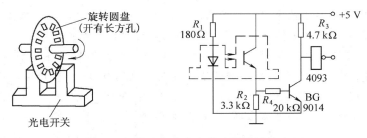

旋转圆盘
（开有长方孔）

光电开关

R_1 180Ω R_3 4.7 kΩ   +5 V

R_2 3.3 kΩ R_4 20 kΩ   BG 9014   4093

图 3.15   用透光式光电断路器测量转速

出转速。即

$$n = \frac{60N}{Zt} \tag{3.8}$$

式中,n 为被测轴转速,r/min;N 为计数器的读数值;Z 为圆盘上的孔数;t 为计数的时间。

反射式光电开关的发射孔与接收孔位于同一侧。光线发出后只有经过障碍物反射回来,光电三极管才能接收到,如图 3.16a 所示。图 3.16b 是应用电路。假设此障碍物是旋转轴的轴面,如果在轴面上粘贴画有黑白相间的粗线条,则轴旋转至白条对准光电开关的发射、接收孔时,光电三极管导通,使 CD4093 输出高电平;反之,当黑条转至发射、接收孔时,CD4093 输出低电平。轴不断地旋转,V_o 便输出脉冲序列,由此脉冲序列可以测得转速。

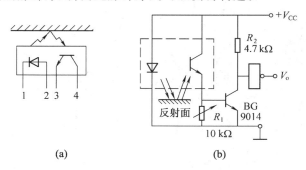

图 3.16　用反射式光电断路器测量转速

发光二极管通以恒定电流,其速度不影响光电开关的速度,速度只决定于光电三极管。如果光电三极管的翻转时间按 3 μs 计算,则光电开关测试脉冲的频率可达 100 kHz。

使用光电传感器时,应注意避免阳光照射到光电三极管。因为阳光波长的范围较宽,易对光电传感器形成干扰。

本章小结

运动速度的测量方法很多,本章介绍了激光多普勒测速法和相关测速法。激光多普勒测速法是利用光波的多普勒效应,相关测速法是在被测运动物体经过的两个固定距离点上安装信号检测器,通过对运动体经过两固定点所产生的两个信号进行相关分析,求出运动体的平均速度。

转速的测量重点介绍了数字式转速测量方法。霍尔传感器是一种磁敏感元件,它是利用金属的霍尔效应工作的。霍尔效应产生的霍尔电势与通过的控制电流以及垂直于霍尔元件的磁感应强度有关。由于霍尔元件的材料属于半导体,所以把测量电路集成在一块芯片上,构成集成霍尔传感器,常见的有线性型和开关型。集成霍尔传感器具有体积小、非接触测量等特点。

光电传感器的工作原理建立在光电效应基础上,它将光信号转换为电信号,具有非接触工作、无损伤、体积小、灵敏度高、可靠性高、测量范围宽、响应速度快和使用寿命长等优点。

思考题与习题

3.1　运动速度的测量方法有几种? 各自的特点是什么?

3.2 简述计数测频法和周期测频法的工作原理。各自的特点是什么？如何减少计数误差？

3.3 什么是霍尔效应？

3.4 集成霍尔传感器有什么特点？

3.5 通过一个实例说明开关型集成霍尔传感器的应用。

3.6 透射式和反射式光电传感器各用在什么场合？举例说明。

3.7 试设计一个简单的光电式数字转速表,要求画出光路系统和组成框图。

第4章　压力与流量的测量

通过本章的学习,你将能够:
- 了解压力和流量的测量方法。
- 掌握弹性式、霍尔式、应变式和压阻式力传感器的工作原理及特点。
- 掌握浮子式流量计、椭圆齿轮流量计和涡轮流量计的工作原理及特点。
- 正确选用相应的传感器对压力和流量进行测量。

4.1　压力的表示方法及单位

压力是液压技术及流体传动领域中一个重要的物理量,定义为流体介质在单位面积上的垂直作用力,也称为压强。

压力 p 的单位在国际单位制(SI)中为 Pa(帕)。1 Pa = 1 N/m²。在液压技术中,我国习惯采用 bar(巴)作为压力 p 的单位。它们的换算关系如下:

$$1 \text{ bar} = 10^5 \text{ N/m}^2 = 0.1 \text{ MPa}$$

对于微小压力也可以用汞或水柱的高度表示,如 mmHg 或 mmH_2O。一个标准大气压定义为海平面上 0°C 时的 760 mmHg 高。它与 SI 中压力单位的换算关系为

$$1 \text{ mmHg} = 133.322 \text{ Pa}$$
$$1 \text{ mmH}_2\text{O} = 9.806\ 65 \text{ Pa}$$
$$1 \text{ 标准大气压} = 101\ 325 \text{ Pa}$$

压力有两种不同的表示方法,即绝对压力和相对压力。它们的区别在于测量基准不同,如图4.1所示。

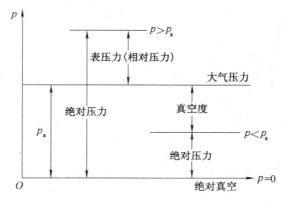

图 4.1　绝对压力、相对压力与真空度的相互关系

绝对压力——以绝对零值(绝对真空)为基准的压力。

68

相对压力——或称表压力,是以地方大气压为基准的压力。

绝对压力总是正值,相对压力或表压力值则可正可负,负的表压力即表示该压力比大气压低,这个负值就是不足大气压的数值,称为真空度。即

　　绝对压力 = 大气压力 + 相对压力

　　相对压力 = 绝对压力 - 大气压力

　　真空度 = 大气压力 - 绝对压力

在实际测量中,所用的仪表均处在大气作用中且大气压的读数为零,所以测得的压力值均为相对压力。绝对压力一般在理论计算中使用。

4.2　压力传感器

4.2.1　弹性式压力计

弹性式压力计采用金属弹性元件作为压力敏感元件,将压力转换成弹性元件的变形量,由此变形量通过机械放大机构和显示机构转换成被测压力的大小。亦可通过机-电转换器将此变形量转换成电量变化,然后由电测装置加以测量和显示。其工作原理如图 4.2 所示。

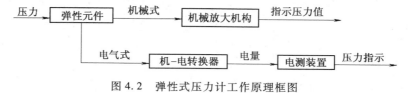

图 4.2　弹性式压力计工作原理框图

常用的弹性元件波纹管、膜盒用于低微压测量,单圈弹簧管(又称波登管)可用于高、中、低压和真空度的测量。

弹簧管式压力计是一种稳态压力测量的常用仪表,其工作原理如图 4.3 所示。它主要由感测元件(弹簧管)、拉杆和齿轮等组成的传动机构、刻度指示三部分组成。其中,弹簧管一般由黄铜或不锈钢材料制成,是具有椭圆截面且弯制成 C 字形的薄壁管件,一端与被测介质(例如油)的接头 5 相连,另一端封闭且在 B 点与传动机构相连。当被测压力介质进入弹簧管后,由于压力作用,有使椭圆截面变圆的趋势,从而使 C 字形圆弧伸张,B 点通过拉杆和齿轮等组成的传动机构带动指针转动。指针转动的角度与所测压力值成正比。通过标定以后,指针在刻度盘上所指的位置即代表了所测的压力值。这种将感测元件所测压力值转换成机械位移量,再通过传动机构将位移量转换成指针的转动角,然后由被标定刻度盘的刻度显示被测压力值的方法,由于在信号传递过程中,存在运动副之间的摩擦、运动件的惯性等因素,使此类仪表对信号的响应速度不高,因此它只能用于静态测量和指示性测量。

4.2.2　霍尔式压力传感器

它利用半导体霍尔效应原理将位移信号转换成电量的变化来进行测量。如图 4.4 所示,霍尔元件 H 放在两个方向相反、大小相等的磁场中,右侧磁力线方向向下,左侧磁力线方向向上。

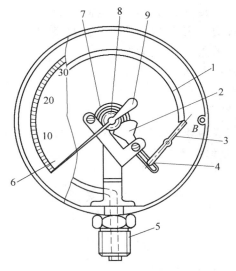

图 4.3　弹簧管式压力表

1—弹簧管；2—扇形齿轮；3—拉杆；4—调节螺钉；
5—接头；6—表盘；7—游丝；8—中心齿轮；9—指针

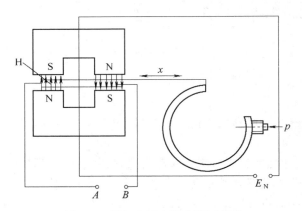

图 4.4　霍尔式压力传感器原理图

当通过霍尔元件的电流一定时,在元件两侧形成极性相反、大小相等的霍尔电势。如果元件处于中间位置,则左、右反极性的两电势差为零。若霍尔元件在此两相反的磁场中移动,那么其上呈现的霍尔电势的大小与此位移量成正比,其极性与方向对应。可见,利用此原理可以测量霍尔元件的位移量。若把霍尔元件固定在压力敏感元件弹簧管的自由端上,当被测压力介质进入弹簧管时,即产生正比于压力值的位移量,将此位移传给霍尔元件,使它在磁场中移动,因而所产生的霍尔电势的大小就表征了所测压力值。这样就实现了将非电量的压力信号转变成对应的电量变化进行检测。

为使产生的霍尔电势与位移量成单一的线性关系,必须保证供给霍尔元件恒定的直流电流和性能稳定的永久磁场。又因半导体元件对温度变化敏感,其性能随温度变化较大,故要求对温度进行补偿,尽量减小其影响。

霍尔式压力传感器虽然没有机械摩擦,但是还需带动具有一定质量的霍尔元件运动,因而具有一定的惯量,限制了它的响应速度,故也只能用于非动态压力的测量。由于其输出为电信号,故可用于远距离测量和显示。

4.2.3 应变式压力传感器

应变式压力传感器是动态压力传感器之一。如图 4.5 所示,它将电阻应变片贴在一个金属薄壁圆筒上,即组成了压力敏感元件。

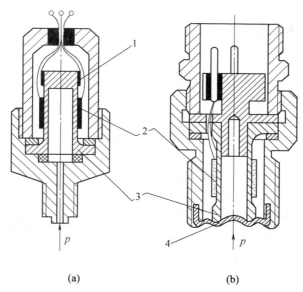

(a)   (b)

图 4.5 应变式压力传感器

1—补偿片;2—应变片;3—应变管;4—感压膜片

当筒内通入压力介质后,在被测压力作用下,圆筒产生应变,通过贴在弹性圆筒表面的电阻应变片,把应变量转换成电阻值变化。上述应变量与筒内压力成正比,而应变片阻值变化又与应变量成正比。只需测量应变片阻值的变化就对应反映了所测压力值的变化,即可达到将非电量的压力转换成电量测量的目的。为了精确测量电阻值的变化,一般采用如图 4.6 所示的电桥电路。

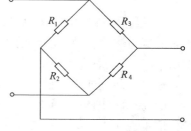

图 4.6 电桥线路

在实际结构中,是将两个阻值相同的应变片 R_1、R_2 作为电桥的两个臂,按轴向和径向贴在压力传感器的薄壁弹性圆筒上。其中,R_1 为工作片,R_2 为温度补偿片,它们同另外两个固定电阻 R_3、R_4 组成电桥。当被测压力介质进入圆筒后,引起变形,造成贴在其上的应变片阻值发生变化,使电桥平衡破坏,在电桥的输出端就有信号输出。经应变仪放大后即可由显示或记录仪进行显示和记录。

温度补偿片 R_2 贴在薄壁弹性圆筒上与工作片贴片位置具有相同温度变化的地方,与工作片构成电桥的两臂。当温度变化时,两臂阻值变化一样,利用电桥的和差特性抵消温度的影响。

图4.5所示为国产PBR-2型应变式压力传感器结构示意图。在薄壁弹性圆筒——应变管3上沿轴线方向贴一应变片,沿圆周方向贴另一阻值相同的应变片。在弹性圆筒下面设有感压膜片4,当压力介质作用其上时,使膜片变形推压薄壁弹性圆筒产生轴向压缩、径向膨胀,从而使轴向上的应变片阻值降低,径向上的应变片阻值增加。这样既提高了电桥的灵敏度,又实现了温度补偿。该压力传感器当桥路供电电压为直流10 V时,可获得的最大输出电压为直流5 mV。它的测量范围可从0~1 MPa到0~25 MPa,非线性小于额定电压的1%。由于无惯性、无摩擦、无间隙,故其响应速度很高,其自身固有频率可达35 000 Hz,可用于压力的动态测量。

4.2.4　压阻式压力传感器

压阻式压力传感器又称压敏电阻固体压力传感器,其结构如图4.7所示。其中,压力敏感元件是一块N型单晶硅膜片,在硅膜片的选定位置上,采用扩散法形成四个P型压敏电阻,它们构成电桥的四个桥臂。当压力介质作用于膜片时,膜片表面产生的应力与压力成线性关系,因此可以通过对某部位应力的测量来确定膜片承受压力的数值。

硅膜片压力敏感元件与被测介质由钢膜片隔开,钢膜片和硅膜片之间充填硅油。由于钢膜片的刚性和油液的不可压缩性,保证了被测压力直接传递到压力敏感元件硅膜片上。钢膜片和硅油对压力传感器的灵敏度、非线性和滞后等性能不产生影响,但影响其零点效应和频率特性。国产的CYG-Ⅱ型压阻式压力传感器有0~0.1 MPa直至0~6 MPa各种规格,传感器的固有频率可达17 kHz,具有精确度高、体积小等优点,可用于压力的动态测量。

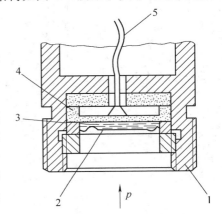

图4.7　压阻式压力传感器结构
1—壳体;2—钢膜片;3—硅油;
4—硅膜片;5—引出线

4.3　压力测量仪表的选择和使用

1)根据实验大纲规定的测试方法和精度要求来选择合适的测压仪表。静态测量时常用弹簧管式压力表。若要求测量动态压力,则要预先估计压力信号的最高变化频率,选择具有比此频率高10倍以上固有频率的压力传感器。

2)必须注意所选用的工作介质,该介质应对压力仪表的敏感元件无腐蚀作用。

3)测量范围的选择原则:当测量静态压力或压力波动较小时,若采用弹簧管式压力表,则测量范围可为压力表满量程的1/3~2/3以上。对于测量动态压力的传感器,在使用说明书中规定有使用的最大压力,不得超出。此外,还应考虑压力传感器的固有频率与二次测量仪表的测量频率相配合的问题。例如,BPR-2型压力传感器的固有频率很高,可达35×10^3 Hz,可是与之配合使用的应变仪和光线示波器有的振子却只能测500 Hz的信号频率,因此与这种仪表配合使用时不能对高频压力信号进行测量。

4)除了某些压力传感器具有耐大加速度和振动的性能外,一般仪表不宜安装在有振动和冲击的地方。静态测量时,测压点的位置应严格符合实验标准的规定。例如,液压阀实验要求上游测压点距离被测阀为 5 d(d 为管道内径),下游为 10 d,上游测压点距扰动源距离为 50 d 等;在安装压力传感器时,一定要使它安装在要求测压点的位置上,中间最好没有管道连接或尽量减小它们之间的容腔,以避免管道的"容腔效应"降低压力传感器有效使用的固有频率。

5)压力波动往往会造成直读式压力表指针的振动,影响读数,也容易造成压力表机械损坏。为此,常在压力表前安装阻尼装置如压力表开关。

4.4 流量的测量

流量也是液压技术领域中的一个重要物理量,表示流体在单位时间内通过某一截面的体积、质量,并分别被称为体积流量 q_V、质量流量 q_m。体积流量的单位是 m^3/s,工程中常用 L/min。体积流量和质量流量的换算关系为

$$q_m = \rho q_V$$

式中,ρ 为液体的密度。

目前,工业上常用的流量仪表种类很多,若按其工作原理大致可分为速度式、容积式和质量(或重量)式,其中以容积式应用最多。

4.4.1 体积流量的测量仪表及测量方法

1. 量筒-秒表法

量筒-秒表法是测量体积流量的一种最简单的方法,它是将量筒的刻度经过精确标定之后,用秒表计量在一段时间间隔内流入量筒的对应体积流量,计算后求出平均体积流量值。量筒-秒表法简单易行,特别是在测量较小流量时,取较长的时间间隔可以得到误差较小的结果。此种方法的主要测量误差来自测量过程中介质中悬浮的气泡,因为它占有一定的体积,将影响体积流量的测量精度。另外,人工计时的方法也必然带来较大的误差。

2. 浮子式流量计

又称转子流量计,如图 4.8 所示。它由一个垂直放置的锥形管和放在管内的浮子所构成。锥形管大端朝上安装。浮子的最大外径小于锥形管的最小内径,浮子可在管内沿轴线方向自由移动。当有介质自下而上通过由锥形管内径与浮子的最大外径之间形成的环状缝隙时,其缝隙节流阻力造成浮子上、下的压力差 $\Delta p = p_1 - p_2$。此压力差乘以浮子的最大截面积即为作用在浮子下面使它上升的浮力。在此力作用下,浮子上升,它与锥形管内壁之间的缝隙面积增大,流体阻力减小,直到浮力等于浮子的重力时,浮子受力达到平衡,停止上升。当被测流量增大时,环状缝隙的节流阻力随之增大,浮子上、下的压力差 Δp 增大,浮力加大,浮子受力平衡被破坏,浮子将进一步上升,直至在新的高度位置浮力重新

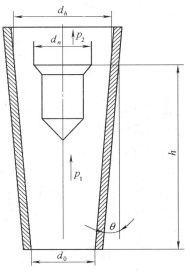

图 4.8　浮子式流量计示意图

等于重力时,达到新的平衡。通过标定,浮子上平面对应在锥形管外壁上的刻度值即为通过流量计的体积流量值。

由工作原理可知,此种流量计属于变截面、等压差流量计。由于其结构简单、工作可靠、压力损失恒定,在一般要求的实验中得到较为广泛的应用。它的缺点是对污染较敏感、性能参数受介质种类、粘度、温度等因素影响较大,不能应用于高压和动态流量的测量。另外,每台流量计必须单独标定,精度为 1.5 级~2.5 级。

3. 椭圆齿轮流量计

椭圆齿轮流量计亦属于容积式流量测量仪表,其工作原理如图 4.9 所示。它主要由一对密封在壳体内的椭圆齿轮组成。当流体进入流量计时,在进出油口压力差 $\Delta p = p_1 - p_2$ 的作用下,使椭圆齿轮受到力矩的作用而转动。在图 4.9a 所示的位置时,由于 $p_1 > p_2$,在力矩作用下,使齿轮 A 反时针方向旋转,把 A 轮与壳体间月牙空腔内的流体排至出口,并带动 B 轮作顺时针方向转动,这时 A 为主动轮,B 为从动轮;在图 4.9b 所示位置时,A 和 B 均为主动轮;在图 4.9c 所示位置时,p_1 和 p_2 作用在 B 轮上的合力矩使其继续作顺时针方向转动,并把 B 轮与壳体间月牙空腔内的流体排至出口,这时 B 为主动轮,A 为从动轮,恰好与图 4.9a 所示位置相反。如此往复循环,A、B 两轮交替带动,以月牙空腔为计量单位,不断把进口处的流体送到出口处。椭圆齿轮每转一周,它与壳体之间形成两次月牙腔,所以两个齿轮排出流体的容积为月牙形空腔容积 V_0 的 4 倍。若椭圆齿轮的转速为 n,则通过椭圆齿轮流量计的流量为

$$q_V = 4V_0 n \tag{4.1}$$

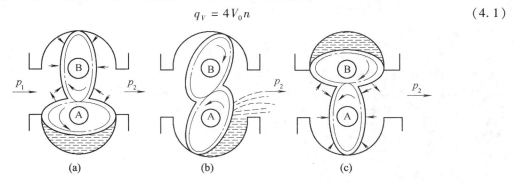

图 4.9　椭圆齿轮流量计工作原理图

由此可知,只要测量椭圆齿轮的转速 n,便可确定通过椭圆齿轮流量计的流量大小。

椭圆齿轮流量计的显示方法有两种。其一是由齿轮轴通过减速齿轮带动指针或机械计数器,以测量流过它的液体总体积;其二是通过齿轮轴带动测速发电机,以获得与转速成正比的电压信号。还可以带动一个周圈有若干孔(或齿)的测速盘,通过光电式或磁电式转速传感器,获得与转速成正比的脉冲频率信号,再由转速 n 确定通过椭圆齿轮流量计的流量大小。

由于椭圆齿轮啮合传动时的摩擦、惯性、间隙等,决定了它只能适合于测量静态稳定流量。此外,齿轮轮齿间、齿轮与壳体间的泄漏将引起测量误差,所以不宜用来测量高压流量。

4. 涡轮流量计

涡轮流量计是一种速度式流量测量仪表,其结构如图 4.10 所示。它由涡轮、导流器、壳体和磁电式转速传感器等组成。

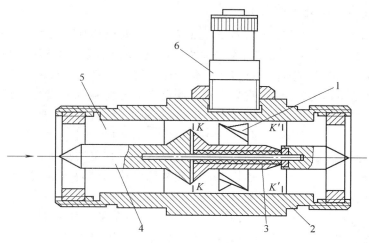

图 4.10　涡轮流量计的结构
1—涡轮；2—壳体；3—轴承；4—支承；
5—导流器；6—磁电式转速传感器

　　壳体由不导磁的不锈钢制成。涡轮由导磁材料制成,其表面有几片涡轮叶片,它被轴承支承在导流器上,且处于通油管道的中央,其轴线与管道轴线一致。当有介质流过时,由于流束具有一定的速度和动能,推动涡轮旋转。其转速取决于流速和叶片的倾角。而流速是与流量成正比的。由于涡轮旋转,造成检测磁路磁阻的变化,使装在壳体外的非接触式磁电转速传感器输出脉冲信号,该信号的频率与涡轮的转速成正比。因此,测定传感器的输出频率即可确定流体的流量。其表达式为

$$q_V = f/\xi \qquad\qquad (4.2)$$

式中,f 为传感器输出信号的频率;ξ 为仪表常数,脉冲数/m^3。

　　仪表常数代表通过流量传感器单位体积的流体时对应输出的电压脉冲数。由于每只传感器的结构安装和尺寸公差不同,故仪表常数 ξ 也不同。

　　此种流量计具有体积小、重量轻、重复精度好、使用方便等优点,一般也只用于稳态流量的测量。它的缺点是仪表常数标定不方便,并且量程范围较窄。所以,当被测流量范围较宽时,需要换接不同量程的传感器。与此流量传感器配套使用的二次仪表是流量数字积分仪,它可将流量传感器输出的电压脉冲信号经过放大整形成为前、后沿陡峭的矩形脉冲信号,然后由内部单片微机进行运算,即可显示流体总量累计值和瞬时流量值。

4.4.2　流量计的校验和静态标定

　　因为流量计的测量精度和量程直接受到工作介质的种类、温度、密度和粘度等因素的影响,而且生产厂一般是用水作介质在常温下进行标定,所得标定曲线或仪表常数在实际测试中价值不大,因而要求按实际使用条件重新进行标定。常用的流量标定方法有两种:① 定容(或定重)计时法,即流体流满某一标准容积(或重量)所需的时间。② 定时计容(或称重)法,测量某一标准时间间隔所通过流体的体积(或重量)。目前,比较常用的是第一种方法。

1. 定重计时法流量计标定系统

图 4.11 所示为此标定系统工作原理图。当温度一定的洁净液体经过液流校直器 12 变成稳定的流束后,进入被标流量计 11。其流量的大小可由流量控制阀 8 调节和控制。分配器 3 通过电磁铁 6 的吸合来控制液体流向。不标定时,分配器 3 使流体直接回放液池 5。标定时,预先在台秤 2 上挂上预置重量的砝码,砝码重量应等于计量箱 1、放液阀 4 及管道和计量箱底部规定的预置容积的液体重量之和。此时,秤杆靠在下限位挡块上。给电磁铁 6 通入电信号,分配器 3 转至计量箱 1 的进口。一旦液体达到预置容积时,秤杆抬起,切断光电开关的光源,光电开关 14 发出信号,启动电子计时器 13 计时。然后,立即在砝码盘上再挂上与要求测定的容积液体重量相应的砝码,此时秤杆仍然靠在下限位挡块上。当流入的液体达到要求的重量时,秤杆再次抬起,第二次切断光电开关的光源,光电开关 14 发出信号,停止计时。此停止计时信号也同时使电磁铁 6 断电,分配器 3 恢复原位。这样,就测得了流入一定重量的液体所需要的时间间隔,并可计算在此时间间隔内液体的平均重量流量,由此可得到相应的体积流量。

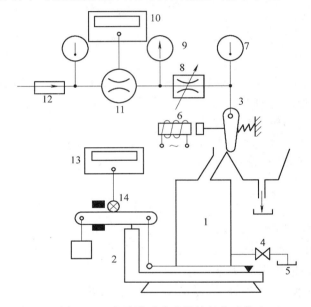

图 4.11 定重计时法流量计标定系统

1—计量箱;2—台秤;3—分配器;4—放液阀;5—放液池;6—电磁铁;7—温度计;
8—流量控制阀;9—压力表;10—被标流量计二次仪表;11—被标流量计;
12—液流校直器;13—电子计时器;14—光电开关

该装置能够精确测量通过被标流量计的重量流量,然后换算成相应的体积流量,再与被标流量计二次仪表 10 进行比较,以确定被标定流量计的精度或仪表常数。

2. 定容计时法流量计标定系统

图 4.12 所示为此标定系统工作原理图。供液箱 1 内有一个活塞,活塞下面充满已知物理性能、一定温度的液体,活塞上面为压力恒定的气体。在对外输送液体的过程中,供液箱上腔压力始终保持常值。S_1 和 S_2 是两个液面信号发生器,在它们之间的供液箱容积是事先经过精确标定的。当标定流量计时,从箱中流出的液体经液流校直器 3、被标流量计 4 和流量控制阀 6 流回放

液池。调节流量控制阀 6 的开度,即可调节通过被标流量计的流量大小。当供液箱中液面下降到 S_1 时,它发出信号使电子计时器 8 开始计时;到达 S_2 时,由 S_2 发出信号,停止计时。这样就测得了流出已知体积液体所需的时间间隔。再经计算就可得到对应的平均体积流量。将它与被标流量计二次仪表 7 进行比较,以确定被标定流量计的精度或仪表常数。

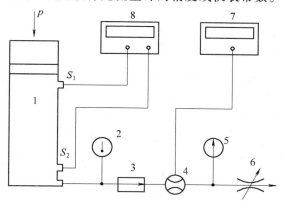

图 4.12 定容计时法流量计标定系统

1—供液箱;2—温度计;3—液流校直器;4—被标流量计;5—压力表;
6—流量控制阀;7—被标流量计二次仪表;8—电子计时器

本 章 小 结

压力和流量是液压传动领域中两个重要的物理量。

压力是流体介质在单位面积上的垂直作用力。压力有绝对压力和相对压力两种表示方式。常用的压力传感器有弹性式压力计、霍尔式压力传感器、应变式压力传感器和压阻式压力传感器。霍尔效应、应变效应和压阻效应在前面的章节中已经作了介绍。

流量表示流体在单位时间内通过某一截面的体积、质量或重量。浮子式流量计采用的是差压式流量测量法,通过测量流体差压信号来测量流量;椭圆齿轮流量计采用的是容积式流量测量法,利用标准容积来连续测量流量;涡轮流量计采用的是速度式流量测量法,通过直接测量流体流速来测量流量。

本章最后介绍了流量计的标定方法。

思考题与习题

4.1 什么叫绝对压力?什么叫相对压力?

4.2 在国际单位制(SI)中压力的单位是什么?

4.3 压力的定义是什么?

4.4 说明霍尔压力传感器的工作原理。

4.5 说明应变式压力传感器的工作原理。

4.6 简述压力仪表的选择和使用中的注意事项。

4.7 流量有几种表示方法?定义是什么?

4.8 什么是涡轮流量计的仪表常数?使用中应注意哪些问题?

4.9　简述浮子流量计的工作原理。

4.10　简述椭圆齿轮流量计的工作原理。

4.11　简述涡轮流量计的工作原理。

4.12　将一台压力传感器接到活塞式压力计上,其输出电量与一台电子管伏特计相连。所测数值为:

静压力值/Pa: 1.4×10^6　2.8×10^6　4.2×10^6　5.6×10^6　7.0×10^6

电压值/V:　　　1.20　　　2.20　　　3.60　　　4.90　　　6.00

试画出电压值与静压力值的曲线,求出系统的灵敏度(V/Pa)。

4.13　试说明应变式压力传感器为何要采用温度补偿措施,并简述温度补偿的方法与措施。

4.14　有两个压力传感器,满量程分别为 10 MPa、100 MPa,能感测到的最小压力均为 0.1 MPa,满量程输出电压均为 100 mV。试比较这两个压力传感器的分辨率和灵敏度(提示:分辨率是指传感器所能感测到的被测参数的最小变化量与满量程之比的百分数)。

第5章 应变和力的测试

通过本章的学习,你将能够:

- 了解应变片的工作原理及其测量电路——电桥的使用方法。
- 正确的选择和粘贴应变片。
- 掌握工程检测中应变、力和扭矩的测量方法。
- 正确选用相应的传感器对应变、力和扭矩进行测量。

在机械工程中,通过对应变和力的测试可以分析与研究零件或结构的受力状况以及工作状态,验证设计的正确性,确定整机工作过程中的负载情况和某些物理现象的机理。此外,在机械工程中,还经常遇到许多与应变和力有关的量,如应力、力矩、压力、功率、刚度等,这些量在测试方法上与应变、力的测试都密切相关,多数情况下可先将它们转变成应变或力的测试,然后再换算成力矩、压力、功率等物理量。因此,应变和力的测量在检测技术中有着广泛的应用。

5.1 应变的测试

在各种应变测试方法中,电阻应变式电测法是最基本和应用最广泛的测试方法。

5.1.1 应变片的工作原理

设有一导体,其长度为 L,截面积为 A,材料电阻率为 ρ,则其电阻 R 为

$$R = \rho \frac{L}{A} \tag{5.1}$$

如果此导体受到拉伸或压缩产生机械变形,其长度 L、截面积 A 和电阻率 ρ 都会发生变化,从而引起该导体的电阻也发生变化。这种由于材料变形引起导体电阻发生变化的现象称为应变效应。其变化值 $\mathrm{d}R$ 为

$$\mathrm{d}R = \frac{\rho}{A}\mathrm{d}L - \frac{\rho L}{A^2}\mathrm{d}A + \frac{L}{A}\mathrm{d}\rho \tag{5.2}$$

根据材料力学知识可推导出

$$\frac{\mathrm{d}R}{R} = (1 + 2\nu + \lambda E)\varepsilon \tag{5.3}$$

式中, $\varepsilon = \dfrac{\mathrm{d}L}{L}$,即导体的应变; ν 为泊松比; λ 为压阻系数; E 为导体的弹性模量。应变 ε 是传感器的输入量,是一个无量纲的数,常以 $10^{-6} = 1\ \mu\varepsilon$ 作为度量单位,称为微应变。例如 $\varepsilon = 0.1\% = 1\ 000\ \mu\varepsilon$,称为应变量等于1 000微应变。$\mathrm{d}R/R$ 是此导体对应的电阻变化率,是传感器的输出量。电阻应变片的灵敏度系数 S 为

$$S = \frac{\mathrm{d}R/R}{\varepsilon} = (1 + 2\nu + \lambda E) \tag{5.4}$$

则

$$\frac{\mathrm{d}R}{R} = S\varepsilon \tag{5.5}$$

可见,式(5.3)由两部分组成,即$(1+2\nu)\varepsilon$和$\lambda E\varepsilon$。前者是由于材料的几何尺寸变化引起的,即由几何因素引起的;后者是由于材料受拉、压后电阻率发生变化而引起的,即由物理因素引起的。

对于金属材料,几何因素的影响较大,$S \approx 1+2\nu$,此值为常数,一般$S = 1.7 \sim 3.6$。即金属材料的电阻应变片线性度好。

早期的金属电阻应变片为丝式的,如图5.1所示。用极细的电阻丝以手工绕制成敏感栅1,封装在绝缘材料制成的包装袋2中。20世纪50年代中期以后,此种应变片已被箔式应变片所取代。箔式应变片是用很薄的金属箔,厚度在$0.003 \sim 0.01$ mm之间,以光刻、腐蚀等方法制成敏感栅,再加绝缘包装袋制成。其长度最小

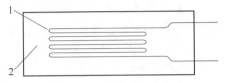

图5.1 丝式电阻应变片

1—敏感栅;2—包装袋

只有0.2 mm,可以测量"点"的应变。标准阻值是120 Ω和350 Ω。但500 Ω和1 000 Ω阻值的应变片也常有应用。其材料用得最多的是康铜(铜、镍合金),因为这种材料的电阻温度系数小,其应变灵敏度S为2。箔式应变片可以根据使用要求做成各种形状。可以制成单元件,也可以制成多元件,后者又称应变花。如图5.2所示。

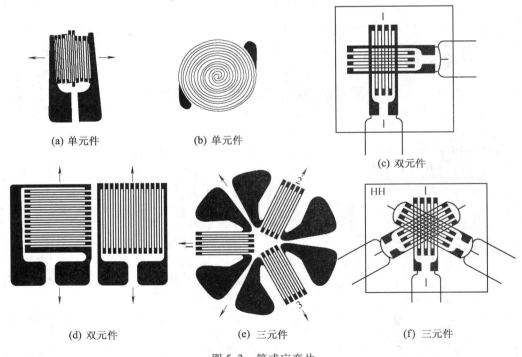

(a) 单元件　　　(b) 单元件　　　(c) 双元件

(d) 双元件　　　(e) 三元件　　　(f) 三元件

图5.2 箔式应变片

对于半导体材料,物理因素的影响很大,$S \approx \lambda E$。如果沿着晶体材料的某些特定的晶轴方向施加拉、压应力,材料的电阻率 ρ 会发生显著变化,即压阻系数 λ 会发生变化,此特性称为材料的压电效应。将半导体材料沿着此特定的轴线方向切成薄片,可以制成半导体应变片。半导体应变片与金属应变片相比,主要优点是灵敏度高,其 S 值可达 75 ~ 150。所以,在许多场合将它接成电桥后可以不加放大器,直接读数,使测量电路大大简化。其主要缺点是:① 电阻温度系数大,约为 $0.15\%/℃$,比康铜要大好几十倍;② 在应变大的时候 S 要发生变化,如在应变是 0.2% 时 S 约为 130,而应变是 0.4% 时 S 约为 112。所以,选用这种应变片应慎重。

5.1.2 电桥测量电路

在电阻、电容、电感等参量型传感器的测量电路中,最常用的是电桥电路,它可以将电阻、电容、电感参量的变化转换成电压或电流的变化,通过放大器放大,最后用仪表显示或记录下来。

电桥电路的基本形式如图 5.3 所示。阻抗 Z_1、Z_2、Z_3、Z_4 组成四个桥臂,u_i 为电桥的激励电压,u_o 为电桥的输出电压。

1. 直流电桥

如果激励电压 u_i 为直流电压,则称为直流电桥。直流电桥中的阻抗只能是电阻。当电桥输出端接输入电阻较大的仪表或放大器时,可视为开路。电桥的输出电压为

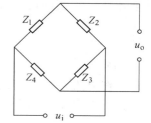

图 5.3 电桥电路

$$u_o = \frac{R_1 R_3 - R_2 R_4}{(R_1 + R_2)(R_3 + R_4)} u_i \qquad (5.6)$$

由此可以看出,若使电桥平衡,输出电压为零,应满足

$$R_1 R_3 = R_2 R_4 \qquad (5.7)$$

当四个桥臂电阻中任一个或几个有变化时,使电桥平衡条件不成立,此时的输出电压就反应了被测量引起的桥臂电阻的变化。

假设直流电桥中,$R_1 = R_2 = R_3 = R_4 = R$,并满足 $\Delta R_i \ll R$(ΔR_i 为各桥臂电阻的变化量,$i = 1, 2, 3, 4$),则有

$$u_o = \frac{1}{4}\left(\frac{\Delta R_1}{R} - \frac{\Delta R_2}{R} + \frac{\Delta R_3}{R} - \frac{\Delta R_4}{R} \right) u_i \qquad (5.8)$$

电桥的和差特性:相邻边两桥臂电阻变化使各自引起的输出电压相减;相对边两桥臂电阻变化使各自引起的输出电压相加。电桥的和差特性表明了桥臂电阻变化对输出电压的影响。利用和差特性,可以合理地布置应变片,进行温度补偿,提高电桥灵敏度。

根据工作时电桥中参与工作的桥臂数,电桥有半桥单臂、半桥双臂、全桥三种接桥方式,如图 5.4 所示。

设图中均为全等臂电桥,即初始时 $R_1 = R_2 = R_3 = R_4 = R$,下面分析这三种连接方式的电压输出。

(1)半桥单臂

工作中只有一个桥臂电阻值随被测量而变化,则输出电压为

$$u_o = \frac{1}{4}\frac{\Delta R_1}{R} u_i \qquad (5.9)$$

(2)半桥双臂

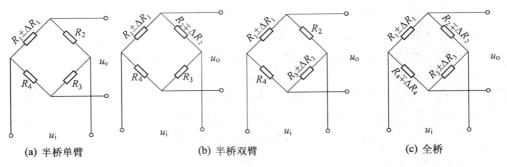

| (a) 半桥单臂 | (b) 半桥双臂 | (c) 全桥 |

图 5.4　直流电桥的连接方式

工作中两个桥臂电阻值随被测量而变化,即 $R_1 \pm \Delta R_1$,$R_2 \mp \Delta R_2$;或 $R_1 \pm \Delta R_1$,$R_3 \pm \Delta R_3$。当电阻的变化量均为 ΔR 时,则输出电压为

$$u_o = \frac{1}{4}\left(\frac{\Delta R_1}{R} - \frac{\Delta R_2}{R}\right)u_i = \frac{1}{4}\left(\frac{\Delta R_1}{R} + \frac{\Delta R_3}{R}\right)u_i = \frac{1}{2}\frac{\Delta R}{R}u_i \qquad (5.10)$$

（3）全桥

工作中四个桥臂电阻值都随被测量而变化,即 $R_1 \pm \Delta R_1$,$R_2 \mp \Delta R_2$,$R_3 \pm \Delta R_3$,$R_4 \mp \Delta R_4$,当电阻的变化量均为 ΔR 时,电桥输出为

$$u_o = \frac{\Delta R}{R}u_i \qquad (5.11)$$

2. 交流电桥

如果激励电压 u_i 为交流电压,则电桥称为交流电桥。交流电桥的阻抗可以是电阻、电容和电感。电桥的平衡条件是

$$Z_1 Z_3 = Z_2 Z_4 \qquad (5.12)$$

把各阻抗用指数式表示:$Z_1 = Z_{01}e^{j\varphi_1}$,$Z_2 = Z_{02}e^{j\varphi_2}$,$Z_3 = Z_{03}e^{j\varphi_3}$,$Z_4 = Z_{04}e^{j\varphi_4}$,则

$$\left.\begin{array}{c} Z_{01}Z_{03} = Z_{02}Z_{04} \\ \varphi_1 + \varphi_3 = \varphi_2 + \varphi_4 \end{array}\right\} \qquad (5.13)$$

即交流电桥的平衡条件是电桥的四个桥臂中,相对两桥臂阻抗模乘积相等,相对两桥臂阻抗角之和相等。

交流电桥可以将电阻、电容、电感参量的变化转换成电压或电流的变化,还可以用作调制电路,使高频信号的幅值随被测信号的变化而变化。

5.1.3　应变片的选择

应变片是应变测试中最重要的传感器,应根据试件的测试要求、应变性质及其试件状况、实验环境等因素进行选择。

1. 根据试件的测试要求和应变性质选择

1）选择应变片时,首先应满足测试精度。对于小应变的测试宜选用高灵敏度的半导体应变片,测大应变时则采用箔式应变片为好。

2）静态应变测试时,发热是最大的误差源,应选用适合于试件材料的温度自动补偿应变片。

3）动态应变测试时,应注意应变片的响应频率。为了承受交变作用力,应选用疲劳寿命高的应变片。另外,选用电阻值大的应变片,可以提高信噪比。

4）在应变梯度较大的测试中,应尽量选用短基长的应变片。因为应变片实际测量的是栅长范围内分布应变的均值 $\bar{\varepsilon}$,基长越小,$\bar{\varepsilon}$ 越接近测点的真实应变。

2. 根据试件状况选择

对于材料不均匀的试件,如铸铝、混凝土等,由于其变形极不均匀,应选用大基长的应变片。对于薄壁构件最好选用双层应变片(一种特殊结构的应变片)。

3. 根据实验环境选择

实验环境对应变测试的影响主要是温度和湿度等因素的影响。

1）消除温度的影响,应选用具有温度自补偿功能的应变片,以尽量减小发热对测试的影响。

2）消除湿度的影响,应选用防潮性能较好的胶膜应变片,可以防止因湿度引起应变片受潮,而导致绝缘电阻下降、产生零漂等不良影响。

5.1.4 应变片的粘贴

应变片的粘贴是应变式传感器工作成败的关键。应变片的粘贴工艺一般包括清理试件、上胶、粘合、加压、固化和检验等步骤。应保证胶层薄、无气泡、粘结牢固、绝缘好。

粘贴的各项具体工艺及粘贴剂的选择必须根据应变片基底材料、测试环境等条件决定。表 5.1 介绍几种粘贴方案。

表 5.1 几种粘贴方案

类 型	氰基丙烯酸粘合剂	聚酯树脂粘合剂	环氧树脂类粘合剂		
牌 号	501、502	NP-50	914	509	J06-2
适于粘合的基底材料	纸、胶膜、玻璃、纤维布	胶膜、玻璃、纤维布	胶膜、玻璃、纤维布	胶膜、玻璃、纤维布	胶膜、玻璃、纤维布
最低固化条件	室温 1 h	室温 24 h	室温 2.5 h	200 ℃ 2 h	150 ℃ 3 h
固化压力 /10^5 Pa	粘贴时指压	0.3 ~ 0.5	粘贴时指压	粘贴时指压	2
使用温度/℃	-100 ~ +80	-50 ~ +150	-60 ~ +80	-100 ~ +250	-60 ~ +250
特 点	常温下几分钟固化,耐油性好,耐潮、耐温性差,应在密封和 10 ℃ 以下保存	常温下固化,耐油、耐水、耐稀酸,粘合力好,抗冲击性能好,须在使用前调和配制	粘合强度高,能粘结各种金属与非金属材料,固化时收缩率小,蠕变滞后小,耐油、耐水、耐化学药品,绝缘性好。914 及 509 须在使用前调和配制		

5.1.5 试件上的布片与接桥

应变片粘贴于试件后感受的是试件表面的拉应变或压应变,由于该应变往往是由多种内力造成的,为了准确测试某一内力造成的应变,必须恰当选择贴片位置、方向以及桥路连接方式,以

便于利用电桥的和差特性达到只测出所需测的应变而排除其它因素干扰的目的。因此,布片与接桥应符合下列原则:

1）在分析试件受力的基础上选择主应变最大的点作为贴片位置,并沿主应力方向贴片。

2）充分合理地应用电桥的和差特性,将应变片接入电桥各臂,只使需要测试的应变影响电桥的输出,且有足够的灵敏度和线性度。

3）试件贴片位置应使应变与外载荷成线性关系。

表5.2列举了轴向拉伸和压缩载荷下应变测试的布片、接桥的几种情况。

表5.2　轴向拉伸、压缩载荷下布片、接桥组合示例

序号	受力状态及布片简图	电桥组合形式及电桥接法	电桥输出电压	测试项目及应变值
1	R_1　F　F　R_2　另设补偿片	半桥式　R_1　R_2　a　b　c	$e_y = \dfrac{1}{4} e_0 S \varepsilon$	拉（压）应变 $\varepsilon = \varepsilon_i$
2	互为补偿片　R_2　R_1　F　F		$e_y = \dfrac{1}{4} e_0 S \varepsilon (1+\nu)$	拉（压）应变 $\varepsilon = \dfrac{\varepsilon_i}{(1+\nu)}$
3	R_1　F　R_2　F　另设补偿片　R_1'　R_2'	半桥式　R_1　R_2　a　b　R_1'　R_2'　c	$e_y = \dfrac{1}{4} e_0 S \varepsilon$	拉压应变 $\varepsilon = \varepsilon_i$
4		全桥式　b　R_1　R_1'　a　c　R_2'　R_2　d	$e_y = \dfrac{1}{2} e_0 S \varepsilon$	拉（压）应变 $\varepsilon = \dfrac{\varepsilon_i}{2}$
5	R_2　R_1　F　R_4　R_3　F	半桥式　R_1　R_2　R_3　R_4　a　b　c	$e_y = \dfrac{1}{4} e_0 S \varepsilon (1+\nu)$	拉（压）应变 $\varepsilon = \dfrac{\varepsilon_i}{(1+\nu)}$
6	互为补偿片　R_1 (R_3)　R_2 (R_4)　F　F	全桥式　b　R_1　R_2　a　c　R_4　R_3　d	$e_y = \dfrac{1}{2} e_0 S \varepsilon (1+\nu)$	拉（压）应变 $\varepsilon = \dfrac{\varepsilon_i}{2(1+\nu)}$

注:S为应变片灵敏度;ν为被测件泊松比;ε为测试的应变值;ε_i为应变仪指示应变;e_0为供桥电压。

从表中可以看出,不同的布片、接桥方式有不同的输出电压及其相应的应变值。表中,第1、2两种情况是只在试件单面贴片,无法消除弯曲的影响;第3~6四种情况,正反两面贴片就可以消除弯曲的影响。

平面应力状态下通过测试应变确定主应力有两种情况,一是主应力方向已知,这时只需沿两个相互垂直的主应力方向各贴一片应变片 R_1 和 R_2,另外再设置一片温度补偿片 R_t,分别与 R_1、R_2 接成相邻半桥(图5.5),就可测得主应变 ε_1、ε_2,然后根据下式计算主应力:

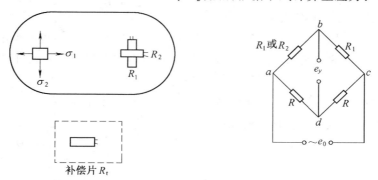

图 5.5 主应变的测试

$$\sigma_1 = \frac{E}{1 - \nu^2}(\varepsilon_1 + \nu\varepsilon_2) \tag{5.14}$$

$$\sigma_2 = \frac{E}{1 - \nu^2}(\varepsilon_2 + \nu\varepsilon_1) \tag{5.15}$$

式中:E——材料的弹性模量,N/m^2;

ν——材料的泊松比。

另一种情况是主应力方向未知,此时可采用贴应变花的办法进行测试。应变花是由三个或多个按一定角度关系制成的多元件应变片,如图5.2所示。使用时由各单元件分别测出各方位的应变 ε_1、ε_2、ε_3,然后再利用材料力学中的计算公式求得主应变、主应力和主方向。应变花的使用方法可参看有关专著。目前,市场上已有多种复杂图案的应变花供应,可根据测试要求选购。常用的应变花形式如图5.6所示。

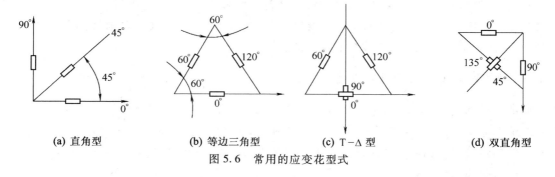

(a) 直角型   (b) 等边三角型   (c) T-Δ 型   (d) 双直角型

图 5.6 常用的应变花型式

5.1.6 提高应变测试精度的措施

为了尽可能地消除或减少误差以提高应变测试精度,一般可采取下列措施:

(1) 选用良好的配套仪器

配套仪器的选择应考虑仪器的测试精度;与应变片桥路的阻抗匹配;所用应变仪的静、动态特性。

(2) 减小导线电阻引起的误差

在测试电路上,如果掺有导线电阻,其电阻值将影响应变片的测试灵敏度,使测试误差增大。因此,当应变片与应变仪之间的连接导线长度超过 10 m 时,应对测得的应变值按下式进行修正:

$$\varepsilon_l = \varepsilon' / K_l \tag{5.16}$$

式中,ε_l 为实际应变值,$\mu\varepsilon$;ε' 为未修正时测得的应变值;K_l 为修正系数。

对于半桥单臂和全桥接法,修正系数 K_l 为

$$K_l = 1 + \frac{2r}{R} \tag{5.17}$$

对于半桥双臂和全桥接法,修正系数 K_l 为

$$K_l = 1 + \frac{r}{R} \tag{5.18}$$

式中,r 为连接长导线的电阻值;R 为应变片原始电阻值。

(3) 补偿环境温度的影响

一般情况下,环境温度的变化总是同时作用在试件和应变片上,使应变片产生虚假的应变,引起测试误差。解决的方法可采用自动补偿应变片,或在试件上粘贴温度补偿片进行桥路补偿,消除环境温度变化产生虚假应变引起的测试误差。

(4) 减少贴片误差

应变片在贴片定位时,其轴线应尽可能与规定方向一致以减少测试误差。

(5) 注意应变片的频率响应特性

被测应变片的测试极限频率是由应变片的基长确定的。因此,在测试高频应变信号时,应采用短基长应变片。

(6) 抑制测试现场干扰

应变测试现场主要是电磁干扰,其来源主要是放电噪声、工频干扰以及仪器间的相互干扰。抑制的主要方法有信号线屏蔽、仪器外壳接地、减少连接导线晃动、仪器电源与其它电气设备电源分开、仪器和信号线远离动力设备和输电线路等。

5.1.7 应变测试信号的处理分析

通常,在测试前和测试后,应在不改变测试系统状况下对测试系统进行定度,找出应变测试信号的定度标尺。一般先确定标准应变值 $+\varepsilon_0$ 和 $-\varepsilon_0$ 在测试系统中的响应,然后以此为标尺求得测试信号的量值。如图 5.7 所示。图中,H_1、H_3 和 H_2、H_4 分别是已知应变 $+\varepsilon_0$ 和 $-\varepsilon_0$ 在测试之前和之后引起的响应。零线以上某幅值 h_1 所对应的应变值 ε_1 为

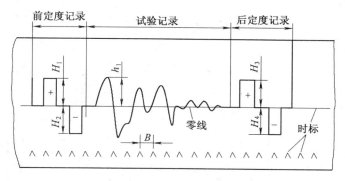

图 5.7   应变测量记录波形及定度值

$$\varepsilon_1 = \frac{h_1}{\dfrac{H_1 + H_3}{2}}\varepsilon_0 \tag{5.19}$$

式中,ε_0 为定度标准应变值,$\mu\varepsilon$。

零线以下的记录幅值同样按此办法计算,但式(5.19)中的 H_1、H_3 应换成 H_2、H_4。

若所测应变信号被记录于记录仪上,则利用测试误差分析和数据处理等相关知识可方便地获得该应变信号的均值、有效值、方差、概率密度函数等特征参数以及功率谱和相关函数等。

5.2   力 的 测 试

力是物体之间的一种相互作用。力可以使物体产生变形,在物体内产生应力;也可以改变物体的机械状态或改变物体所具有的动能和势能。对力本身是无法进行测试的,因而对力的测试总是通过观测物体受力后其形状、运动状态或所具有的能量的变化来实现的。

5.2.1   测力传感器

测力传感器通常是位移型、加速度型或物性型。按其工作原理可分为弹性式、电阻应变式、电感式、差动变压器式、电容式、压电式、压阻式、压磁式等。下面着重介绍几种机械工程中常用的测力传感器。

1. 应变式测力传感器

应变式测力传感器由弹性元件、电阻应变片和其它附加构件所组成。弹性元件可将力转换成与其成比例的应变,应变片及相应的测量电路则将这些中间机械量转换成电量输出。图 5.8 所示是应变式拉、压力传感器的结构示意图。图 5.9 所示则是一种应变式荷重传感器的结构示意图。

在利用静力效应测力的传感器中,弹性元件是必不可少的,它也是传感器的核心部分。弹性元件的结构形式,可根据被测力的性质和大小以及允许的安装空间等因素设计成各种不同的形式。弹性元件的结构形式一旦确定,整个测力传感器的结构和应用范围也就基本确定了。常用的测力弹性元件有柱形、环形、悬臂梁形和剪切形等,如表 5.3 所示。

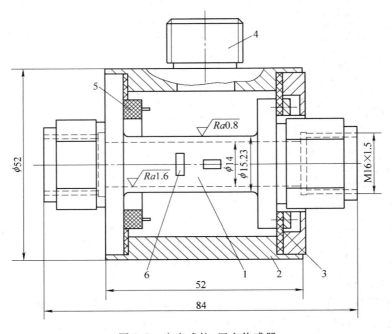

图 5.8　应变式拉、压力传感器

1—弹性轴；2—外壳；3—密封圈；4—外接线座；5—内接线座；6—应变片

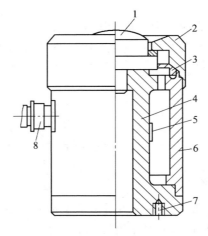

图 5.9　应变式荷重传感器

1—球面加载头；2—上盖；3—压环；4—弹性圆筒；
5—应变片；6—外壳；7—安装螺钉；8—导线插头

表 5.3　各种弹性元件及其布片与接桥方式

序号	弹性元件型式和贴片方法	应变片连接方法		ε_i 与 ε 的关系	
		半桥	全桥	半桥	全桥
1	柱形			$\varepsilon_i = (1+\nu)\varepsilon$	$\varepsilon_i = 2(1+\nu)\varepsilon$
2	环形			$\varepsilon_i = \varepsilon_{M外} + \varepsilon_{M内}$	$\varepsilon_i = 2(\varepsilon_{M外} + \varepsilon_{M内})$
3	悬臂梁形			$\varepsilon_i = 2\varepsilon$	$\varepsilon_i = 4\varepsilon$

序号	弹性元件型式和贴片方法	应变片连接方法		ε_i 与 ε 的关系	
		半桥	全桥	半桥	全桥
4	剪切形 *A* *A—A*			$\varepsilon_i = 2\varepsilon$	$\varepsilon_i = 4\varepsilon$

注：ν 为泊松比；ε 为要测试的应变值；ε_i 为应变仪指示应变；$\varepsilon_{M外}$ 为外表面要测试的应变；$\varepsilon_{M内}$ 为内表面要测试的应变。

柱形弹性元件的特点是结构简单、紧凑、承载能力大。主要用于中等载荷和大载荷的拉力和压力测量。

环形弹性元件的特点是结构简单、坚固、稳定性好、自振频率高、应力分布变化大，可以选择有利的部位粘贴应变片，以得到较高的灵敏度。主要适用于中、小载荷的拉力和压力测量。

悬臂梁形弹性元件的特点是结构简单、加工方便、应变片粘贴容易且灵敏度较高。主要用于小载荷、高精度的拉力和压力测量。

剪切形弹性元件的特点是结构简单、线性好、测量精度高，而且抗偏心负载、抗侧向力和抗过载能力强。

2. 压电式测力传感器

压电式测力传感器的工作原理是基于压电效应，它的敏感元件多采用石英晶体。

对于测量已知确定方向上的力可以采用单向压电式测力传感器，如图5.10所示为这种传感器的结构图。在某些测量中，被测力的方向是未知的，在这种情况下，可以采用三向压电式测力传感器来确定被测力的三个垂直分量，从而确定被测力的大小和方向。图5.11所示为三向压电式测力传感器的结构图。传感器由三对不同切型的石英晶体片所组成。中间一对具有纵向压电效应，可测得轴向力 F_z，另外两对具有切向压电效应，方向互为90°，可测得径向力 F_x 和 F_y。所

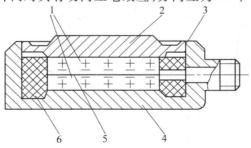

图 5.10　单向压电式测力传感器

1—石英晶片；2—上盖；3—焊缝；4—壳体；5—电极；6—绝缘套

以当空间任意方向上的力作用于传感器时,就可测得此力的三个垂直分力 F_z、F_x 和 F_y。

该类传感器具有以下特点:① 静态特性好,即灵敏度高、静刚度高、线性度好、回程误差小;② 动态特性好,即固有频率高、工作频带宽、幅值相对误差和相位误差小、瞬态响应时间短,适合于测量动态力和瞬态冲击力;③ 稳定性好、抗干扰能力强、对温度的敏感性小。由于以上特点,压电式测力传感器已发展成为动态力测试中常用的一种仪器,近年来在动态力测试中获得广泛应用。

3. 压阻式测力传感器

压阻式测力传感器是在半导体应变片的基础上发展起来的新型半导体传感器。它是在一块硅晶体的表面,利用光刻、扩散等技术直接刻制出相当于应变片敏感栅的"压阻敏感元件",其扩散深度仅为几微米,且具有很高的阻值(达数千欧以上)。使用时由硅基体接受被测力,并传给"压阻敏感元件",使其电阻值发生变化,配合适当的附加结构和相应的电路组合,则可构成压阻式测力传感器。其输出信号根据测量电路的不同可以是模拟电压信号或数字频率信号。还可以将测量电路直接集成在硅基体内,构成集成化、智能化的测力传感器。

压阻式测力传感器具有体积小、重量轻、灵敏度高、动态性能好、可靠性高、寿命长、横向效应小以及能在恶劣环境下工作等一系列优点。

4. 差动变压器测力传感器

如图 5.12 所示为差动变压器测力传感器的结构示意图。该传感器采用一个薄壁圆筒 1 作为弹性元件,其上部固定有铁心 2,下部固定有线圈座 5 和感应线圈 4。被测力通过球面垫 3 作用于薄壁圆筒 1 上,使其产生变形,带动铁心在线圈中移动,两者的相对位移量即反映了被测力的大小。

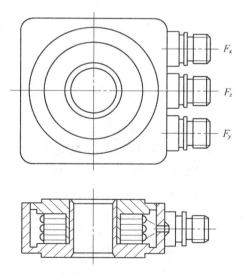

图 5.11　三向压电式测力传感器

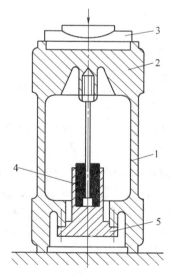

图 5.12　差动变压器测力传感器
1—薄壁圆筒;2—铁心;3—球面垫;
4—感应线圈;5—线圈座

5.2.2 切削力测试应用实例

切削力是机械加工过程中的一个重要参量,对它的测试属于多向动态力测试范畴。本节以车削过程中切削力测试作为实例来介绍多向动态力的测试方法。

1. 电阻应变式测力仪

该测力仪是目前应用较为广泛的一种动态测力仪。其优点是灵敏度高,可测试切削力的动态瞬时值;利用适当的布片和接桥方式可以在相互干扰极小的情况下分别测出各个切削分力。

图 5.13 所示是一台用于车削切削力测试的电阻应变式测力仪。它的核心部件是由整体钢材加工而成的八角状结构弹性元件。该结构可有效避免接触面间的摩擦和用螺钉夹持带来的影响。切削力测试时,将测力仪安装在刀架上,而车刀安装在测力仪的前端,车削时进给力 F_f 使八角环受到切向推力,背向力 F_p 使八角环受到压缩,切削力 F_c 使八角环上面受拉伸下面受压缩。

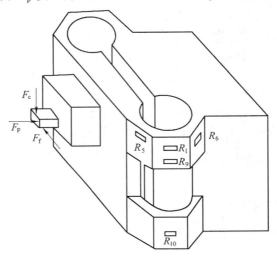

图 5.13　车削电阻应变式测力仪

八角环弹性元件实际是由圆环演变而来的。如图 5.14 所示,当在圆环上施加径向力(背向力)F_p 时,圆环上各处将产生不同的应变。由分析可知,在水平中心线上与圆相交处应变最大,而与作用力方向成 39.6°处 B 点的应变等于零,此处称为应变节点(图 5.14a)。此时,可在最大应力处贴上四片应变片 R_1、R_2、R_3、R_4,如图 5.14a 所示,其中 R_1、R_3 受拉应力,R_2、R_4 受压应力。此外,还可在应变节点处贴温度补偿片进行温度补偿。

当圆环下端固定,上端受到切向力(进给力)F_f 作用时(图 5.14b),此时应变节点处于与着力点成 90°的 A、A' 位置。若将四片应变片 R_5、R_6、R_7、R_8 贴于如图 5.14b 所示部位(39.6°处),则此时 R_5、R_7 受拉应力,R_6、R_8 受压应力。在圆环同时受 F_f、F_p 作用时,将应变片 $R_1 \sim R_4$、$R_5 \sim R_8$ 贴于如图 5.14c 所示部位,组成如图 5.14e 和 5.14f 所示的电桥,就可互不干扰地测出 F_f 和 F_p。

在实际应用中,由于圆环不易固定夹紧,且刚性较差,故常用八角环代替圆环。八角环的应变节点位置随环的厚度与半径的比值的不同而异。当在径向力作用下,比值较小时,应变节点在 39.6°处,随着比值的增大此角度也随之增大。当比值为 0.4 时,应变节点在 45°的位置。

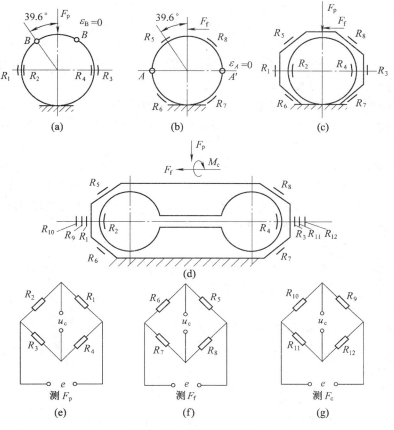

图 5.14　圆环和八角环

测力仪在受切削力 F_c 作用时,其八角环受力较为复杂,既受到垂直向下的压力,又受到由于切削力 F_c 引起的弯矩 M_c 的作用(图 5.14d)。F_c 与各应变片轴向垂直,不产生影响,M_c 却使八角环上部受拉应力,下部受压应力。因此,将应变片 R_9、R_{10}、R_{11}、R_{12} 组成如图 5.14g 所示电桥就可测出切削力 F_c。这样,通过八角环测力仪上不同位置粘贴的各组应变片,组成三个全桥电路(图 5.14e、f、g)接入应变仪所构成的测试系统,就可以分别测出车削时切削力的三个分力 F_f、F_p、F_c。

2. 压电式车削测力仪

在压电式动态车削测力仪中,采用了一台三向压电式测力传感器(图 5.11)。利用传感器中间一对具有纵向压电效应的石英晶体片,可测切削力 F_c,另外两对具有横向压电效应的石英晶体片,可测进给力 F_f 和背向力 F_p。所以,当刀体上的力作用于传感器上时,便可自动地测出其三个相互垂直的分力。传感器的输出电荷可经二次仪表放大、显示和记录。

压电式车削测力仪中传感器的安装位置(即支承点)的合理选择对提高测力仪系统的刚度、灵敏度和降低横向干扰有着重要作用。传感器的安装位置接近刀尖,可使刀杆刚度增大,系统固有频率提高,抗振性加强,但测力仪灵敏度降低。因此,必须兼顾测力仪灵敏度及抗振性等因素的综合影响,来考虑测力传感器的安装位置。

压电式动态车削测力仪在结构和布局方式上作适当改变后也可测量其它动态切削力。

5.3 扭矩的测量

扭矩是机械量中的一个重要参数。轴上的扭矩是指作用在轴上的力与其作用线到轴中心的距离的矢量积的总和,单位为 N·m。

在运转中,轴之间功率的传递是在一定转速下通过轴上所受的扭矩来传递的(有些情况下轴是处于静止状态下受扭的)。一般是将传递的扭矩和转速同时测量,此两参数的乘积即为该轴传递的功率。

扭矩测量仪表按其工作原理可分为两大类。一类是根据牛顿第三定律作用力与反作用力相等的原理设计的;另一类是利用扭力轴受扭要产生一定扭转角或应变的原理设计的,并可通过直接测量扭转角或应变的大小来确定扭矩的大小。一般前一类多用于测量静态和稳态(恒转速)时的扭矩,后一类适用于转速变化时扭矩的精确测量。

(1)反作用力矩测量法

此方法是把被测量装置(它们可以是动力源也可以是负载)的壳体用轴承支架支起,在壳体上固定有力臂。通过测量已知长度的力臂端部上的力来获得被测装置的反力矩。

(2)通过测量扭力轴变形扭转角来测量扭矩的方法

扭力轴的设计原理如图 5.15 所示。当扭力轴的一端受扭后,相对于另一端就会产生一个扭转角 θ。由材料力学可知

$$\theta = T \frac{32L}{\pi G D^4} \qquad (5.20)$$

式中,L 为扭力轴长度;D 为扭力轴直径;T 为外加扭矩;G 为轴材料的剪切弹性模量,一般钢 $G = (8.16 \sim 8.29) \times 10^{10}$ Pa。

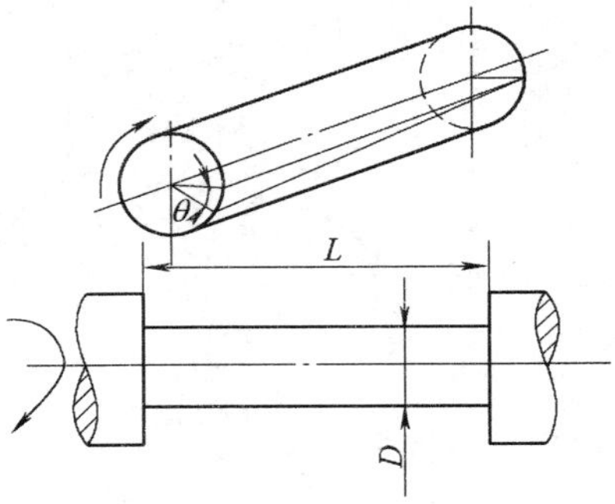

图 5.15 扭力轴的原理图

由式(5.20)可见,只要轴的受力在材料的弹性极限以内,受扭后的扭转角 θ 与外加扭矩 T 是成正比的。所以,扭转角 θ 的大小可以直接反映扭矩的大小。若能采用某种传感器将此扭转角 θ 转换成其它物理量并加以测量和显示,就是一套完整的扭矩测量仪。

(3)通过测量扭力轴应变来测量扭矩的方法

此方法利用了前面介绍的应变测量法。

5.3.1 力臂型扭矩测量装置

此方法是把被测量装置(例如电机、液压泵、液压马达)的壳体用轴承支架支起,在壳体上固定有力臂。如图 5.16 所示。当被测量装置的传动轴输出扭矩时,壳体上就有一个相反方向的反力矩,此反力矩由作用在力臂上的支承反力 F(或砝码重力)产生的力矩所平衡。在静平衡的情况下(此时力臂处于水平位置),力 F 和力臂 L 所形成的力矩就是被测力矩。因

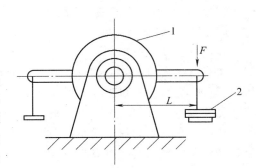

图 5.16 力臂型扭矩测量装置
1—被测量装置壳体;2—砝码

为力臂 L 长度是固定的,因此只要测量出力 F 就可以确定被测装置的输入或输出扭矩。力 F 可用测力计或测力传感器测量,也可用标准平衡砝码来确定。此测量法的测量误差主要来自轴承的摩擦力矩和力臂不平衡所产生的附加力矩。

5.3.2　应变式扭矩传感器

应变式扭矩传感器的工作原理如图 5.17 所示。扭矩传感器一般是串接在扭矩传递系统中,并作为扭矩传递系统中一个环节来测量它所传递的扭矩的。它通常是以圆轴作为机械转换元件(弹性元件),将它所传递的扭矩转换成中间机械量,然后再利用机-电转换元件(敏感元件)将中间机械量转换成电量。传感器中的机械转换元件(圆轴)一般称为扭力轴,应变式扭矩传感器就是由粘贴有应变片的扭力轴和装在它上面的集流环等部件组成的。

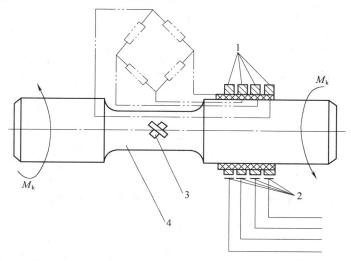

图 5.17　应变式扭矩传感器示意图
1—集流环;2—电刷;3—应变片;4—扭力轴

由材料力学知识可知,纯扭矩的轴的横截面上的最大剪切应力 τ_{max} 与轴上扭矩的关系为

$$\tau_{max} = \frac{T}{W} \tag{5.21}$$

式中,T 为轴上扭矩;W 为轴截面的抗扭截面系数。

τ_{max} 不能用应变片直接测量,但由材料力学知,在纯扭情况下,轴表面的主应力方向与轴线成 45°角,且主应力在数值上等于剪切应力,即

$$\sigma_1 = -\sigma_3 = \tau_{max} = \frac{T}{W} \tag{5.22}$$

式中,σ_1、σ_3 为轴表面相互垂直的两个方向上的主应力。

因此,可将应变片按图 5.18a 或图 5.18b 所示方向(与轴线成 45°角,且相互垂直)贴在轴上,组成半桥或全桥电路。

当应变片按图 5.18a 所示方向(与轴线成 45°角,且相互垂直)贴在轴上组成半桥电路时,应变片 R_1 方向上的应变为

$$\varepsilon_1 = \frac{\sigma_1}{E} - \nu\frac{\sigma_3}{E} \tag{5.23}$$

沿应变片 R_2 方向的应变为

$$\varepsilon_3 = \frac{\sigma_3}{E} - \nu\frac{\sigma_1}{E} \tag{5.24}$$

因 $\sigma_1 = -\sigma_3$,故 $\varepsilon_1 = -\varepsilon_3$ 。若将应变片 R_1 、R_2 接成图 5.18a 所示的半桥,则不但能使测量灵敏度比贴一片 45°角方向的应变片高一倍,而且还能消除由于扭力轴安装不善所产生的附加弯矩和轴向力的影响。但这种贴片和接桥方式不能消除附加横向剪切力的影响。如果在扭力轴上粘贴四片应变片并将它们接成半桥或全桥(图 5.18b),就能消除附加横向剪切力的影响。

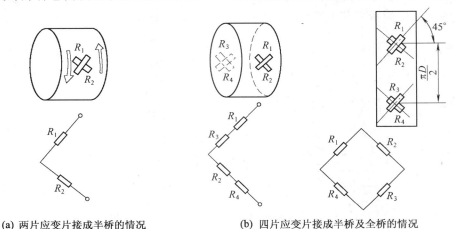

(a) 两片应变片接成半桥的情况   (b) 四片应变片接成半桥及全桥的情况

图 5.18　扭力轴上应变片的粘贴

通过应变片的变形来测量扭力轴扭转应变时,若轴不受扭,则电桥平衡,输出信号为零;当轴受扭后,应变片阻值变化,破坏电桥的平衡,输出大小与所受扭矩成比例的电信号。由于输出信号很微弱,一般都要通过应变仪来测量。半桥电路可以消除因扭力轴安装不善所产生的附加弯矩和轴向力的影响,全桥电路除可消除以上影响外,还可消除附加横向剪切力的影响。

集流环是应变式扭矩传感器的重要组成部分,它的作用是将应变片的引线或由应变片组成的电桥的结点从旋转着的扭力轴上引出,然后接到相应的电路上去。集流环的优劣直接影响测量精度,低质量的集流环所产生的电噪声甚至可以淹没扭矩信号,使测量无法进行。为保证引出信号的精度,集流环必须保持极为良好的接触,接触电阻应该恒定。而在实际中要保持接触电阻恒定是较困难的,特别是对于高速转动的轴更为困难,所以这种传感器只适宜于中、低转速的场合。

5.3.3　数字相位差式扭矩仪

数字相位差式扭矩仪由磁电式扭矩传感器和数字式相位差计(二次仪表)两部分组成。如图 5.19 所示。在扭力轴两端安装有两个轮齿分别对称的测速齿轮,在齿轮外侧分别安装有一个磁电式转速传感器。扭力轴在动力源带动下旋转,在两个转速传感器中,分别得到近似正弦的电

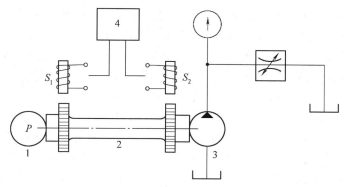

图 5.19　磁电式扭矩传感器的工作原理示意图

1—动力源；2—扭力轴；3—负载；4—数字式相位差计

压信号 S_1、S_2。当扭力轴不受扭时，由于两齿轮处在理想的对称安装位置上，故此两信号是同相位的。扭力轴受扭后，将产生一个扭转角 θ，引起两齿轮间相对位置错移，因而使两输出信号 S_1 和 S_2 之间形成一个相位差 α。此相位差 α 与扭转角 θ 成比例，而 θ 又与扭力轴所受扭矩 T 成比例。这样，传感器就把扭矩转换成两信号的相位差。因此，采用一台相位差计做二次仪表并将测量结果值以扭矩单位表示，即可组成一套完整的扭矩测量仪。

图 5.20 所示为上述相位差式扭矩传感器的结构示意图。扭力轴 2 上安装了两个外齿轮 3、4，两个内齿轮 5、6 与永久磁铁 9、10 安装在圆筒 13 上。圆筒可由固定在壳体 1 上的附加电动机 14 通过传动带 15 带动旋转。使用时，将扭力轴串接在传递扭矩的系统中，作为传动轴的一部分随轴一起转动，转速高时，附加电动机 14 不开动。这时外齿轮 3、4 随轴转动，而内齿轮 5、6 不动，使内、外齿轮轮齿之间的相对角位置发生变化，时而两齿顶相对，时而齿顶与齿间相对，由此

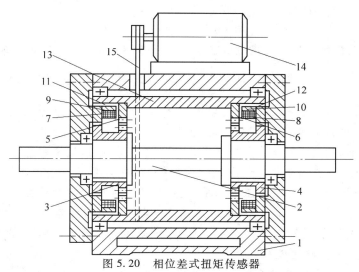

图 5.20　相位差式扭矩传感器

1—壳体；2—扭力轴；3、4—外齿轮；5、6—内齿轮；7、8—检测线圈；9、10—永久磁铁；

11、12—衔铁；13—圆筒；14—附加电动机；15—传动带

引起磁路气隙部分发生周期性变化,磁路的磁阻也随之发生周期性变化,从而使得穿过检测线圈7、8的磁通发生周期性变化,这样两个线圈就感应出同频率近似正弦的电压信号。当扭力轴受扭以后,它的两端就发生相对扭转变形,产生一个扭转角 θ,从而引起两个外齿轮3、4之间的相对位置错移,使由两个检测线圈7、8输出的正弦信号之间形成一个相位差 α。同前所述,为了测量扭矩值,只要将这两个信号输往相位差计,测出相应的相位差值即可。

这种传感器若用于静态标定或用于测量静扭矩时,扭力轴是不旋转的。为了获得内、外齿轮之间的相对运动,可开动附加电动机14通过传动带15带动内齿轮5、6转动,其转向应与扭力轴受扭方向相反,同样可以根据两个输出信号的相位差来测量扭矩。另外,在测量低转速轴的扭矩时,由于输出信号的幅值低会带来较大的测量误差。为了解决低转速下的测扭问题,也希望增加内、外齿轮之间的相对速度。此时也可开动附加电动机14。应注意的是,此时若同时测量转速信号,则测出的转速值为扭力轴转速与附加电动机14的转速之和。

相位差式扭矩传感器可由两个输出信号之间的相位差确定扭矩,同时可以由任意一个输出信号的频率确定轴的转速。因此,这种扭矩仪的二次仪表实际上是数字相位差计和频率计的组合,可以用数字同时显示扭矩和转速。例如,国产 PY1 型扭矩转速测量仪,它设有两个显示窗口,分别显示扭矩和转速。同时还设有打印输出接口,可将测量结果以 8421 编码串行输出至打印设备。此外,该仪器还具有输出扭矩和转速模拟量的功能,可与光电记录示波器配套使用,对瞬态变化的扭矩和转速波形进行记录,绘制动态曲线。

常用国产 DSTP-5 型扭矩传感器的技术数据如下:

感测齿轮	齿数:60;模数:0.9 mm
额定扭矩时的扭转角	$\pm 1.5°$
额定扭矩 T_{max}	50 N·m
允许超载	$\leqslant T_{max} \times 20\%$
冲击超载	$\leqslant T_{max} \times 50\%$
测速范围	$0 \sim 6\,000$ r/min

DSTP 型系列扭矩传感器的测量范围在 $0.5 \sim 3\,000$ N·m 之间,分为 12 级。

本 章 小 结

电阻应变片的工作原理是应变效应,即由于变形而引起导电材料电阻发生变化。应变片的材料分为金属应变片和半导体应变片两种。

电桥是电阻、电容、电感等参量型传感器最常用的测量电路,它可以将电阻、电容、电感参量的变化转换成电压或电流的变化。电桥有半桥单臂、半桥双臂、全桥三种接桥方式,全桥的灵敏度最高。直流电桥只能用于电阻参量的测量,交流电桥的阻抗可以是电阻、电容和电感参量。

力是非电物理量中最常见的一种参量,实现力—电转换的力学量传感器种类很多,有应变式测力传感器、压电式测力传感器、压阻式测力传感器、差动变压器式测力传感器等。掌握它们的工作原理和特点,能够正确地选用。

扭矩是机械量中的一个重要参数。扭矩测量方法按工作原理可分为两大类,一类是反作用力矩测量法,另一类是通过测量扭转角或应变的大小来确定扭矩的大小。掌握它们的工作原理和特点,能够正确地选用。

思考题与习题

5.1 金属应变片与半导体应变片在工作原理上有何区别？各有何优缺点？应如何根据具体情况选用？

5.2 应变测试中,为了消除温度影响,应设置温度补偿片。试问工作片与补偿片如何接桥？画出接桥示意图。

5.3 直流电桥与交流电桥有何区别？

5.4 以阻值 $R = 120\ \Omega$,灵敏度 $S = 2$ 的箔式应变片与阻值为 $120\ \Omega$ 的固定电阻组成电桥,供桥电压为 3 V,并假定负载电阻为无穷大,当应变片的应变为 $2\ \mu\varepsilon$ 和 $2\ 000\ \mu\varepsilon$ 时,分别求出单臂电桥、双臂电桥的输出电压,并比较两种情况下的灵敏度。

5.5 有人在使用电阻应变仪时,发现灵敏度不够,于是试图在工作电桥上增加电阻应变片数以提高灵敏度。试问:在下列情况下,是否可提高灵敏度？说明为什么。

1）半桥双臂各串联一片。

2）半桥双臂各并联一片。

5.6 测试主应力方向已知的平面应力时,若只沿主应力方向粘贴应变片,能否准确测出主应力大小？为什么？

5.7 一受拉和弯综合作用的构件如图 5.21 所示。如何合理布置电阻应变片 R_1、R_2、R_3、R_4 的位置和接桥,使

1）只测量拉力 F 和温度补偿而不受弯矩 M 的影响。

2）只测量弯矩 M 和温度补偿而不受拉力 F 的影响。

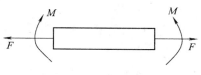

图 5.21 题 5.7 图

5.8 试分析测量扭矩时扭力轴上的应变片应如何布片和接桥才能消除轴向力和弯矩的影响？并画出接线电路图。

5.9 扭矩测量的方法一般有哪些？

5.10 试说明应变式扭矩传感器的工作原理。

5.11 试说明数字相位差式扭矩传感器的工作原理。

5.12 数字相位差式扭矩传感器上的附加电动机有何作用？何时启动？

第6章 温度和湿度的测量

通过本章的学习,你将能够:

- 熟悉热电偶、热电阻的工作原理。
- 正确选用相应的传感器对温度进行测量。
- 了解湿度的测量方法以及无损检测技术

6.1 温度的测量

温度是工业过程中最常见、最基本的参数之一,物体的任何物理变化和化学变化都与温度有关。温度一般占全部过程参数的 50% 左右。因此,温度检测在工业生产中占有很重要的地位。温度是表征物体冷热程度的物理量。在机械加工中,工件、刀具以及机床的许多零部件的温度过高,往往会造成加工质量低劣、机床零部件磨损以及使机床无法正常工作。因而测量和控制温度在机械工程中是经常遇到的。

实践中,人们发现很多物质的物理特性都与温度有关,利用这些物质与温度有关的特性,可用来做成温度计测量温度。而温度测量不同于长度、质量等物理量测量那样可用基本标准直接进行比较,其特点是两个冷热程度不同的物体相接触时,热量将由受热程度高的物体向受热程度低的物体传递,直至两个物体冷热程度一样,而达到热平衡。另外,物体的某些性质随受热程度的不同而变化,如物理状态的变化、体积的变化、电性能的变化、辐射能力的变化等。常用的温度传感器有玻璃温度计、光辐射温度计、热电偶、热电阻、半导体集成温度传感器等。本章介绍几种常用温度传感器的原理和测温方法。

6.1.1 温度和温标

温度只能通过物体随温度变化的某些特性来间接测量,而用来量度物体温度数值的标尺叫温标。温标规定了温度的读数起点(零点)和测量温度的基本单位。目前,国际上用得较多的温标是经验温标和热力学温标。

经验温标的基础是利用物质体积膨胀与温度的关系,认为在两个易于实现且稳定的温度点之间所选定的测温物质体积的变化与温度呈线性关系。把在两个温度之间体积的总变化分为若干等份,并把引起体积变化一份的温度定义为 1 度。经验温标与测温介质有关,有多少种测温介质就有多少个温标。按照这个原则建立的有摄氏温标、华氏温标。

热力学温标又称开尔文温标,它规定分子运动停止时的温度为 0 K;水的三相点,即液体、固体、气体状态的水同时存在的温度,为 273.15 K。水的凝固点,即相当于摄氏温标 0 ℃,华氏温标 32 ℉,开尔文温标为 273.15 K。热力学温标的符号为 T,单位为 K(开尔文),定义水三相点的热力学温度的 1/273.15 为 1 K。热力学温标和摄氏温标之间的关系为

$$t = T - 273.15 \tag{6.1}$$

6.1.2 测温方法

测量温度的方法很多,按照测量体是否与被测介质接触,可分为接触式测温法和非接触式测温法两大类。

接触式测温法的特点是测温元件直接与被测对象接触,两者之间进行充分的热交换,最后达到热平衡,这时感温元件的某一物理参数的量值代表了被测对象的温度值。这种测温方法的优点是直观可靠,缺点是感温元件影响被测温度场的分布,接触不良会带来测量误差,另外温度太高和腐蚀性介质对感温元件的性能和寿命会产生不利影响。

非接触测温法的特点是感温元件不与被测对象接触,而是通过辐射进行热交换,故可避免接触测温法的缺点,具有较高的测温上限。此外,非接触测温法热惯性小,可达 0.001 s,便于测量运动物体的温度和快速变化的温度。由于受物体的发射率、被测对象到仪表之间的距离以及烟尘、水汽等其他介质的影响,这种测温方法一般误差较大。

根据这两种测温方法,测温仪表也可以分为接触式测温仪表和非接触式测温仪表。表 6.1 给出了各种测温仪表的测温方式、测温范围和特点。

表 6.1 常用测温方法的种类及特点

类型	原理	种类	使用温度范围/℃	准确度/℃	线性化	响应速度	记录与控制	价格
接触式	膨胀	水银温度计	−50 ~ 650	0.1 ~ 2.0	可	中	不适合	低
		有机液体温度计	−200 ~ 200	1.0 ~ 4.0	可	中	不适合	低
		双金属温度计	−50 ~ 500	0.5 ~ 5.0	可	慢	不适合	低
	压力	液体压力温度计	−30 ~ 600	0.5 ~ 5.0	可	中	适合	低
		蒸汽压力温度计	−20 ~ 350	0.5 ~ 5.0	非	中	适合	低
	电阻	铂电阻温度计	−260 ~ 1 000	0.01 ~ 5.0	良	中	适合	低
		热敏电阻温度计	−50 ~ 350	0.3 ~ 5.0	非	快	适合	中
	热电偶	B	0 ~ 1 800	4.0 ~ 8.0	可	快	适合	高
		S,R	0 ~ 1 600	1.5 ~ 5.0	可	快	适合	高
		N	0 ~ 1 300	2.0 ~ 10	良	快	适合	中
		K	−200 ~ 1 200	2.0 ~ 10	良	快	适合	中
		E	−200 ~ 800	3.0 ~ 5.0	良	快	适合	中
		J	−200 ~ 800	3.0 ~ 10	良	快	适合	中
		T	−200 ~ 350	2.0 ~ 5.0	良	快	适合	中
非接触式	热辐射	光学高温计	700 ~ 3 000	3.0 ~ 10	非	中	不适合	中
		光电高温计	200 ~ 3 000	1.0 ~ 10	非	快	适合	高
		辐射高温计	100 ~ 3 000	5.0 ~ 20	非	中	适合	高
		比色高温计	180 ~ 3 500	5.0 ~ 20	非	快	适合	高

6.1.3　接触式测温

　　膨胀式温度计的测温是基于物体受热时产生膨胀的原理,可分为液体膨胀式和固体膨胀式两种。固体膨胀式温度计是利用两种不同膨胀系数的材料制成的,分为杆式和双金属式两大类。这里主要介绍双金属温度计。

　　双金属式温度计是把两种膨胀系数不同的金属薄片焊接在一起制成的,结构简单、牢固。双金属温度计可将温度变化转换成机械量变化,不仅用于测量温度,而且还用于温度控制装置(尤其是开关的"通断"控制),使用范围相当广泛。

　　最简单的双金属温度开关是由一端固定的双金属条形敏感元件直接带动电接点构成的,如图 6.1 所示。温度低时电接点接触,电热丝加热;温度高时双金属片向下弯曲,电接点断开,加热停止。温度切换值可用调温旋钮调整,调整弹簧片的位置也就改变了切换温度的高低。图 6.2 为双金属式温度计的结构。它的感温元件通常绕成螺旋形,一端固定,另一端连接指针轴。温度变化时,感温元件的弯曲率发生变化,并通过指针轴带动指针偏转,在刻度盘上显示出温度的变化。为了满足不同用途的要求,双金属元件制成各种不同的形状,如 U 形、螺旋形、螺管形、直杆形等。

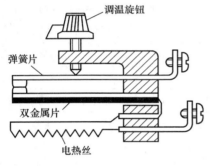

图 6.1　双金属温度开关

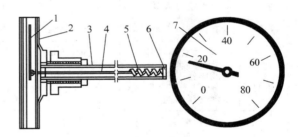

图 6.2　双金属式温度计结构
1—指针;2—表壳;3—金属保护管;4—指针轴;
5—双金属感温元件;6—固定端;7—刻度盘

6.1.4　热电偶传感器

　　热电偶传感器将温度信号转换为电动势输出,是温度测量中使用最广泛的传感器之一,它的测温范围广,一般为 $-50 \sim 1\,800\ ℃$,最高的可达 $2\,800\ ℃$,具有较高的测量准确度和灵敏度,并且便于远距离测量及自动控制。

1. 热电偶传感器的工作原理及分类

　　热电偶传感器的工作原理是基于物体的热电效应。由两种不同材料的导体 A 和 B 两端相连组成闭合回路,当两个结点温度不相同时,回路中将产生电动势。如果在回路中接入一个毫安表,则表头指针会发生偏转,这种现象称为热电效应,如图 6.3 所示。两种不同材料的导体所组成的回路称为"热电偶",组成热电偶的导体称为"热电极",热电偶产生的电动势称为热电动势。在热电偶的两个

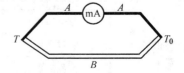

图 6.3　热电偶原理图

结点中,若使一个结点的温度 T_0 保持不变,则热电偶的热电动势 E_{AB} 只与另一结点的温度 T 有关。通常把热电偶的 T_0 端称为参考端,又称自由端或冷端,而把 T 端称为热测量端,又称工作端或热端。

实践证明,当两结点温度分别为 T、T_0 时,回路总热电动势为

$$E_{AB}(T,T_0) = \int S_{AB}\mathrm{d}T = e_{AB}(T) - e_{AB}(T_0) \tag{6.2}$$

式中,S_{AB} 称为塞贝克系数,其值随热电极材料和两结点温度而定。

热电偶回路的总电动势仅与热电极材料及两结点的温度有关。当一端温度 T_0 为一恒定值时,热电动势 $E_{AB}(T,T_0)$ 只随另一端温度 T 而变化,即

$$E_{AB}(T,T_0) = e_{AB}(T) + C = f(T) \tag{6.3}$$

可见,如果热电极材料一定,则热电动势仅与两结点的温度有关。因此,可以通过测定热电动势值来测量被测物体的温度 T,从而达到测温的目的。

热电偶常以所用的热电极材料来命名,如铂铑–铂热电偶、镍铬–镍硅热电偶、铜–铜镍热电偶等。

普通热电偶的结构如图 6.4 所示,其热电极用一定直径的金属丝构成,电极外面分别套有绝缘管,最外面为保护套管。此种热电偶多用于测量气体、液体等介质的温度。

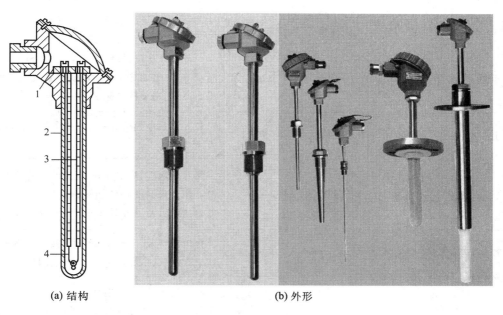

(a) 结构　　　　　　　　　　(b) 外形

图 6.4　普通工业热电偶

1—接线盒;2—保护套管;3—绝缘管;4—热电极

图 6.5 为薄膜式热电偶。它是利用真空蒸镀等方法将热电偶材料沉积在绝缘基板上形成的感温元件。这种热电偶可做得很薄,厚度约为几个微米,热容量小,反应速度快,适用于测量微小表面上的瞬变温度。

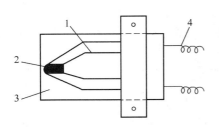

图 6.5　薄膜热电偶图

1—薄膜热电极;2—工作端;3—绝缘基板;4—引出线

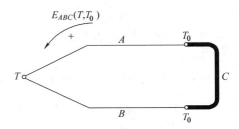

图 6.6　具有中间导体的热电偶回路

2. 标准热电偶的主要特性

我国使用的热电偶达数十种,国际电工委员会(IEC)对其中已被国际公认的八种热电偶制订了国际标准,这些热电偶称为标准热电偶。标准热电偶已列入工业化标准文件中,具有统一的分度表,标准文件对同一型号的标准化热电偶规定了统一的热电极材料、化学成分、热电性质以及允许偏差,因此,同一型号的标准热电偶具有良好的互换性。表 6.2 列出了标准热电偶及其主要特性。

表 6.2　标准热电偶及其主要特性

热电偶	分度号	测温范围/℃		特点及应用场合
		长期使用	短期使用	
铂铑$_{10}$-铂	S	0 ~ 1 300	1 700	热电特性稳定,抗氧化性强,测温范围广,测量精度高,热电动势小,线性差,价格高。可作为基准热电偶,用于精密测量
铂铑$_{13}$-铂	R	0 ~ 1 300	1 700	与 S 型热电偶的性能几乎相同,只是热电动势大 15%
铂铑$_{30}$-铂铑$_6$	B	0 ~ 1 600	1 800	测量上限高,稳定性好,在冷端温度低于 100℃ 时不用考虑温度补偿问题,热电动势小,线性较差,价格高,使用寿命远高于 S 型和 R 型热电偶
镍铬-镍硅	K	−270 ~ 1 000	1 300	热电动势大,线性好,性能稳定,价格较便宜,抗氧化性强,广泛应用于中、高温测量
镍铬硅-镍硅	N	−270 ~ 1 200	1 300	在相同条件下,特别是在 1 100 ~ 1 300 ℃ 高温条件下,高温稳定性及使用寿命较 K 型热电偶成倍提高,价格远小于 S 型热电偶,而性能相近,在 −200 ~ 1 300 ℃ 范围内,有全面代替廉价金属热电偶和部分 S 型热电偶的趋势
铜-铜镍(康铜)	T	−270 ~ 350	400	准确度高,价格便宜,广泛用于低温测量

热电偶	分度号	测温范围/℃		特点及应用场合
		长期使用	短期使用	
镍铬-铜镍（康铜）	E	−270～870	1 000	热电动势较大,中、低温稳定性好,耐磨蚀,价格便宜,广泛应用于中、低温测量
铁-铜镍（康铜）	J	−210～750	1 200	价格便宜,耐 H_2 和 CO_2 气体腐蚀,在含铁或碳的条件下使用稳定,适用于化工生产过程的温度测量

3．热电偶的基本定律

1）均质导体定律：由一种均质导体组成的闭合回路,不论导体的截面和长度如何,也不论各处的温度分布如何,都不能产生热电动势。

这一定律说明,一种均质材料是不能形成热电偶的,它形成的闭合回路也没有热电现象。而热电偶的两个热电极分别由两种均质材料组成时,热电偶的热电动势仅与两结点温度有关,而与沿热电极的温度分布无关。

2）中间导体定律：在热电偶回路中插入中间导体,只要中间导体两端温度相同,则对热电偶回路的总热电动势无影响。

实际测温时,连接导线、显示仪表等均可看成是中间导体 C,如图 6.6 所示。这一规律指导人们在热电偶回路中正确安装仪表和接入导线,关键在于插入导体的两端温度要相同。

3）中间温度定律：热电偶 A、B 两结点的温度分别为 T、T_0 时所产生的热电动势 $E_{AB}(T,T_0)$ 等于该热电偶 T、T_n 以及 T_n、T_0 时的热电动势 $E_{AB}(T,T_n)$ 与 $E_{AB}(T_n,T_0)$ 的代数和,如图 6.7 所示。它可以用下式表示：

$$E_{AB}(T,T_0) = E_{AB}(T,T_n) + E_{AB}(T_n,T_0) \tag{6.4}$$

式中,T_n 称为中间温度。

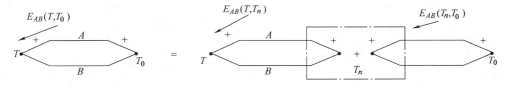

图 6.7　热电偶中间温度定律

中间温度定律为制定热电偶分度表奠定了理论基础。所谓分度表,就是热电偶自由端（冷端）温度为 0 ℃时,其工作端（热端）温度与输出热电动势之间的对应关系的表格,见表 6.3。然而,在一般工程测量中,自由端常常不是 0 ℃而是室温或其它温度。这就需要通过式（6.4）及分度表求得工作端的温度。

表 6.3 镍铬-镍硅(镍铝)K 热电偶分度表(自由端温度为 0 ℃)

工作端温度/℃	热电动势/mV	工作端温度/℃	热电动势/mV	工作端温度/℃	热电动势/mV	工作端温度/℃	热电动势/mV
−50	−1.889	180	7.338	410	16.818	640	26.599
−40	−1.527	190	7.737	420	17.241	650	27.022
−30	−1.156	200	8.137	430	17.664	660	27.445
−20	−0.777	210	8.537	440	18.088	670	27.867
−10	−0.392	220	8.938	450	18.513	680	28.288
0	0.000	230	9.341	460	18.938	690	28.709
10	0.397	240	9.745	470	19.363	700	29.128
20	0.798	250	10.151	480	19.788	710	29.547
30	1.203	260	10.560	490	20.214	720	29.965
40	1.611	270	10.969	500	20.640	730	30.383
50	2.022	280	11.381	510	21.066	740	30.799
60	2.436	290	11.793	520	21.493	750	31.214
70	2.850	300	12.207	530	21.919	760	31.629
80	3.266	310	12.623	540	22.346	770	32.042
90	3.681	320	13.039	550	22.772	780	32.455
100	4.095	330	13.456	560	23.198	790	32.866
110	4.508	340	13.874	570	23.624	800	33.277
120	4.919	350	14.292	580	24.050	810	33.686
130	5.327	360	14.712	590	24.476	820	34.095
140	5.733	370	15.132	600	24.902	830	34.502
150	6.137	380	15.552	610	25.327	840	34.909
160	6.539	390	15.974	620	25.751	850	35.314
170	6.939	400	16.395	630	26.176	860	35.718

例 6.1 用镍铬-镍铝热电偶测炉温。已知参考端温度 $T_0 = 30$ ℃,测得其热电动势 $E_{AB}(t, 30 ℃) = 19.44$ mV。问炉子的实际温度是多少?

解:① 先查分度表,得 $E_{AB}(30, 0 ℃) = 1.203$ mV。

② 求相对于 0 ℃ 的热电动势

$$E_{AB}(t, 0 ℃) = E_{AB}(t, 30 ℃) + E_{AB}(30 ℃, 0 ℃)$$
$$= (19.44 + 1.203) \text{ mV} = 20.643 \text{ mV}$$

③ 查分度表,当 $E_{AB}(t, 0 ℃) = 20.643$ mV 时,得炉子的实际温度 $t = 500$ ℃。

4) 参考电极定律:已知热电极 A、B 与参考电极 C 组成的热电偶在接点温度为 (T,T_0) 时的热电动势分别为 $E_{AC}(T,T_0)$、$E_{BC}(T,T_0)$,则在相同温度下,由 A、B 两种热电极配对后的热电动势 $E_{AB}(T,T_0)$ 可按下面公式计算:

$$E_{AB}(T,T_0)=E_{AC}(T,T_0)-E_{BC}(T,T_0)$$

或
$$=E_{AC}(T,T_0)+E_{CB}(T,T_0) \tag{6.5}$$

参考电极定律大大简化了热电偶的选配工作。只要获得有关热电极与参考电极配对的热电动势,那么任何两种热电极配对时的热电动势均可按式(6.5)求得。

例如,铂铑$_{30}$-铂热电偶的 $E(1\,084.5,0)=13.697$ mV,而铂铑$_6$-铂热电偶的 $E^*(1\,084.5,0)$ $=8.354$ mV,则当以铂铑$_{30}$和铂铑$_6$组成热电偶时,在相应温度下的热电势值为

$$E_{AB}(T,T_0)=E(1\,084.5,0)-E^*(1\,084.5,0)$$
$$=(13.697-8.354)\ \text{mV}=5.613\ \text{mV}$$

4. 热电偶温度补偿

热电偶在使用中的一个重要问题是如何解决冷端温度补偿。前面讲过热电偶的输出热电动势不仅与工作端的温度有关,而且也与冷端的温度有关。平时使用时,热电偶两端输出的热电动势对应的温度值只是相对于冷端温度的一个相对温度值,而冷端的温度又常常不是零度,因此该温度值已叠加了一个冷端温度。

为了直接得到一个与被测对象温度(工作端温度)对应的热电动势,热电偶使用时常采用冷端补偿的办法。图 6.8 所示是利用冰水混合物作为冷端补偿,即采用冰溶将冷端维持在 0 ℃,利用输出的热电动势 V_0 可直接在分度表上查得被测的温度值。

图 6.9 所示是利用不平衡电桥进行冷端补偿的办法,其中 R_t 为一热电阻。由于冷端温度变化而导致电桥输出的变化,该电压的极性与热电偶的输出热电动势相反,而大小则取热电偶冷端作为工作端、0 ℃ 作为自由端时的输出电压值,从而达到冷端补偿的作用。

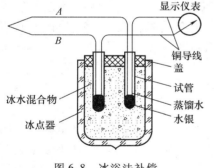

图 6.8　冰浴法补偿

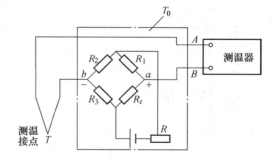

图 6.9　电桥法补偿

冷端补偿也可用另一支热电偶取代上述的电桥电路来实现,也可用 P-N 结温度传感器或用集成温度传感器(如 AD590)。目前,冷端温度补偿器已有系列产品,它们各自适用于不同的热电偶。

6.1.5　热电阻温度传感器

热电阻温度传感器的工作原理是基于金属的热电阻效应,即金属的电阻率随温度的变化而

变化。与热电偶相比,它在低温范围内测量精度高,灵敏度也大约高一个数量级。但其热接点体积较大,不适于测量点温和动态温度。

热电阻温度传感器常用的材料有铂、铜和镍。铂电阻的测量范围大,稳定性良好,但价格昂贵。铜电阻线性度良好、价廉,是在低温范围内最常用的材料。铂和铜电阻已经标准化。

1. 铂电阻阻值与温度的关系

在$-200 \sim 0$ ℃范围内,温度为t ℃时的阻值R_t的表达式为

$$R_t = R_0 \left[1 + At + Bt^2 + C(t-100)t^2 \right] \quad (6.6)$$

温度为$0 \sim 650$ ℃范围内

$$R_t = R_0 (1 + At + Bt^2) \quad (6.7)$$

式中,R_0为铂电阻在0 ℃时的阻值;A、B、C为常数,由实验法求得,分别为

$$A = 3.968 \times 10^{-3} \text{ ℃}^{-1}$$
$$B = -5.847 \times 10^{-7} \text{ ℃}^{-2}$$
$$C = -4.22 \times 10^{-12} \text{ ℃}^{-3}$$

由公式可知,当R_0值不同时,在同样的温度下,R_t值也不同。目前国产工业铂电阻温度计有三种型号,R_0值分别为50 Ω、100 Ω和300 Ω,分别用$P_t 50$、$P_t 100$和$P_t 300$表示。

2. 铜电阻阻值与温度的关系

当温度在$0 \sim 100$ ℃范围内时,可认为R_t与t成线性关系:

$$R_t = R_0 (1 + \alpha t) \quad (6.8)$$

式中,$\alpha = 4.275 \times 10^{-3} \text{ ℃}^{-1}$,$R_0 = 50$ Ω。

6.1.6 热敏电阻温度传感器

热敏电阻温度传感器的工作原理是基于半导体的热电阻效应。与金属电阻相比,具有灵敏度高、尺寸小、结构简单和易于根据需要做成各种形状等优点,缺点是重复性和稳定性差、非线性严重。一般用于温度补偿,也用于精度不高的温度测量。热敏电阻的温度系数有正有负,因此分为PTC热敏电阻(电阻系数为正)和NTC热敏电阻(电阻系数为负)。不同型号的热敏电阻的测量范围不同,一般为$-50 \sim +300$ ℃。

6.1.7 集成温度传感器

集成温度传感器应用了晶体管的基本性质。半导体器件P-N结的正向电压具有负的温度特性,大约为-2.1 mV/℃。如果将半导体P-N结和相应的匹配电路及放大、输出等电路制作在一个体积很小的集成块内,就可以做成输出电压或输出电流与绝对温度成线性关系的半导体集成温度传感器。图6.10是电流输出型的AD590集成温度传感器的测温电路,其测温范围为$-55 \sim +150$ ℃,灵敏度为1 μA/K,电源电压范围为$4 \sim 30$ V,0 ℃时该器件的输出电流为273 μA。该电流由图中的电阻转换成电压。若要达到与摄氏温度成正比的电压输出,可以用运算放大器的反向加法电路来实现。

在热电偶测温时,首先要测出冷端温度,才有可能进行计算修正。测量热电偶冷端温度,若使用玻璃温度计不适应计算机自动检测要求;使用铜热电阻,则需要较精密的桥路激励电源及桥路放大器,而且温度与电压的标定也较复杂。现在普遍使用半导体集成温度传感器,它具有体积

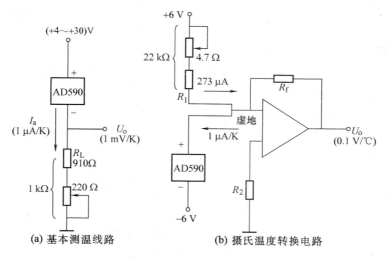

(a) 基本测温线路　　　　　(b) 摄氏温度转换电路

图 6.10　AD590 测温线路

小、集成度高、精度高、线性好、输出信号大和不需进行温度标定等优点。只要将它放置在热电偶冷端附近,将该传感器的输出电压作简单的换算,就能得到热电偶的冷端温度。

半导体集成温度传感器还有其它许多型号,有的还带有与微机联络的串行接口电路。可根据不同的要求选择合适的型号。

6.1.8　数字式温度仪表

数字式温度仪表是在数字电压表基础上产生的,它是以数字方式来显示被测温度的仪表。近年来,随着科研和生产的高速发展,数字式温度仪表的结构和性能有了新的突破,其线路简化、精度和可靠性提高,表现出了极大的优越性,冲击着传统的模拟仪表,并有不可阻挡的取而代之之势。我国数字式温度仪表正向系列化、自动化、程控化和智能化相结合的方向发展。

数字式温度仪表的类型有:

1）显示型　与热电偶、热电阻、热敏电阻和温度变送器配合显示被测温度。如 XMZ-102H 型数字式温度显示仪。

2）显示调节型　除显示功能外,还具有将温度控制在规定范围内的能力。

3）显示报警型　除显示外,还有超温报警功能。

4）巡回检测型　可对多路信号进行巡回检测和显示。如 XMD-16H 型数字式温度巡回检测仪。

5）显示调节记录型　在显示调节型基础上,加上模拟记录或打印记录功能。

6.2　湿度的测量

湿度的测量与控制在现代科研、生产、生活中的地位越来越重要。例如,许多储物仓库在湿度超过某一程度时,物品易发生变质或霉变现象;居室的湿度希望适中;而纺织厂要求车间的湿度保持在 60% ~ 70% RH;在农业生产中的温室育苗、食用菌培养、水果保鲜等都需要对湿度进行检测和控制。

6.2.1 大气湿度与露点

在我国江南的黄梅天,地面返潮,人们经常会感到闷热不适,这种现象的本质是空气中的相对湿度太大造成的。湿度的评价有两种:绝对湿度和相对湿度。

1. 绝对湿度与相对湿度

地球表面的大气层是由78%的氮气、21%的氧气、一小部分二氧化碳、水汽以及其他一些惰性气体混合而成的。由于地面上的水和植物会发生水分蒸发现象,因而大气中含有的水汽含量也会发生波动,使空气出现潮湿或干燥现象。大气的水汽含量通常用大气中水汽的密度来表示。即用每 1 m^3 大气所含水汽的克数来表示,称为大气的绝对湿度。

要想直接测量大气中的水汽含量是十分困难的,由于水汽密度与大气中的水汽分压强成正比,所以大气的绝对湿度又可以用大气中所含水汽的分压强来表示,常用单位是 Pa(帕斯卡)。

在许多与大气湿度有关的现象中,如农作物的生长、有机物的发霉、人的干湿感觉等都与大气的绝对湿度没有很大的关系,而主要是与大气中的水汽离饱和状态的远近程度,即相对湿度有关。所谓饱和状态,是指在某一压力、温度下,大气中的水汽含量的最大值。相对湿度是空气的绝对湿度与同温度下的饱和状态空气绝对湿度的比值,它能准确说明空气的干湿程度。

在一定的大气压力下,两者之间的数量关系是确定的,可以查表得到有关数据。例如,同样是 17 g/m^3 的绝对湿度,如果是在炎热的夏季中午,由于离当时的饱和状态尚远,人就感到干燥;如果是在初夏的傍晚,虽然水汽密度仍为 17 g/m^3,但气温比中午下降很多,使大气水汽密度接近饱和状态,人们就会感到汗水不易挥发,因此觉得闷热。

在以上例子中,在 20 ℃、一个大气压下,1 m^3 的大气中只能存在 17 g 的水汽,则此时的相对湿度为 100 RH(%)。若同样条件下的绝对湿度只有 8.5 g/m^3,则相对湿度就只有 50 RH(%)。在上述绝对湿度下,将气温降至 10 ℃以下时,相对湿度又接近 100RH(%)。

2. 露点

降低温度可以使原先未饱和的水汽变成饱和水汽而产生结露现象。露点就是指使大气中原来所含有的未饱和水汽变成饱和水汽所必须降低温度而达到的温度值。因此,只要测出露点就可以通过查表得到当时大气的绝对湿度。这种方法可以用来标定本节介绍的湿敏电阻传感器。露点与农作物的生长有很大关系。另外,结露也严重影响电子仪器的正常工作,必须予以注意。

6.2.2 测量湿度的传感器

水是一种强极性的电解质。水分子极易吸附于固体表面并渗透到固体内部,从而引起固体的各种物理变化。早期人们使用毛发湿度计以及因水分蒸发而使湿棉花球温度降低的干湿球湿度计。当今出现了很多将湿度变成电信号的电测湿度计,如红外线湿度计、微波湿度计、超声波湿度计、石英晶体振动式湿度计、湿敏电容湿度计、湿敏电阻湿度计等。其中,较为常见的是湿敏电阻,它又有多种不同的结构型式。常用的有金属氧化物陶瓷湿敏电阻、金属氧化物膜型湿敏电阻、高分子材料湿敏电阻等,下面分别予以介绍。

1. 金属氧化物陶瓷湿度传感器

金属氧化物陶瓷湿度传感器是当今湿度传感器的发展方向。近几年研究出许多电阻型湿敏多孔陶瓷材料,如 LaO_2-TiO_2、SnO_2-Al_2O_2-TiO_2、MnO_2-Mn_2O_3 等。下面重点介绍 $MgCr_2O_4$-TiO_2 陶瓷湿度传感器,其结构和外形如图 6.11 所示。

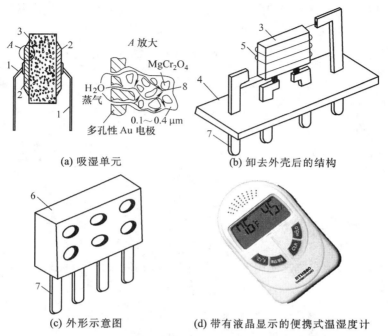

(a) 吸湿单元   (b) 卸去外壳后的结构

(c) 外形示意图   (d) 带有液晶显示的便携式温湿度计

图 6.11　陶瓷湿度传感器结构和外形

1—引线;2—多孔性电极;3—多孔陶瓷($MgCr_2O_4$);4—底座;

5—镍铬加热丝;6—外壳;7—引脚;8—气孔

铬酸镁-氧化钛等金属氧化物以高温烧结的工艺制成多孔性陶瓷半导体薄片。它的气孔率高达 25% 以上,具有 1 μm 以下的细孔分布。与日常生活中常用的结构致密的陶瓷相比,其接触空气的表面积显著增大,所以水汽极易被吸附于其表层及孔隙之中,使其电阻率下降。当相对湿度从 1RH(%) 变化到 95 RH(%) 时,其电阻率变化高达 4 个数量级左右,所以在测量电路中必须考虑采用对数压缩技术。其相对湿度与电阻的关系曲线如图 6.12 所示,测量转换电路框图如图 6.13 所示。

由于多孔陶瓷置于空气中易被灰尘、油烟污染,从而堵塞气孔,使感湿面积下降。如果将湿敏陶瓷加热到 400 ℃ 以上,就可使污物挥发或烧掉,使陶瓷恢复到初始状态。所以必须定期给加热丝通电,如图 6.11b 所示。

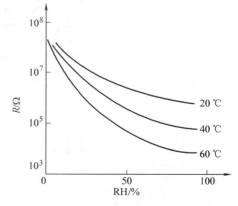

图 6.12　$MgCr_2O_4$-TiO_2 陶瓷湿度计湿度曲线

陶瓷湿敏传感器吸湿快(3 min 左右),而脱湿要慢许多,从而产生滞后现象,称为湿滞。当吸附的水分子不能全部脱出时,会造成重现性误差及测量误差。有时可用重新加热脱湿的办法来解决。即每次使用前应先加热 1 min 左右,待其冷却至室温后方可进行测量。陶瓷湿敏传感器的湿度-电阻的标定比温度传感器的标定困难得多。它的误差较大,稳定性也较差,使用时还应考虑温度补偿[温度每上升 1 ℃,电阻下降引起的误差约为 1RH(%)]。陶瓷湿敏电阻应采用交流供电,例如 50 Hz。若长期采用直流供电,会使湿敏材料极化,吸附的水分子电离,导致灵敏度降低、性能变坏。

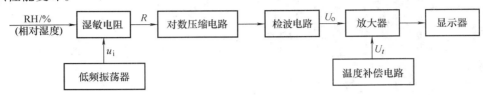

图 6.13　湿敏电阻传感器测量转换电路框图

2. 金属氧化物膜型湿度传感器

Cr_2O_3、Fe_2O_3、Fe_3O_4、Al_2O_3、Mg_2O_3、ZnO 及 TiO 等金属氧化物的细粉吸湿后导电性增加,电阻下降。吸附或释放水分子的速度比上述多孔陶瓷快许多倍,图 6.14 是金属氧化物膜型湿度传感器的外形及结构示意图。

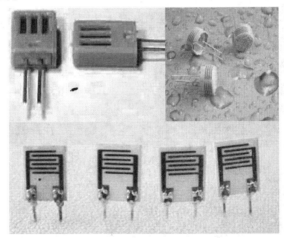

图 6.14　金属氧化物膜型湿度传感器

在陶瓷基片上先制作钯金梳状电极,然后采用丝网印刷等工艺,将调制好的金属氧化物糊状物印刷在陶瓷基片上。采用烧结或烘干的方法使之固化成膜。这种膜在空气中能吸附或释放水分子,而改变其自身的电阻值。通过测量两电极间的电阻值即可检测相对湿度。响应速度小于 1 min。

3. 高分子湿敏电阻传感器

高分子电阻湿度传感器是目前发展迅速、应用较广的一类新型湿敏电阻传感器。它的外形与图 6.14 相似,只是吸湿材料用可吸湿电离的高分子材料制作,例如高氯酸锂-聚氯乙烯、有亲水性基的有机硅氧烷、四乙基硅烷的共聚膜等。高分子湿敏电阻具有响应时间快、线性好、成本低等特点。

6.3　无损检测技术

无损检测是利用声、光、热、电、磁和射线等与被检物质的相互作用,在不损伤被检物质的内、外部结构和使用性能的情况下,来探测材料、构件或设备内部存在的宏观或表面缺陷,并可决定其位置、大小、形状和种类,以达到最经济、最安全、最可靠的目的。

6.3.1　无损检测方法

无损检测的方法有超声波探伤、射线照相探伤、电磁(涡流)探伤、磁粉探伤和渗透探伤等几种。

1. 超声波探伤

人们早就应用并掌握了用普通声波不破坏地从物质的外面来检测其内部情况的方法。例如,用手拍拍西瓜外面,听它所产生的声音来判断它是否成熟;利用小锤来敲打铸件的外部,从声响的不同来检验其内部是否存在气孔、裂纹等;医生用手指敲击病人胸腔,以声音来检验内脏是否存在病灶等。

人的耳朵可以听到的声波频率范围为 20 Hz ~ 20 kHz。频率大于 20 kHz 的声波叫做超声波。用于无损检测的超声波多为 1 ~ 5 MHz 的超声波。高频超声波的波长短,不易产生绕射,碰到杂质或分界面就会产生明显的反射,而且方向性好,能作为射线定向传播,在液体和固体中衰减小,穿透本领大,因此超声波成为无损检测方面的重要工具。

超声波探伤方法多种多样,最常用的是脉冲反射法。而脉冲反射法根据波形不同又可分为纵、横、表面波探伤,下面分别给予介绍。

(1)纵波探伤法

测试前,先将探头插入探伤仪的连接插座上。探伤仪面板上有一个荧光屏,通过荧光屏可知工件中是否存在缺陷以及缺陷的大小和位置。检测时探头放于被测工件上,并在工件上来回移动。探头发出的超声波脉冲射入被检工件内,如工件中没有缺陷,则超声波传到工件底部时产生反射,在荧光屏上只出现始脉冲 T 和底脉冲 B,如图 6.15b 所示。如工件某部位存在缺陷,一部分声脉冲碰到缺陷后立即产生反射,另一部分继续传播到工件底面产生反射,在荧光屏上除出现始脉冲 T 和底脉冲 B 外,还出现缺陷脉冲 F,如图 6.15c 所示。荧光屏上的水平亮线为扫描线(时间基线),其长度与工件的厚度成正比(可调整),通过缺陷脉冲在荧光屏上的位置可确定缺陷在工件中的位置。亦可通过缺陷脉冲幅度的高低来判别缺陷当量的大小。如缺陷面积大,则缺陷脉冲的幅度就高,通过移动探头还可确定缺陷大致长度。

(2)横波探伤法

用斜探头进行探伤的方法称横波探伤法。超声波的一个显著的特点是超声波波束中心线与缺陷截面积垂直时,探测灵敏度最高,但如遇图 6.16 所示的斜向缺陷时,用直探头探测虽然可探测出缺陷存在,但并不能真实反映缺陷大小。如用斜探头探测,则探伤效果更好。因此实际应用中,应根据不同缺陷性质、取向,采用不同的探头进行探伤。有些工件的缺陷性质、取向事先不能

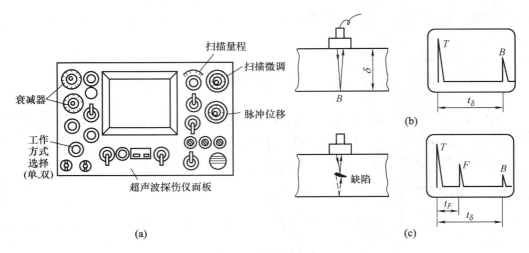

图 6.15　超声波探伤

确定,为了保证探伤质量,应采用几种不同探头进行多次探测。

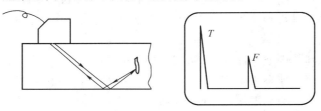

图 6.16　横波单探头探伤法

（3）表面波探伤法

　　表面波探伤主要是检测工件表面附近是否存在缺陷,如图 6.17 所示。当超声波的入射角 α 超过一定值后,折射角多可能达到 90°,这时固体表面受到超声波能量引起的交替变化的表面张力作用,质点在介质表面的平衡位置附近作椭圆轨迹振动,这种振动称为表面波。当工件表面存在缺陷时,表面波被反射回探头,可以在荧光屏上显示出来。

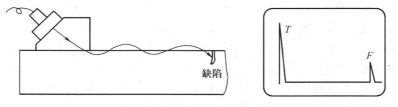

图 6.17　表面波探伤法

　　超声波探伤主要用于检测板材、管材、锻件、铸件和焊缝等材料中的缺陷(如裂缝、气孔、夹渣、热裂、冷裂、缩孔、未焊透、未熔合等)、测定材料的厚度、检测材料的晶粒、配合断裂力学对材料使用寿命进行评价等。超声波探伤因具有检测灵敏度高、速度快、成本低等优点,因而得到人们普遍的重视,并在生产实践中得到广泛的应用。

超声波探伤不适用于奥氏体钢的铸件和焊缝等粗晶材料,不适用于形状复杂或表面粗糙的工件。

2. 射线照相探伤

射线照相探伤是利用射线对各种物质的穿透力来检测物质内部缺陷的一种方法。其实质是根据被检零件与内部缺陷介质对射线能量衰减程度的不同,而引起射线透过工件后的强度差异,在感光材料上获得缺陷投影所产生的潜影,经过处理后获得缺陷的图像,从而对照标准来评定零件的内部质量。

射线照相探伤适用于探测体积型缺陷如气孔、夹渣、缩孔、疏松等。一般能确定缺陷平面投影的位置、大小和种类。如发现焊缝中的未焊透、气孔、夹渣等缺陷;发现铸件中的缩孔、夹渣、气孔、疏松、热裂等缺陷。

射线照相探伤不适用于检测锻件和型材中的缺陷。

3. 电磁(涡流)探伤

在4.2节中介绍过导体的涡流与被测对象材料导电、导磁性能有关,如电导率、磁导率、温度、硬度、材质、裂纹和缺陷等参量。因此可以根据检测到的涡流,得到工件有无缺陷和缺陷尺寸的变化的信息,从而反映出工件的材质情况。

电磁(涡流)探伤适用于探测导电材料,如铁磁性和非铁磁性的型材和零件,石墨制品等。能发现裂纹、折叠、凹坑、夹杂、疏松等表面和近表面缺陷。通常能确定缺陷的位置和相对尺寸,但难以判定缺陷的种类。

电磁(涡流)探伤不适用于探测非导电材料的缺陷。

4. 磁粉探伤

把铁磁性材料磁化后,利用缺陷部位产生的漏磁场吸附磁粉的现象进行探伤。磁粉探伤是一种较为原始的无损检测方法,适用于探测铁磁性材料和关键的缺陷,包括锻件、焊缝、型材、铸件等,能发现表面和近表面的裂纹、折叠、夹层、夹杂、气孔等缺陷。一般能确定缺陷的位置、大小和形状,但难以确定缺陷的深度。

磁粉探伤不适用于探测非铁磁性材料,如奥氏体钢、铜、铝等的缺陷。

5. 渗透探伤

渗透探伤是利用液体对材料表面的渗透特性,用黄绿色的荧光渗透液或红色的着色渗透液,对材料表面的缺陷进行良好的渗透,当显像液涂洒在工件表面上时,残留在缺陷内的渗透液又会被吸出来,形成放大的缺陷图像痕迹,从而用肉眼检查出工件表面的开口缺陷。

渗透探伤适用于探测金属材料和致密性非金属材料的缺陷。能发现表面开口的裂纹、折叠、疏松、针孔等。通常能确定缺陷的位置、大小形状,但难以确定缺陷的深度。

渗透探伤不适用于探测疏松的多孔性材料的缺陷。

6.3.2 无损检测应用实例

1. 检查材质

无损检测可以用来检验材料的质量是否符合要求以及是否按照规定进行了各种处理。例如采用电磁(涡流)探伤法可判别铝合金材料的好坏,同时还能判别其热处理后的状态。

2. 测定表面层的厚度

有些零件需经高频、渗碳或电镀等表面处理,并对表面处理层的厚度有一定的要求,以满足使用时耐磨、耐腐蚀等性能要求。电磁(涡流)探伤法可测定渗碳淬火层、高频淬火层和表面镀层的深度。

3. 质量评定和寿命评定

无损检测可检查材料和焊缝中的缺陷,一般在加工制造时和使用过程中定期进行检查。

(1)质量评定 对原材料在加工制造时和焊接时进行检查,其目的是检查原材料和焊缝是否按设计要求进行加工制造,是否合格,是一种质量控制手段。

(2)寿命评定 机器装备在开始使用后,每隔一段时间就进行一次缺陷检查,推断下一次检查前能否安全使用。例如,对压力容器焊缝或大型铸锻件(如曲轴、汽轮机转子等)进行定期监督检查、维修检查和运转中的检查,主要检查已有的缺陷是否发生突然扩展以及是否有新的缺陷产生,从而确定是否要进行修补或报废,以保证不发生重大事故。

4. 材料和机器的定量检测

对机器和零件进行定期检查时,定量地测定它们的变形量、腐蚀量和磨损量,以此来确定其是否还能继续使用。例如,用射线照相法测定喷气发动机叶片的变形量,利用超声波测厚仪测定容器、管道的腐蚀量和氧化量等。

5. 组合件内部结构和组成情况的检查

利用射线照相法可揭示结构上不能拆开的组合件内部的结构和组成情况,并可以判定组合件在使用时是否产生异常。

本 章 小 结

温度是生产、生活中经常测量的变量。温度传感器是进行温度量检测的重要手段,它是一种能将热能转换为电量变化的装置。本章重点介绍了热电偶、热电阻、热敏电阻三种常用于对温度进行检测的传感器。

热电偶基于热电效应原理而工作。均质导体定律、中间导体定律和中间温度定律是使用热电偶测温的理论依据。热电偶在使用时要进行温度补偿。

热电阻是利用金属材料的阻值随温度的升高而增大的特性制作的。常用的有铂、铜两种热电阻,其特性及测温范围各不相同。

热敏电阻是半导体测温元件,按温度系数的不同可分为正温度系数热敏电阻(PTC)和负温度系数热敏电阻(NTC),广泛用于温度测量、电路的温度补偿及温度控制。

湿度的测量中主要介绍了几种湿敏电阻湿度计,包括金属氧化物陶瓷湿敏电阻、金属氧化物膜型湿敏电阻、高分子材料湿敏电阻等。

本章最后对先进的无损检测方法作了介绍。

思 考 题 与 习 题

6.1 什么是金属导体的热电效应?试说明热电偶的测温原理。

6.2 简述热电偶的几个重要定律。

6.3 用一支镍铬-镍铝热电偶测炉温。其热电动势 $E_{AB}(t,20\ ℃) = 18.140\ mV$,问热电偶热端温度是多少？（已知参考端温度为 20 ℃。）

6.4 对于铂电阻温度计来说，在 0~650 ℃ 的温度范围内，温度为 t 时的铂热电阻 R_t 值可用式 $R = R_0(1 + At + Bt^2)$ 来表示，如果铂的电阻值在 0 ℃、100 ℃、400 ℃ 时分别为 25.0 Ω、34.6 Ω、61.68 Ω，写出电阻与温度的关系式。（提示：根据题意，对应于不同的温度与测温电阻阻值的关系，把相应的值代入式中联立方程式，求出系数 A、B，便可写出电阻与温度的关系式。）

6.5 无损探伤的方法有几种？各自的特点是什么？

第7章 开关量和数字量的测量

通过本章的学习,你将能够:

- 了解常用开关量传感器的工作原理及特点。
- 了解常用开关量、数字量传感器的测量方法。

7.1 开关量的测量

接近开关又称无触点行程开关。它能在一定距离(几毫米至几十毫米)内检测有无物体靠近。当物体与其接近到设定距离时,就可以发出"动作"信号,而不像机械式行程开关那样,需要施加机械力。它给出的是开关信号(即高电平或低电平),多数接近开关具有较大的负载能力,能直接驱动中间继电器。

接近开关的核心部分是"感辨头",它必须对正在接近的物体有很高的感辨能力。在生物界里,眼镜蛇的尾部能感辨出人体发出的红外线,而电涡流探头能感辨金属导体的靠近。但是应变片、电位器之类的传感器就无法用于接近开关,因为它们的测量方法属于接触式的测量。多数接近开关已将感辨头和测量转换电路做在同一壳体内,壳体上多带有螺纹或安装孔,以便于安装和调整。

接近开关的应用已远超出行程开关的行程控制和限位保护范畴。它可以用于高速计数、测速,确定金属物体的存在和位置,测量物位和液位,用于人体保护和防盗以及无触点按钮等。即使仅用于一般的行程控制,接近开关的定位精度、操作频率、使用寿命、安装调整的方便性和耐磨性、耐腐蚀性等也是一般机械式行程开关所不能相比的。

常用的接近开关可分为电感式(多为电涡流式)、电容式、磁性干簧管式、霍尔式接近开关,它们的测量对象如下:

1)电涡流式(常称为电感接近开关) 它只对导电良好的金属起作用。

2)电容式 它对接地的金属或地电位的导电物体起作用,对非地电位的导电物体灵敏度稍差。

3)磁性干簧管式 它只对磁性较强的物体起作用。

4)霍尔式 它只对磁性物体起作用。

从广义来讲,其他非接触式传感器均能用作接近开关。例如,光电传感器、微波和超声波传感器等。但是它们的检测距离一般均可以做得较大,可达数米甚至数十米,所以多把它们归入电子开关系列。

与机械开关相比,接近开关具有如下特点:

1)非接触检测,不影响被测物的运行工况;

2)不产生机械磨损和疲劳损伤,工作寿命长;

3)响应快,一般响应时间可达几毫秒或十几毫秒;

4）采用全密封结构,防潮、防尘性能较好,工作可靠性强;

5）无触点、无火花、无噪声,所以适用于要求防爆的场合(防爆型);

6）输出信号大,易于与计算机或 PLC 等接口;

7）体积小,安装、调整方便。它的缺点是"触点"容量较小,输出短路时易烧毁。

接近开关的主要性能指标如下:

1）额定动作距离　在规定的条件下所测定到的接近开关的动作距离(单位为 mm)。

2）工作距离　接近开关在实际使用中被设定的安装距离。在此距离内,接近开关不应受温度变化、电源波动等外界干扰而产生误动作。

3）动作滞差　指动作距离与复位距离之差的绝对值。滞差大,对外界的干扰以及被测物的抖动等的抗干扰能力就强。

4）重复定位精度　它表征多次测量动作距离。其数值的离散性的大小一般为动作距离的 1% ~5%。离散性越小,重复定位精度越高。

5）动作频率　指每秒连续不断地进入接近开关的动作距离后又离开的被测物个数或次数。若接近开关的动作频率太低而被测物又运动得太快时,接近开关就来不及响应物体的运动状态,有可能造成漏检。

接近开关的几种结构形式如图 7.1 所示,可根据不同的用途选择不同的型号。图 7.1a 的形式便于调整与被测物的间距,图 7.1b、c 的形式可用于板材的检测,图 7.1d、e 可用于线材的检测,其外形如图 7.1f 所示。

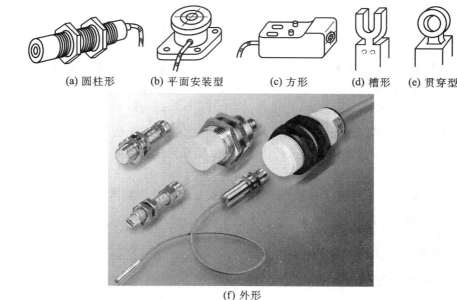

(a) 圆柱形　　(b) 平面安装型　　(c) 方形　　(d) 槽形　　(e) 贯穿型

(f) 外形

图 7.1　接近开关的几种结构形式

7.1.1 接近开关的规格及接线方式

接近开关的一种典型三线制接线方式及特性如图 7.2 所示,即棕色引线(电源正极 18～35 V)、蓝色引线(电源负极接地)、黑色引线(输出端),有常开、常闭之分。可以选择继电器输出型,但更多的是采用 OC 门(open collector door,即集电极开路输出门)作为输出极。OC 门又有"PNP"和"NPN"之分。现以较为常见的常开型 NPN 为例说明输出端的使用注意事项。

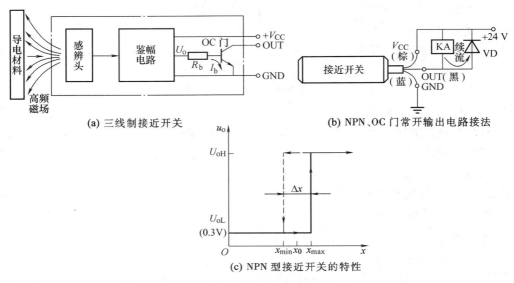

(a) 三线制接近开关　　　　　　　　(b) NPN、OC 门常开输出电路接法

(c) NPN 型接近开关的特性

图 7.2　接近开关的一种典型三线制接线方式及特性

当被测物体未靠近接近开关时,$I_b = 0$,OC 门截止,OUT 端为高阻态(接入负载后为接近电源电压的高电平);当被测体靠近动作距离(x_{min})时,OC 门的输出端对地导通,OUT 端对地为低电平(约 0.3 V)。将中间继电器 KA 跨接在 $+V_{CC}$ 与 OUT 端时,KA 就处于吸合(得电)状态。

当被测物体远离该接近开关,到达 x_{max} 时,OC 门再次截止,KA 失电。通常将接近开关设计为具有"施密特"特性,Δx 为接近开关的动作滞差(也称为动作回差)。回差越大,抗机械振动干扰的能力越强。

工作过程中,若续流二极管 VD 虚焊或未接,当接近开关复位的瞬间,KA 产生的过电压($e = -N\dfrac{di}{dt}$)有可能将 OC 门击穿。如果不慎将 $+V_{CC}$ 与 OUT 端短接,在接近开关动作时,就会有过电流流入 OC 门的集电极,并可能将其烧毁。

7.1.2 电感接近开关应用实例

1. 生产工件加工定位

在机械加工自动生产线上,可以使用接近开关进行工件的加工定位,工件的定位与计数如图 7.3a 所示。当传送机构将待加工的金属工件运送到靠近减速接近开关的位置时,该接近开关发出减速信号,传送机构减速,以提高定位精度。当金属工件到达定位接近开关面前时,定位接近开关发出动作信号,使传送机构停止运行。紧接着,加工刀具对工件进行机械加工。

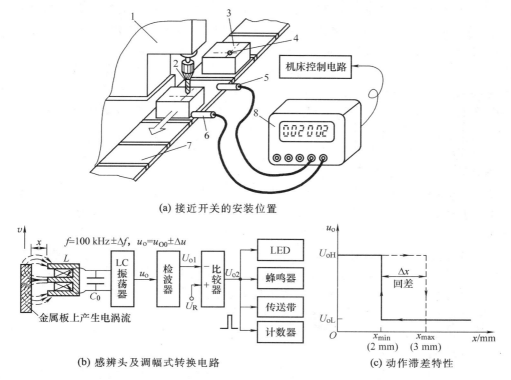

(a) 接近开关的安装位置

(b) 感辨头及调幅式转换电路

(c) 动作滞差特性

图 7.3　工件的定位与计数

1—加工机床;2—刀具;3—金属工件;4—加工位置;5—减速接近开关;

6—定位接近开关;7—传送机构;8—计数器-位置控制器

定位的准确度主要依赖于接近开关的性能指标,如重复定位精度、动作滞差等。可以仔细调整定位接近开关 6 的左右位置,使每一只工件均准确地停在加工位置。从图 7.3b 可以看到该接近开关的内部工作原理。当金属体靠近电涡流探头线圈时,随着金属体表面电涡流的增大,电涡流线圈的 Q 值越来越低,因为振荡器的能量被金属体所吸收,所以其输出电压也越来越低,甚至有可能停振,使 $U_{o1}=0$。比较器将 U_{o1} 与基准电压(又称比较电压)U_R 作比较。当 U_{o1} 小于 U_R 时,比较器翻转,输出高电平,报警器(LED)闪亮报警,执行机构动作(传送机构电动机停转)。从以上分析可知,该接近开关的电路未涉及频率的变化,只利用了振荡幅度的变化,所以属于调幅式转换电路。

2. 生产零部件计数

在图 7.3 中,还可将传送带一侧的减速接近开关的信号接到计数器输入端。当传送带上的每一个金属工件从该接近开关面前经过时,接近开关动作一次,输出一个计数脉冲,计数器加 1。

传送带在运行中有可能产生抖动,此时若工件刚进入接近开关动作距离区域,但因抖动又稍微远离接近开关,然后再进入动作距离范围。在这种情况下,有可能会产生两个以上的计数脉冲。设计接近开关时为防止出现此种情况,通常在比较器电路中加入正反馈电阻,形成有滞差电压比较器,又称迟滞比较器,它具有"施密特"特性。当工件从远处逐渐向接近开关靠近,到达 $x_{\min}$ 位置时开关动作,输出高电平。要想让它翻转回到低电平,则需要让工件倒退 Δx 的距离 ($x_{\max}$ 的位置)。Δx 大大超过抖动造成的倒退量,所以接近开关一旦动作,只能产生一个计数脉冲,微小的干扰是无法让其复位的,这种特性就称为动作滞差,如图 7.3c 所示。

从以上分析可知,该接近开关在"动作"时,输出接近电源电压的高电平;在"不动作"时,输出接近地电位的低电平(须接下拉电阻),是属于与图 7.2b 相反的"PNP"型输出。在实际工作中,用户可按照具体需要购买常开、常闭、NPN 或 PNP 型的接近开关,检测电路也须作相应改变。

7.1.3 电容接近开关应用实例

1. 电容接近开关的结构及工作原理

电容接近开关的核心是以电容极板作为检测端的 LC 振荡器,圆柱形电容接近开关的结构及原理框图如图 7.4 所示。两块检测极板设置在接近开关的最前端,测量转换电路安装在接近开关壳体内,并用介质损耗很小的环氧树脂充填、灌封。

当没有物体靠近检测极板时,检测上、下极板之间的电容量 C 非常小,它与电感(在测量转换电路板 5 中)构成高品质因数的 LC 振荡电路,$Q = 1/(\omega CR)$。

当被检测物体为导电体(例如金属、水等)时,检测上、下极板经过与导电体之间的耦合作用形成变极距电容 C_1、C_2。LC 振荡电路中的电容 C 可以看成是 C_1、C_2 的串联结果,电容量 C 比圆柱形电容接近开关未靠近导电体时增大了许多,引起 LC 回路的 Q 值下降,输出电压 U_0 下降,Q 值下降到一定程度时振荡器停振。

当含水的被测物(例如饲料、人体等)接近检测极板时,由于检测极板上施加有高频电压,在它附近产生交变电场,被检测物体就会受到静电感应,而使内部分子产生极化现象,正负电荷分离,使检测上、下极板之间的等效电容量增大,从而也使 LC 回路的 Q 值降低。对介质损耗较大的介质(例如各种含水有机物)而言,它在高频交变极化过程中需要消耗一定能量,该能量由 LC 振荡电路提供,必然使 LC 振荡电路的 Q 值进一步降低,振荡幅度减小。当被测物体靠近到一定距离时,振荡器的 Q 值低到无法维持 LC 振荡电路的振荡而停振。根据输出电压 U_0 的大小,可判定是否有上述被测体接近。当被测物为玻璃、陶瓷及塑料等介质损耗很小的物体时,它的灵敏度就极低。

2. 电容接近开关特性及使用注意事项

如果在图 7.4b 所示的直流电压放大器之后设置迟滞比较器,该接近开关就具有类似于电涡流接近开关的滞差特性。如果在比较器之后再设置一级 OC 门输出电路,就能提供较大的低电平灌电流能力。电容接近开关的位置固定后,可以根据被测物的材质调节接近开关尾部的灵敏度调节电位器(调节至"工作指示灯"亮为止)来改变确定"动作距离"。例如,当被测物(例如液体)与接近开关之间隔着一层玻璃时,可以适当提高灵敏度,扣除玻璃的影响。

电容接近开关使用时必须远离金属物体。即使是绝缘体,对它仍有一定的影响。它对高频电场也十分敏感,因此两只电容接近开关也不能靠得太近,以免相互影响。对金属物体而言,大可不必使用易受干扰的电容接近开关,而应选择电涡流接近开关。因此只有在测量含水分较多的介质时才应选择电容接近开关。例如,可以将电容接近开关安装在饲料加工料斗上方,当谷物高度达到电容接近开关的底部时,电容接近开关就产生报警信号,即关闭输送管道的阀门。

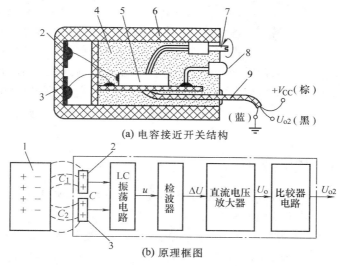

(a) 电容接近开关结构

(b) 原理框图

图 7.4   圆柱形电容接近开关的结构及原理框图

1—被测物;2—检测上极板;3—检测下极板;4—充填树脂;5—测量转换电路板;

6—塑料外壳;7—灵敏度调节电位器;8—工作指示灯;9—三线电缆

7.1.4   磁性干簧管接近开关应用实例

干簧继电器中的干簧管接近开关其实是一种十分简单的传感器,它与一块磁铁就可以组成接近开关。它在水位控制、电梯"平层"控制、防盗报警等方面得到应用,其优点是体积较小、触点可靠性较高,属于"无源"传感器。

干簧继电器如图 7.5 所示,它主要由驱动线圈和干簧管组成,图 7.5a 所示两常开干簧继电

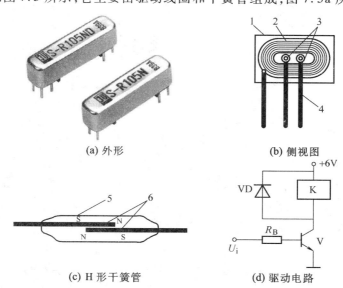

(a) 外形

(b) 侧视图

(c) H 形干簧管

(d) 驱动电路

图 7.5   干簧继电器

1—外壳;2—驱动线圈;3—干簧管;4—引脚;5—玻壳;6—磁性簧片

器的外形。干簧管是干式舌簧开关管的简称,它是一个充有惰性气体(如氮、氦等)的小型玻璃管,在管内封装两支用导磁材料制成的弹簧片,其触点部分镀金,如图7.5c所示。

当驱动线圈中有电流通过时,线圈内的弹簧片被磁化,当所产生的磁性吸引力足以克服弹簧片的弹力时,两弹簧片互相吸引而吸合,使触点接通,当磁场减弱到一定程度时,触点跳开。干簧管具有簧片质量小、动作比普通继电器快、触点不易氧化、接触电阻小、绝缘电阻高、耐压高等特点。驱动线圈绕在干簧管外面,驱动功率约几十毫瓦,干簧继电器的主要缺点是耗电较大、速度较慢(约 10 ms)。

7.1.5　霍尔接近开关应用实例

除以上接近开关外,霍尔接近开关也能实现接近开关的功能,但是它只能用于铁磁材料的检测,并且还需要建立一个较强的闭合磁场。

霍尔接近开关应用示意图如图7.6所示。在图7.6b中,磁极的轴线与霍尔接近开关的轴线在同一直线上。当磁铁随运动部件移动到距霍尔接近开关几毫米时,霍尔接近开关的输出由高电平变为低电平,经驱动电路使继电器吸合或释放,控制运动部件停止移动(否则将撞坏霍尔接近开关)起到限位的作用。

在图7.6c中,磁铁随运动部件运动,当磁铁与霍尔接近开关的距离小于某一数值时,霍尔接近开关的输出由高电平跳变为低电平。

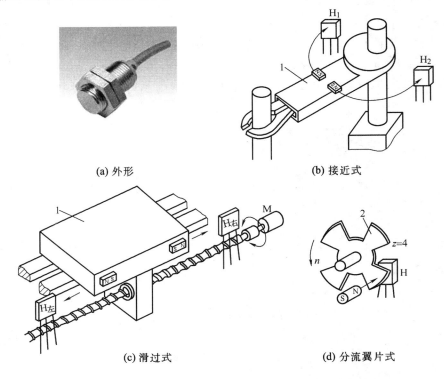

(a) 外形　　　　　　　　　　　　　(b) 接近式

(c) 滑过式　　　　　　　　　　　　(d) 分流翼片式

图 7.6　霍尔接近开关应用示意图

1—运动部件;2—软铁分流翼片

与图7.6b不同的是,当磁铁继续运动时,与霍尔接近开关的距离又重新拉大,霍尔接近开关输出重新跳变为高电平,且不存在损坏霍尔接近开关的可能。

在图7.6d中,磁铁和霍尔接近开关保持一定的间隙,均固定不动。软铁制作的分流翼片与运动部件联动。当它移动到磁铁与霍尔接近开关之间时,磁力线被屏蔽(分流),无法到达霍尔接近开关,所以此时霍尔接近开关输出跳变为高电平。改变分流翼片的宽度可以改变霍尔接近开关的高电平与低电平的占空比。

7.1.6 光电开关及光电断续器

光电开关与光电断续器都是用来检测物体的靠近、通过等状态的光电传感器。近年来,随着生产自动化、机电一体化的发展,光电开关及光电断续器已发展成系列产品,其品种及规格日增,用户可根据生产需要,选用适当规格的产品,而不必自行设计光路和电路。

从原理上讲,光电开关及光电断续器没有太大的差别,都是由红外线发射元件与光敏接收元件组成,只是光电断续器是整体结构,其检测距离只有几毫米至几十毫米,而光电开关的检测距离可达几米至几十米。

1. 光电开关的结构和分类

光电开关可分为两类:遮断型和反射型,如图7.7所示。图7.7a遮断型光电开关中,发射器

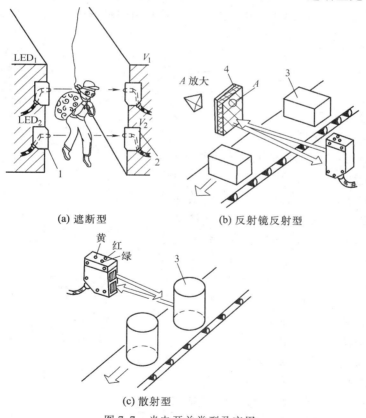

(a) 遮断型   (b) 反射镜反射型

(c) 散射型

图 7.7 光电开关类型及应用

1—发射器;2—接收器;3—被测物;4—反射镜

和接收器相对安放,轴线严格对准。当有物体在两者中间通过时,红外光束被遮断,接收器接收不到红外线而产生一个负脉冲信号。遮断型光电开关的检测距离一般可达十几米。

反射型分为两种情况:反射镜反射型及被测物漫反射型(简称散射型),分别如图7.7b、c所示。反射镜反射型传感器单侧安装,需要调整反射镜的角度以取得最佳的反射效果,它的检测距离不如遮断型。反射镜一般不用平面镜,而使用偏光三角棱镜,它对安装角度的变化不太敏感,能将光源发出的光转变成偏振光(波动方向严格一致的光)反射回去。光敏元件表面覆盖一层偏光透镜,只能接收反射镜反射回来的偏振光,而不响应表面光亮物体反射回来的各种非偏振光。这种设计使它也能用于检测诸如罐头等具有反光面的物体,而不受干扰。反射镜反射型光电开关的检测距离一般可达几米。

散射型安装最为方便,只要不是全黑的物体均能产生漫反射。散射型光电开关的检测距离与被测物的黑度有关,一般较小,只有几百毫米。用户可根据实际需要决定所采用的光电开关的类型。

光电开关中的红外光发射器一般采用功率较大的发光二极管,而接收器可采用光敏二极管、光敏晶体管或光电池。为了防止荧光灯的干扰,可选用红外LED,并在光敏元件表面加红外滤光透镜或表面呈黑色的专用红外接收管;如果要求方便地瞄准(对中),也可采用红色LED。其次,LED最好用高频(40 kHz左右)窄脉冲电流驱动,从而发射40 kHz调制光脉冲。相应的,接收光电元件的输出信号经40 kHz选频交流放大器及专用的解调芯片处理,可以有效地防止太阳光的干扰,又可减小发射LED的功耗。

光电开关可用于生产流水线上统计产量,检测装配件到位与否及装配质量,并且可以根据被测物的特定标记给出自动控制信号,它已广泛地应用于自动包装机、自动灌装机、装配流水线等自动化机械装置中。

2. 光电断续器

光电断续器的工作原理与光电开关相同,但其光电发射、接收器做在体积很小的同一塑料壳体中,所以两者能可靠地对准,为安装和使用提供了方便,它也可以分为遮断型和反射型两种,光电断续器如图7.8所示。遮断型(也称槽式)的槽宽、深度及光敏元件可以有各种不同的形式,并已形成系列化产品,可供用户选择。反射型的检测距离较小,多用于安装空间较小的场合。由于检测范围小,光电断续器的发光二极管可以直接用直流电驱动,也可用40 kHz尖脉冲电流驱动。红外LED的正向压降为1.1~1.3 V,驱动电流控制在30 mA以内。

光电断续器是较便宜、简单、可靠的光电器件,它广泛应用于自动控制系统、生产流水线、机电一体化设备、办公设备和家用电器中。例如,在复印机和打印机中,它被用来检测复印纸的有无;在流水线上检测细小物体的通过及物体上的标记,检测印制电

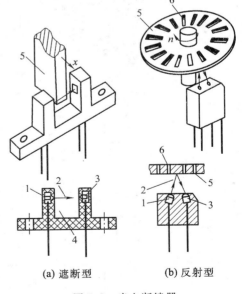

(a) 遮断型　　(b) 反射型

图 7.8　光电断续器

1—发光二极管;2—红外光;3—光敏元件;
4—槽;5—被测物;6—透光孔

路板元件是否漏装以及检测物体是否靠近等。图 7.9 示出了光电断续器的部分应用。例如在图 7.9e 中,用两只反射型光电断续器检测肖特基二极管的两个引脚的长短是否有误,以便于包装和焊接。

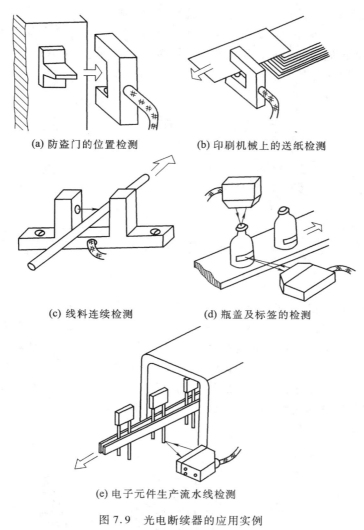

(a) 防盗门的位置检测　　　　　(b) 印刷机械上的送纸检测

(c) 线料连续检测　　　　　(d) 瓶盖及标签的检测

(e) 电子元件生产流水线检测

图 7.9　光电断续器的应用实例

7.2　数字量的测量

数字式传感器与其他传感器(如电感、电涡流、电容等传感器)不同,它可以直接给出抗干扰能力较强的数字脉冲或编码信号,既有很高的精度,又可测量很大的位移量,测量准确度与量程基本无关。

数字量的测量以数字式位置传感器为主,除了广泛应用于数控机床中进行位置伺服控制之外,还可用于测量工具,使传统的游标卡尺、千分尺、高度尺等实现了数显化,读数过程变得既方便、又准确。本节主要介绍常见的数字式位置传感器旋转编码器和光栅两种。

7.2.1 旋转编码器

旋转编码器又称码盘或角编码器,是一种旋转式角度测量传感器,它与被测旋转轴连接,随之转动,如图 7.10 所示,将被测轴旋转的角位移转换为二进制编码或一串脉冲。角编码器有两种基本类型:绝对式编码器和增量式编码器。根据内部结构和检测方式的不同,旋转编码器有接触式、光电式、磁阻式等形式。

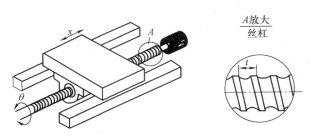

图 7.10　旋转编码器应用

1. 接触式编码器

接触式编码器属于绝对式角度检测装置,是将被测角度直接进行编码的传感器。如图 7.11 所示是一个四位二进制接触式码盘。它在一个不导电基体上做成许多有规律的导电金属区,其中涂黑部分为导电区,用"1"表示,其他部分为绝缘区,用"0"表示。码盘分成 4 个码道,在每个码道上都有一个电刷,电刷经取样电阻接地,信号从电阻的"热端"取出。这样,无论码盘处在哪个角度,该角度均有 4 个码道上的"1"和"0"组成的四位二进制编码与之对应。码盘最里面一圈轨道是公用的,它和各码道所有导电部分连在一起,接激励电源的正极。

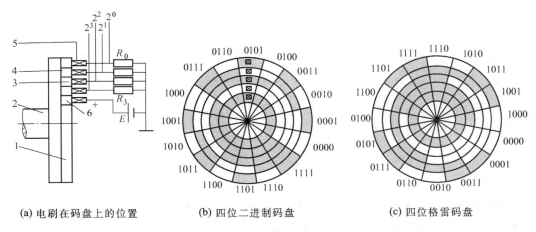

(a) 电刷在码盘上的位置　　(b) 四位二进制码盘　　(c) 四位格雷码盘

图 7.11　接触式编码器

1—码盘;2—转轴;3—导电体;4—绝缘体;5—电刷;6—公用轨道(电源正极)

由于码盘是与被测转轴连在一起的,而电刷位置是固定的,当码盘随被测轴一起转动时,电刷和码盘的位置就发生相对变化。若电刷接触到导电区域,则该回路中的取样电阻上有电流流过,产生压降,输出为"1";反之,若电刷接触的是绝缘区域,输出为"0",由此可根据电刷的位置得到由"1"、"0"组成的四位二进制码。例如,在图 7.11b 中可以看到,此时的输出为 0101。

从以上分析可知,码道的圈数(不包括最里面的公用轨道)就是二进制的位数,且高位在内、低位在外。由此可以推断,若是 n 位二进制码盘,就有 n 圈码道,且圆周被均分为 2^n 个数据来分别表示其不同位置,所能分辨的角度 α(即分辨力)为 $\alpha = 360°/2^n$,分辨率为 $1/2^n$。

2. 绝对式光电编码器

绝对式光电码盘如图 7.12 所示。图中的黑白区域不表示导电区和绝缘区,而是表示透光或不透光区。其中,黑的区域为不透光区,用"0"表示;白的区域为透光区,用"1"表示。这样,在任意角度都有对应的二进制编码。与接触式编码盘不同的是,不必在最里面一圈设置公用码道,取代电刷的是在每一码道上都有一组光电元件。

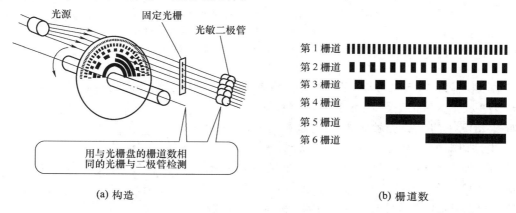

(a) 构造　　　　　　　　　　　　　　　　(b) 栅道数

图 7.12　绝对式光电码盘

光电码盘的特点是没有接触磨损,码盘寿命长,允许转速高,码道也可制得较多。就码盘材料而言,不锈钢薄板所制成的光电码盘要比玻璃码盘抗振性好,但由于槽数受限,所以玻璃码盘分辨力较光电码盘低。

3. 增量式编码器

增量式光电码盘的结构示意图如图 7.13 所示。光电码盘与转轴连在一起。码盘可用玻璃材料制成,表面镀上一层不透光的金属铬,然后在边缘制成向心的透光狭缝。透光狭缝在码盘圆周上等分,数量从几百条到几千条不等。这样,整个码盘圆周上就被等分成 n 个透光的槽。增量式光电码盘也可用不锈钢薄板制成,然后在圆周边缘切割出均匀分布的透光槽。

光电码盘的光源最常用的是自身有聚光效果的发光二极管。当光电码盘随工作轴一起转动时,光线透过光电码盘和光阑板狭缝,形成忽明忽暗的光信号。光敏元件把此光信号转换成电脉冲信号,通过信号处理电路后,向数控系统输出脉冲信号,也可由数码管直接显示位移量。

光电编码器的测量准确度与码盘圆周上的狭缝条纹数 n 有关,能分辨的角度为 $\alpha = 360°/n$,分辨率为 $1/n$。

例如,码盘边缘的透光槽数为 1 024 个,则能分辨的最小角度为 0.352°。

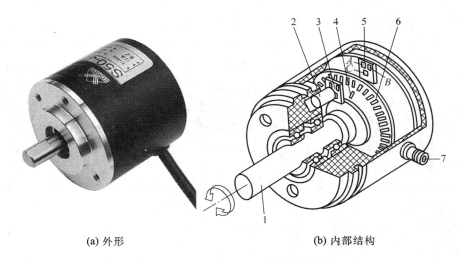

(a) 外形   (b) 内部结构

图 7.13　增量式光电码盘结构示意图

1—转轴;2—发光二极管;3—光阑板;4—零位标志槽;
5—光敏元件;6—码盘;7—电源及信号线连接座

为了判断码盘旋转的方向,必须在光阑板上设置两个狭缝,其距离是码盘上的两个狭缝距离的 $(m+1/4)$ 倍, m 为正整数,并设置了两组对应的光敏元件,如图 7.13 中的 A、B 光敏元件,有时也称为 cos、sin 元件。光电编码器的输出波形如图 7.14 所示。

为了得到码盘转动的绝对位置,还须设置一个基准点,如图 7.13 中的"零位标志槽"。码盘每转一圈,零位标志槽对应的光敏元件产生一个脉冲,称为"一转脉冲",如图 7.14 中的 C_0 脉冲。

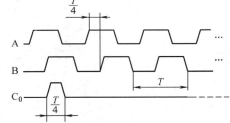

图 7.14　光电编码器的输出波形

在数控技术中,目前还经常使用一种称作"绝对式和增量式混合型光电编码器",它既输出编码信号,也输出脉冲信号,具有断电数据记忆功能。还有一种磁敏编码器,其特点是频响高(可达 700 kHz)、抗振动、易小型化等。

7.2.2　光栅传感器

1. 光栅的类型和结构

光栅种类很多,可分为物理光栅和计量光栅。物理光栅主要是利用光的衍射现象,常用于光谱分析和光波波长测定,而在检测中常用的是计量光栅。计量光栅主要是利用光的透射和反射现象。常用于位移测量,有很高的分辨力,可优于 0.1 μm。另外,计量光栅的脉冲读数速率可达每毫秒几百次之高,非常适于动态测量。

计量光栅可分为透射式光栅和反射式光栅两大类,如图 7.15 所示。它们均由光源、光栅副、光敏元件三大部分组成。光敏元件可以是光敏二极管,也可以是光电池。透射式光栅一般是用光学玻璃做基体,在其上均匀地刻画出间距、宽度相等的条纹,形成连续的透光区和不透光区,如图 7.15a 所示;反射式光栅一般使用不锈钢作基体,在其上用化学方法制出黑白相间的条纹,形

130

成反光区和不反光区,如图 7.15b 所示。

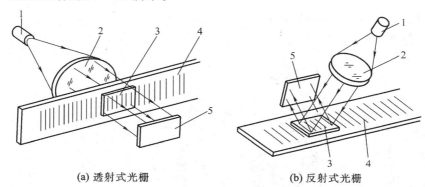

(a) 透射式光栅　　　　　　(b) 反射式光栅

图 7.15　计量光栅的分类示意图

1—光源;2—透镜;3—指示光栅;4—标尺光栅;5—光敏元件

计量光栅按形状可分为长光栅和圆光栅。长光栅用于直线位移测量,故又称直线光栅;圆光栅用于角位移测量,两者工作原理相似。图 7.16 所示为直线光栅外观及内部结构剖面示意图。

计量光栅由标尺光栅(光栅尺)和指示光栅(短光栅)组成,所以计量光栅又称光栅副。标尺光栅和指示光栅的刻线宽度和间距完全一样。将指示光栅与标尺光栅叠合在一起,两者之间保持很小的间隙(0.05 mm 或 0.1 mm)。在长光栅中标尺光栅固定不动,而指示光栅安装在运动部件上,所以两者之间形成相对运动。在圆光栅中,指示光栅通常固定不动,而标尺光栅随轴转动。

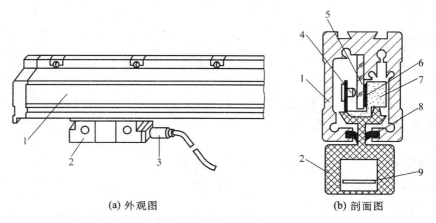

(a) 外观图　　　　　　　　(b) 剖面图

图 7.16　直线光栅外观及内部结构剖面示意图

1—铝合金外壳尺身;2—读数头;3—电缆;4—带聚光镜的 LED;5—标尺光栅;
6—指示光栅;7—装有光敏元件的游标;8—密封唇;9—信号处理电路

2. 光栅的工作原理

在透射式直线光栅中,把主光栅与指示光栅的刻线面相对叠合在一起,中间留有很小的间隙,并使两者的栅线保持很小的夹角。在两光栅的刻线重合处,光从缝隙透过,形成亮带,如图 7.17 中 a—a 线所示;在两光栅刻线的错开处,由于相互挡光作用而形成暗带,如图 7.17 中 b—b

线所示。

这种亮带和暗带形成明暗相间的条纹称为莫尔条纹,条纹方向与刻线方向近似垂直。通常在光栅的适当位置(如图 7.17 中的 sin 或 cos 位置)安装两只光敏元件(有时为 4 只)。

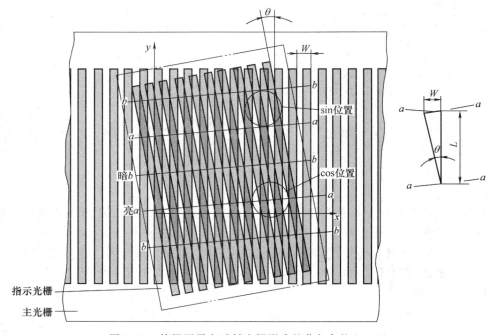

图 7.17　等栅距黑白透射光栅形成的莫尔条纹($\theta \neq 0$)

当指示光栅沿 x 轴自左向右移动时,莫尔条纹的亮带和暗带(图 7.17 中的 a—a 线和 b—b 线)将顺序自下而上(图中的 y 方向)不断地掠过光敏元件。光敏元件"观察"到莫尔条纹的光强变化近似于正弦波变化。光栅移动一个栅距 W,光强变化一个周期,光栅位移与光强及输出电压的关系如图 7.18 所示。

由于光栅的刻线非常细微,很难分辨到底移动了多少个栅距,而利用莫尔条纹的实际价值就在于能让光敏元件"看清"随光栅刻线移动所带来的光强变化。

莫尔条纹有如下特征:

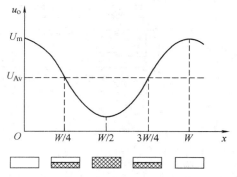

图 7.18　光栅位移与光强及输出电压的关系

1) 莫尔条纹是由光栅的大量刻线共同形成的,对光栅的刻画误差有平均作用,从而能在很大程度上消除光栅刻线不均匀引起的误差。

2) 当指示光栅沿与栅线垂直的方向作相对移动时,莫尔条纹则沿光栅刻线方向移动(两者的运动方向相互垂直);指示光栅反向移动,莫尔条纹反向移动。

3) 莫尔条纹的间距是放大了的光栅栅距,它随着指示光栅与主光栅刻线夹角而改变。由于 θ 很小,所以其关系可用下式表示:

$$L = \frac{W}{\sin \theta} \approx \frac{W}{\theta} \qquad\qquad (7.1)$$

式中:L——莫尔条纹间距;

　　　W——光栅栅距;

　　　θ——两光栅刻线夹角,必须以弧度(rad)为单位,式(7.1)才能成立。

从式(7.1)可知,θ 越小,L 越大,相当于把微小的栅距扩大了 $1/\theta$。由此可见,计量光栅起到光学放大器的作用。例如,对 25 线/mm 的长光栅而言,$W = 0.04$ mm。若 $\theta = 0.016$ rad,则 $L = 2.5$ mm,光敏元件可以分辨 2.5 mm 的间隔,但若不采用光学放大,则无法分辨 0.04 mm 的间隔。

计量光栅的光学放大作用与安装角度有关,理论上与两光栅的安装间隙无关。莫尔条纹的宽度 L_0 必须大于光敏元件的尺寸,否则光敏元件无法分辨光强的变化。

4)莫尔条纹移过的条纹数与光栅移过的刻线数相等。例如,采用 100 线/mm 光栅时,若光栅移动了 x(也就是移过了 $100x$ 条光栅刻线),则从光敏元件面前掠过的莫尔条纹也是 $100x$ 条。由于莫尔条纹比栅距宽得多,所以能够被光敏元件所识别。将此莫尔条纹产生的电脉冲信号计数,就可知道移动的实际距离了。

3. 光栅的辨向及细分

(1)辨向原理

如果传感器只安装一套光敏元件,则在实际应用中,无论光栅作正向移动还是反向移动,光敏元件都产生相同的正弦信号,是无法分辨移动方向的。为此,必须设置辨向电路。可以在沿光栅线的 y 方向上相距 $(m \pm 1/4)L$(相当于电相角 1/4 周期)的距离上设置 sin 和 cos 两套光敏元件。这样就可以得到两个相位相差 $\pi/2$ 的电信号 u_{os} 和 u_{oc},经放大、整形后得到 u'_{os} 和 u'_{oc} 两个方波信号,分别送到计算机的两路接口,由计算机判断两路信号的相位差。当指示光栅向右移动时,u_{os} 滞后于 u_{oc};当指示光栅向左移动时,u_{os} 超前于 u_{oc}。计算机据此判断指示光栅的移动方向。

(2)细分

细分又称倍频细分。由前面的讨论可知,当两光栅相对移过一个栅距 W 时,莫尔条纹也相应移过一个 L,光敏元件的输出就变化一个电周期 2π。如将这个电信号直接计数,则光栅的分辨力只有一个 W 的大小。为了能够分辨比 W 更小的位移量,必须采用细分电路。

细分电路能在不增加光栅刻线数(线数越多成本越高)的情况下提高光栅的分辨力。该电路能在一个 W 的距离内等间隔地给出 n 个计数脉冲。细分后计数脉冲的频率是原来的 n 倍,传感器的分辨力就会有较大的提高。通常采用的细分方法有 4 倍频法、16 倍频法等,可通过专用集成电路来实现。

7.3　工程项目举例

7.3.1　检测行驶中电车位置的实例

本实例是利用多种开关量传感器检测电车行驶中的位置,主要方法有以下几种。

1. 应用光传感器

在轨道线路两边,设置光发射元件与光接收元件,光发射元件一直发光,光接收元件也处于接收到光的状态。当有电车通过时,遮挡了光发射元件所发射过来的光,就能检测到电车到达的信息,如图7.19所示。

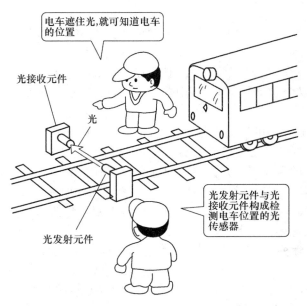

图 7.19   应用光传感器检测电车行驶中的位置

2. 应用磁性传感器

模拟电车的车架底部装有磁铁,在需要检测的位置装有磁传感器,当电车通过时,磁性传感器对电车上的磁铁有反应,就检测出电车所到达的位置。也有采用干簧管来代替磁性传感器检测的。具体如图7.20所示。

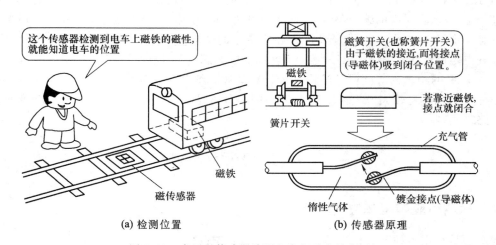

(a) 检测位置   (b) 传感器原理

图 7.20   应用磁传感器检测电车行驶中的位置

3. 应用限位开关

在轨道线路旁安装限位开关,在电车指定位置设置碰块,当电车通过时,电车上的碰块碰到限位开关就能检测出电车到达的位置,如图 7.21 所示。

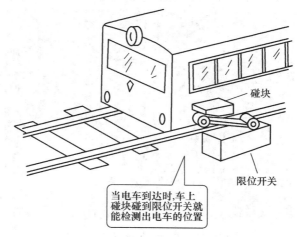

图 7.21 用限位开关检测电车行驶中的位置

7.3.2 自动化生产线物料分类实例

开关量传感器广泛应用在自动化生产线中。如图 7.22 所示,模拟自动化生产线对物料进行分类时,就是利用不同的开关量传感器检测三种气缸零件,零件类型分别为:

1)银色金属气缸;
2)黑色塑料气缸;
3)红色塑料气缸。

图 7.22 模拟自动化生产线检测工件类型

1. 应用光电传感器

利用光电传感器能够检测工件的有无,如图 7.23 所示。同时,通过感受不同颜色工件的反射光强弱来识别工件颜色。如银色工件反射光最强,红色工件次之,而黑色工件反射光最弱。

图 7.23　光电式传感器检测工件

2. 电容式传感器

利用电容式传感器只对非金属工件有反应的特点,来检测工作台上有无塑料工件。

3. 电感式传感器

利用电感式传感器只对金属工件有反应的特点,来检测工作台上有无金属工件。

检测结果通过开关量传感器传送到可编程控制器的一个字节内,通过分析三个传感器的位状态来判断当前工件类型,如传感器有反应为"1",没有反应为"0",如下所示。

0	0	0	0	0	光电	电容	电感

如该字节的检测结果如下:

1) 0000　0101(05H)——银色金属气缸;

2) 0000　0010(02H)——黑色塑料气缸;

3) 0000　0110(06H)——红色塑料气缸。

检测系统通过接收的不同状态字来判断不同的工件类型,从而采取不同处理方法,进行下一步的操作。总之,开关量和数字量在生产和生活的各个领域均有广泛应用,在此不多赘述。

本章小结

随着工厂现代化程度的日益提高,越来越多的开关量和数字量需要检测,它对自动化生产线的控制有着举足轻重的作用。

本章介绍常用的接近开关类传感器,在数字式传感器中以旋转编码器、光栅为例介绍了加工类机床上常用的典型数字式传感器。

7.1 开关量传感器有几大类？各有何特点？

7.2 能够用于零件计数的开关量传感器有哪些？

7.3 数字式传感器有哪些？主要用于何种物理量的测量？

7.4 旋转编码器有几种形式？各有何特点？

7.5 光栅传感器的细分电路的作用是什么？

*第8章 检测软件及其应用

通过本章的学习,你将能够:

- 了解虚拟仪器的基本概念和组成。
- 了解虚拟仪器软件的基本功能。
- 了解虚拟仪器软件的应用。

8.1 虚拟仪器的概念

现代仪器仪表技术是计算机技术和多种基础学科紧密结合的产物。随着微电子技术、计算机技术、软件技术、网络技术的飞速发展,新的测试理论、测试方法、测试领域以及新的仪器结构不断出现,在许多方面已经冲破了传统仪器的概念,电子测量仪器的功能和作用发生了质的变化。在此背景下,1986 年美国国家仪器公司(National Instruments,NI)提出了虚拟仪器(virtual instrument,VI)的概念。尽管迄今为止虚拟仪器还没有一个统一的定义,但是一般认为:虚拟仪器是在 PC 基础上通过增加相关硬件和软件构建而成的、具有可视化界面的可重用测试仪器系统。

与传统仪器相比,虚拟仪器具有巨大的优越性,主要表现在以下几方面。

1)融合计算机强大的硬件资源,突破了传统仪器在数据处理、显示、存储等方面的限制,大大增强了传统仪器的功能。

2)利用计算机丰富的软件资源,实现了部分仪器硬件的软件化,节省了物质资源,增加了系统灵活性;通过软件技术和相应数值算法,实时、直接地对测试数据进行各种分析与处理;通过图形用户界面技术,真正做到了人机交互。

3)虚拟仪器的硬、软件都具有开放性、模块化、可重复使用及互换性等特点。因此,用户可根据自己的需要,选用不同厂家的产品,使仪器系统的开发更为灵活,效率更高,缩短了系统组建时间。

作为现代仪器仪表发展的方向,虚拟仪器已迅速发展成为一种新的产业。美国是虚拟仪器的诞生地,也是全球最大的虚拟仪器制造国。到 1994 年年底,虚拟仪器制造厂已达 95 家,共生产一千多种虚拟仪器产品,销售额达 2.93 亿美元,占整个仪器销售额的 4%。到 1996 年,虚拟仪器已在仪器仪表市场中占有 10%的份额。生产虚拟仪器的主要厂家 NI、HP 等公司,目前生产数百个型号的虚拟仪器产品。这些产品在国际市场上有较强的竞争力,已进入中国市场。

国内虚拟仪器研究的起步较晚,最早的研究也是从引进消化 NI 的产品开始的。但经过多年研究,我国已经在虚拟仪器开发方面形成了自己的特色。我国国民经济的持续快速发展,加快了企业的技术升级步伐,先进仪器设备的需求更加强劲,另外,虚拟仪器赖以生存的个人计算机最近几年以极高的速度在我国发展,这些都为虚拟仪器在我国的普及奠定了良好的基础。因此,我国的虚拟仪器存在巨大的发展潜力。

虚拟仪器是计算机技术与仪器技术深层次结合产生的产物,是对传统仪器概念的重大突破,是仪器领域内的一次革命。虚拟仪器是继第一代仪器——模拟式仪表、第二代仪器——分立元件式仪表、第三代仪器——数字式仪器、第四代仪器——智能化仪器之后的新一代仪器,代表了当前测试仪器发展的方向之一。

虚拟仪器是计算机化的仪器,由计算机、信号测量硬件模块和应用软件三大部分组成。根据信号不同虚拟仪器的测量采用不同的硬件模块,可以分为下面几种:

1)PC-DAQ测试系统:以数据采集卡(DAQ卡)、计算机和虚拟仪器软件构成的测试系统。

2)GPIB系统:以GPIB标准总线仪器、计算机和虚拟仪器软件构成的测试系统。

3)VXI系统:以VXI标准总线仪器、计算机和虚拟仪器软件构成的测试系统。

4)串口系统:以RS232标准串行总线仪器、计算机和虚拟仪器软件构成的测试系统。

5)现场总线系统:以现场总线仪器、计算机和虚拟仪器软件构成的测试系统。

其中,PC-DAQ测试系统是最常用的构成计算机虚拟仪器系统的形式。目前针对不同的应用目的和环境,已设计了多种性能和用途的数据采集卡,如图8.1所示,包括低速采集板卡、高速采集卡、高速同步采集板卡、图像采集卡、运动控制卡等。

图8.1 NI公司DAQ卡

与传统仪器相比,虚拟仪器最大的特点是其功能由软件定义,可以由用户根据应用需要进行调整,用户选择不同的应用软件就可以形成不同的虚拟仪器。而传统仪器的功能是由厂商事先定义好的,其功能用户无法变更。当虚拟仪器用户需要改变仪器功能或需要构造新的仪器时,可以由用户自己改变应用软件来实现,而不必重新购买新的仪器,如图8.2所示。

虚拟仪器实质上是软硬件结合、虚实环境结合的产物,它充分利用最新的计算机技术来实现和扩展传统仪器的功能。在虚拟仪器中,计算机处于核心地位,仪器的结构概念和设计观点等都发生了突破性的变化。它可以将一种或多种功能的通用模块组合起来,构成既有普通仪器的基本功能,又有一般仪器所没有的特殊功能的性能价格比高的新型仪器。利用计算机丰富的软、硬件资源,用户可以根据自己的需要,设计自己所需的仪器系统,突破传统仪器在数据的处理、表达、传递、储存等方面的限制,达到传统仪器无法比拟的效果,满足多种多样的应用要求。虚拟仪器相对传统仪器有显著不同的特点,见表8.1。

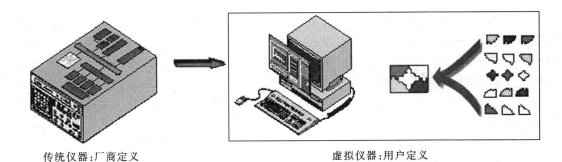

传统仪器:厂商定义　　　　　　　　　　　　　　　虚拟仪器:用户定义

图 8.2　传统仪器与虚拟仪器的比较

表 8.1　传统仪器与虚拟仪器的特点对比

传统仪器	虚拟仪器
硬件是关键	软件为主,硬件为辅
厂商定义仪器功能、规模	用户定义系统功能,并可通过软件修改、增减
价格昂贵	价格低,可复用,可重配置性强
开发与维护费用高	开发与维护费用低
技术更新周期长(5～10 年)	技术更新周期短(1～2 年)
封闭、固定	开放、灵活,可与计算机技术保持同步发展
功能单一,互联有限的独立设备	能与网络及周边设备互联的仪器系统

8.2　虚拟仪器的组成及功能

8.2.1　虚拟仪器的组成

　　虚拟仪器是指在通用计算机上添加一层软件和必要的仪器硬件模块,使用户操作这台通用计算机就像操作一台自己专门设计的传统仪器一样。虚拟仪器技术强调软件的作用,提出了"软件就是仪器"的概念。这个概念克服了传统仪器功能在制造时就被限定而不能变动的缺陷,摆脱了由传统硬件构成单个仪器再连成系统的模式,使用户可以根据自己的需要通过编制不同的测试软件来构成各种虚拟仪器。仪器功能直接由软件来实现,打破了仪器功能只能由厂家定义的模式。

　　虚拟仪器是由计算机硬件资源、模块化仪器硬件和用于数据分析、过程通信及图形用户界面软件组成的测控系统,是一种由计算机操纵的模块化仪器系统。虚拟仪器与传统仪器一样,由三大功能模块构成,即信号的采集与控制、信号的分析与处理、结果的表达与输出,如图 8.3 所示。

　　1)信号的采集与控制。将输入的模拟信号进行调理,经 A/D 转换成数字信号以待处理。

　　2)信号的分析与处理。由微处理器按照功能要求对采集的数据作必要的分析和处理。

　　3)结果的表达与输出。将处理后的数据存储、显示或经 D/A 转换成模拟信号输出。

　　虚拟仪器的硬件系统一般分为计算机硬件平台和测控功能硬件,如图 8.4 所示。计算机硬件平台可以是各种类型的计算机,如普通台式计算机、便携式计算机、工作站、嵌入式计算机等。

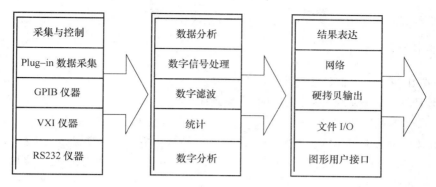

图 8.3　虚拟仪器的功能组成

计算机管理着虚拟仪器的硬软件资源,是虚拟仪器的硬件基础。按照测控功能硬件的不同,有 GPIB、VXI、PXI 和 DAQ 四种标准体系结构。

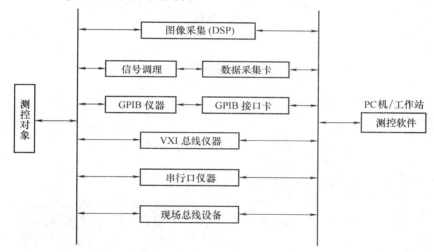

图 8.4　虚拟仪器的硬件构成

　　一般智能仪器是由厂家将前述三种功能的部件根据仪器功能按固定的方式组建,一种仪器只具有一种功能。而虚拟仪器是将上述一种或多种功能的通用模块组合起来,通过编制不同的测试软件来构成任何一种仪器,而不是某几种仪器。例如,激励信号可先由微机产生数字信号,再经 D/A 变换产生所需的各种模拟信号,这相当于一台任意波形发生器。大量的测试功能都可通过对被测信号的采样、A/D 变换成数字信号,再经过处理,即可直接用数字显示而形成数字电压表,或用图形显示而形成示波器,或者再对数据进一步分析即可形成频谱分析仪。其中,数据分析与处理以及显示等功能可以直接由软件完成。这样由计算机、A/D 及 D/A 等带有共性的硬件资源和应用软件就可共同组成虚拟仪器。

　　许多厂家目前已研制出了多种用于构建虚拟仪器的数据采集(DAQ)卡。一块 DAQ 卡可以完成 A/D 转换、D/A 转换、数字输入/输出、计数器/定时器等多种功能,再配以相应的信号调理电路组件,即可构成能生成各种虚拟仪器的硬件平台。目前,由于受器件和工艺水平等方面的限制,这种通用的硬件平台还只能生成一些速度或精度不太高的仪器。

8.2.2　硬件模块的功能

下面介绍几种虚拟仪器的硬件模块功能。

1. 基于 PC-DAQ 数据采集卡的虚拟仪器系统

通过 A/D 转换将模拟信号转化成数字信号,送入计算机进行分析、处理、显示等;再通过
D/A 转换把数字控制量转化成模拟控制量送到执行器,从而实现反馈控制。根据需要还可加入
信号调理和实时数字信号处理技术(digital signal processing,简称 DSP)等硬件模块,典型的虚拟
仪器测量系统如图 8.5 所示。

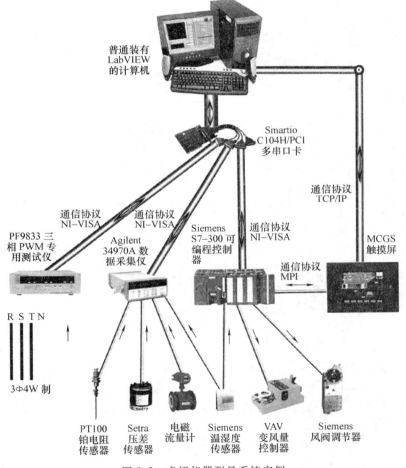

图 8.5　虚拟仪器测量系统实例

通常,人们利用计算机扩展槽和外部接口,将信号测量硬件设计为计算机插卡或外部设备,
直接插接在计算机上,再配上相应的应用软件,组成计算机虚拟仪器测试系统。这是目前应用得
最为广泛的一种计算机虚拟仪器组成形式。按计算机总线的类型和接口形式,这类卡可分为
ISA 卡、EISA 卡、VESA 卡、PCI 卡、PCMCIA 卡、并口卡、串口卡和 USB 口卡等。按板卡的功能则

可以分为 A/D 卡、D/A 卡、数字 I/O 卡、信号调理卡、图像采集卡、运动控制卡等。

2. 基于通用接口总线 GPIB 接口的仪器系统

利用 GPIB 接口卡将若干 GPIB（general purpose interface bus）仪器连接起来，用计算机增强传统仪器的功能。运用 GPIB 扩展技术，可以很方便地将多台仪器组合起来，形成较大的自动测量测试系统；可以用计算机实现对仪器的操作和控制，替代传统的人工操作方式，实现自动测试，排除人为因素造成的测试测量误差；还可以很方便地扩展传统仪器的功能。一个典型的 GPIB 测量系统可由一台 PC 机，一块 GPIB 接口板卡和若干台 GPIB 仪器通过标准 GPIB 电缆连接而成。

GPIB 是测量仪器与计算机通信的一个标准。通过 GPIB 接口总线，可以把具备 GPIB 总线接口的测量仪器与计算机连接起来，组成计算机虚拟仪器测试系统。GPIB 总线接口有 24 线（IEEE 488 标准）和 25 线（IEC 625 标准）两种形式，其中以 IEEE 488 的 24 线 GPIB 总线接口应用最多。在我国的国家标准中确定采用 24 线的电缆及相应的插头插座，其接口的总线定义和外形如图 8.6 所示。

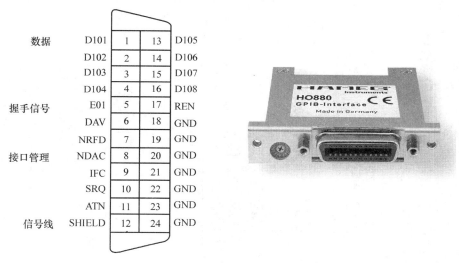

图 8.6　GPIB 接口的总线定义和外形

GPIB 总线测试仪器通过 GPIB 接口和 GPIB 电缆与计算机相连，形成计算机测试仪器，如图 8.7 所示。与 DAQ 卡不同，GPIB 仪器是独立的设备，能单独使用。GPIB 设备可以串接在一起使用，但系统中 GPIB 电缆的总长度不应超过 20 m，过长的传输距离会使信噪比下降，对数据的传输质量有影响。

3. 基于 VXI 总线仪器的虚拟仪器系统

VXI（VME bus extension for instrument）总线是一种高速计算机总线——VME（versa module eurocard）总线在仪器领域的扩展。由于它具有标准开放、结构紧凑、数据吞吐能力强、定时和同步精确、模块可重复利用、对速度和精度要求不高、众多仪器厂商支持等优点，很快得到了广泛的应用。

VXI 总线模块是另一种新型的基于板卡式相对独立的模块化仪器，如图 8.8 所示。从物理结构看，一个 VXI 总线系统由一个能为嵌入模块提供安装环境与背板连接的主机箱和插接的 VXI 板卡组成。与 GPIB 仪器一样，它需要通过 VXI 总线的硬件接口才能与计算机相连。

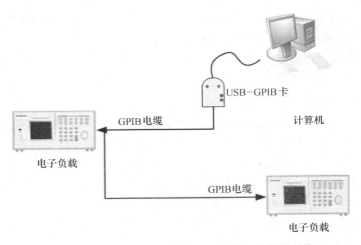

图 8.7　基于通用接口总线(GPIB)接口的仪器系统

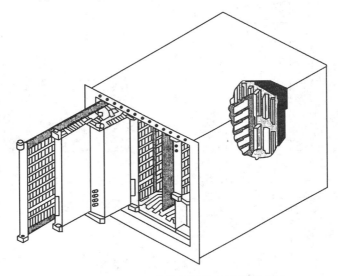

图 8.8　基于 VXI 总线仪器的虚拟仪器系统

4.RS232 串行接口仪器

很多仪器带有 RS232 串行接口,通过连接电缆将仪器与计算机相连就可以构成计算机虚拟仪器测试系统,实现用计算机对仪器进行控制。

5.现场总线模块

现场总线仪器是一种用于恶劣环境条件下的、抗干扰能力很强的总线仪器模块。与上述硬件功能模块相类似,在计算机中安装了现场总线接口卡后,通过现场总线专用连接电缆,就可以构成计算机虚拟仪器测试系统,实现用计算机对现场总线仪器进行控制。

8.2.3　驱动程序

任何一种硬件功能模块都要与计算机进行通信,都需要在计算机中安装该硬件功能模块的驱动程序,就如同在计算机中安装声卡、显示卡和网卡等硬件的驱动程序一样。仪器硬件驱动程序使用户不必了解详细的硬件控制原理以及 GPIB、VXI、DAQ、RS232 等通信协议就可以实现对特定仪器硬件的使用、控制与通信。驱动程序通常由硬件功能模块的生产商随硬件功能模块一起提供。

8.2.4 应用软件

应用软件即虚拟的"仪器",是虚拟仪器测试系统的核心。一般的虚拟仪器硬件功能模块生产商会提供如示波器、数字万用表、逻辑分析仪等常用"仪器"的应用程序,提供相应范例,如图 8.9 所示的基本光谱分析以及 FFT 和频率分析范例。目前,市面上常用的虚拟仪器的应用软件开发平台有很多种,但常用的是 LabVIEW、Labwindows/CVI、Agilent VEE 等,其中应用最多的是美国 NI 公司开发的 LabVIEW 虚拟仪器开发软件。

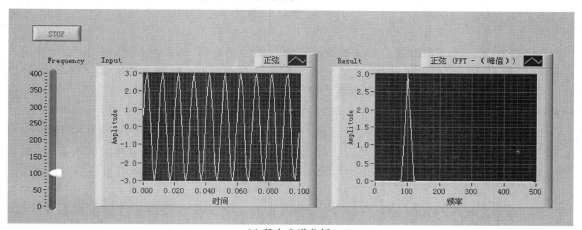

(a) 基本光谱分析

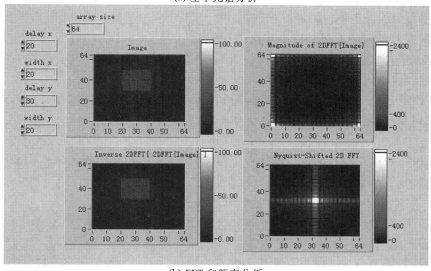

(b) FFT 和频率分析

图 8.9 虚拟仪器软件应用范例

LabVIEW 是为那些对诸如 VC、C++、Visual Basic、Delhi 等编程语言不熟悉的测试领域的工作者开发的,它采用可视化的编程方式,设计者只需将虚拟仪器所需的显示窗口、按钮、数学运算方法等控件从 LabVIEW 工具箱内用鼠标拖到前面板窗口,布置好布局,然后在框图程序窗口将这些控件、工具按设计的虚拟仪器所需要的逻辑关系,用连线工具连接起来即可。下面针对该软件进行介绍。

8.3 虚拟仪器软件

LabVIEW 是实验室虚拟仪器集成环境的简称(laboratory virtual instrument engineering workbench),是由美国国家仪器公司(National Instruments, NI)创立的一个功能强大而又灵活的仪器和分析软件应用开发工具。LabVIEW 在试验测量、工业自动化和数据分析领域起着重要作用。

LabVIEW 是一种图形编程语言——通常称为 G 编程语言,G 语言编程是通过图形符号描述程序的过程。应用 LabVIEW 编制的程序简称 VI,程序由前面板和框图程序两部分组成,前面板模拟真实仪器的面板,它的外观和操作方式都与示波器、万用表等实际仪器类似。每一个前面板都有相应的框图程序,即用图形编程语言编写的程序源代码。

LabVIEW 提供了大量的虚拟仪器和函数库来帮助编程,LabVIEW 也包含了特殊的应用库,用于实现数据采集、文件输入/输出、GPIB 和串行仪器控制及数据分析。同时,LabVIEW 还包含常规的程序调试工具,可以快速设置断点、单步执行程序及动画模拟执行,以便观察数据的流程。

LabVIEW 提供了与其他语言的接口程序,可方便地调用通用编程语言的源代码和模块。CIN 接口就是 LabVIEW 提供的用于直接调用 C 语言代码的接口。在使用 CIN 接口前,C 语言源代码必须用相应的编译器进行编译。

LabVIEW 的功能和特点包括以下几点:

1)LabVIEW 具有强大的数据可视化分析和仪器控制能力。LabVIEW 提供强大、丰富的信号处理库函数和仪器化的面板设计功能。

2)LabVIEW 还包含了具体的应用库函数和驱动,如数据采集、GPIB、串行仪器控制、数据分析、数据显示和数据存储。内容丰富的高级分析库,可进行信号处理、统计、曲线拟合以及复杂的分析工作。

3)LabVIEW 提供了与其他语言的接口程序,可方便地调用通用编程语言的源代码和模块。另外,LabVIEW 还可以直接调用 Windows 的标准动态库函数(. dll)。

4)利用 ActiveX、DDE 以及 TCP/IP 进行网络连接和进程通信。

5)良好的开发环境。LabVIEW 包含了传统程序开发、调试的各种功能,如可设断点、跟踪、单步执行子程序等。

6)新版的 LabVIEW 利用 ActiveX 技术集成了 MathWorks 的 MATLAB,用户现在可以直接调用 MATLAB 的 M-Script 文件,也可以直接调用 NI 的 HiQScript;另外,LabVIEW 还增加了 100 多种新的数学方法,包括常微分方程、根的求解、优化方法和其他 LabVIEW 的数学算法。同时,LabVIEW 引入了一系列增强性能的工具,以帮助用户提高编制专业软件界面的效率。其中,包括 3D 的图形控件、可缩放的前面板、报告的生成,增加了模块化和可视化的灵活性。

LabVIEW 采用模块和层次来组织程序。它的基本程序单位是虚拟仪器 VI(virtual instrument)。通过图形编程的方法,先建立一系列的程序,来完成用户指定的测试任务。对于简单的测试任务,可由一个程序完成。对于一项复杂的测试任务,则可按照模块设计的概念,把测试任务分解为一系列的任务,每一项任务还可以分解成多项小任务,直至把一项复杂的测试任务变成一系列的子任务,最后建成的顶层虚拟仪器就成为一个包括所有功能子虚拟仪器程序的集合。LabVIEW 可以让用户把自己创建的 VI 程序当作一个 VI 子程序节点,以创建更复杂的程序。LabVIEW 中各程序之间的层次调用结构如图 8.10 所示,由图可见,LabVIEW 中的每一个 VI 相当于常规程序中的一个程序模块。

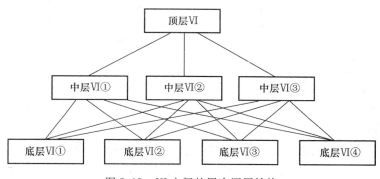

图 8.10　VI 之间的层次调用结构

LabVIEW 中的每一个 VI 均有两个工作界面,一个称为前面板(front panel),另一个称为框图程序(block diagram)。LabVIEW 编程也分为前面板的设计和框图程序两部分。

(1)前面板设计

前面板是用户进行测试工作时的输入输出界面,诸如仪器面板等。LabVIEW 为前面板的设计提供大量通用的仪器控件。利用这些仪器控件很容易做出类似于传统仪器的控制面板。用户通过控件选板(Controls 选板)选项(图 8.11)选择多种输入控制部件和指示器部件来构成前面板。其中,控制部件是用来接收用户的输入数据到程序,指示器部件是用于显示程序产生的各种类型的输出。当把一个控制器或指示器放置在前面板上时,LabVIEW 也在虚拟仪器的框图程序中放置了一个相对应的端子。面板中的控制器模拟了仪器的输入装置,并把数据提供给虚拟仪器后面板的框图程序;而指示器则模拟仪器的输出装置,并显示由框图程序获得和产生的数据。

(2)程序框图设计

程序框图是用户用图形编程语言编写程序的界面,用来说明仪器的具体数据处理流程,所有的数据处理都是在这里设计完成的。后面板上的程序框图则是利用图形语言对前面板上的控件对象(分为控制部件和指示部件两种)进行控制。用户可以根据制定的测试方案通过函数选板(Functions 选板)的选项(图 8.12)选择不同的图形化节点,然后用连线的方法把这些节点连接起来,即可以构成所需的框图程序。

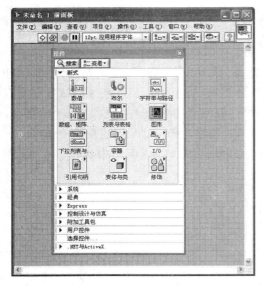

图 8.11　前面板和控件选板

图 8.12　程序框图和函数选板

（3）工具选板

工具选板是一个图形面板,包含用于创建和操作 VI 的各种工具和对象。可根据需要将其移动到桌面的任何地方。工具选板中的工具用于特殊的编辑功能,这些工具的使用类似于标准的画图程序工具。工具选板的打开及外观如图 8.13 所示。

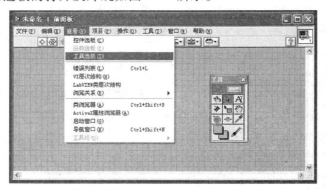

图 8.13　工具选板的打开及界面

工具选板图标功能如表 8.2 所示。

表 8.2　传统仪器与虚拟仪器的特点对比

序号	图标	名称	功能
1		Operate Value （操作值）	用于操作前面板的控制和显示。使用它向数字或字符串控制中键入值时,工具会变成标签工具

序号	图标	名称	功能
2		Position/Size/Select（选择）	用于选择、移动或改变对象的大小。当它用于改变对象的连框大小时,会变成相应形状
3		Edit Text（编辑文本）	用于输入标签文本或者创建自由标签。当创建自由标签时它会变成相应形状
4		Connect Wire（连线）	用于在流程图程序上连接对象。联机帮助的窗口被打开时,把该工具放在任一条连线上,就会显示相应的数据类型
5		Object Shortcut Menu（对象菜单）	用鼠标左键可以弹出对象的弹出式菜单
6		Scroll Windows（窗口漫游）	使用该工具就可以不需要使用滚动条而在窗口中漫游
7		Set/Clear Breakpoint（断点设置/清除）	使用该工具在VI的流程图对象上设置断点
8		Probe Data（数据探针）	可在框图程序内的数据流线上设置探针。通过控针窗口来观察该数据流线上的数据变化状况
9		Get Color（颜色提取）	使用该工具来提取颜色用于编辑其他的对象
10		Set Color（颜色设置）	用来给对象定义颜色。它也显示出对象的前景色和背景色

（4）模块化编程

利用图标/接线端口可以把 LabVIEW 程序定义成一个子程序或子VI。节点类似于文本语言程序的语句、函数或者子程序。LabVIEW 共有四种节点类型:功能函数、子程序、结构和代码接口节点(CINS)。功能函数节点用于进行一些基本操作,如数值相加、字符串格式代码运算等;子程序节点是以前创建的程序,在其他程序中可以子程序的方式被调用;结构节点用于控制程序的执行方式,如 For 循环控制、While 循环控制等;代码接口节点是为框图程序提供的 C 语言文本程序的接口。

此外,为了便于开发,LabVIEW 还提供了多种基本的 VI 库。VI 库中包含了 450 种以上的仪器驱动程序。这些仪器包括 GPIB 仪器、RS-232 仪器、VXI 仪器和数据采集卡等。用户可随意调用仪器驱动程序的方框图,以选择任何厂家的任一仪器。LabVIEW 还包括了 200 多种数学运算及分析模块库,如信号发生、信号处理、数组和矩阵运算、线性估计、复数算法、数学滤波及曲线拟合等功能模块。这些基本的 VI 库可以满足用户从统计过程控制到数据信号处理等各项工作,从而最大限度地减少软件开发的工作量。

8.4 虚拟仪器典型单元模块

硬件板卡驱动模块通常由硬件板卡制造商提供,直接在其提供的 DLL 或 ActiveX 基础上开发即可。目前,PC-DAQ 数据采集卡、GPIB 总线仪器卡、RS232 串行接口仪器卡、FieldBus 现场总线模块卡等许多仪器板卡的驱动程序接口都已标准化,为减小因硬件设备驱动程序不兼容而带来的问题,国际上成立了可互换虚拟仪器驱动程序设计协会(Interchangeable Virtual Instrument),并制订了相应软件接口标准。

信号分析模块的功能主要是完成各种数学运算,在工程测试中常用的信号分析模块包括:

1)信号的时域波形分析和参数计算;

2)信号的相关分析;

3)信号的概率密度分析;

4)信号的频谱分析;

5)传递函数分析;

6)信号滤波分析;

7)三维谱阵分析。

目前,LabVIEW、MATLAB 等软件包中都提供了这些信号处理模块,另外在网上也能找到 VB 语言和 VC 语言程序的源代码,编程实现也不困难。

仪器表头显示模块主要包括波形图、选钮、仪表头、推钮、温度计、棒图等仪表显示常用的软件仪表盘显示模块,如图 8.14 所示。

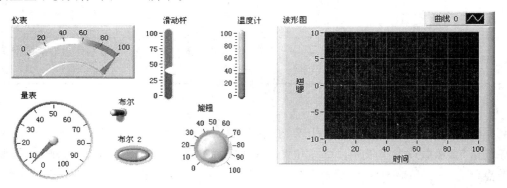

图 8.14　常见虚拟仪器表头模块

LabVIEW、HP VEE 等虚拟仪器开发平台提供了大量的这类软件模块供选择,设计虚拟仪器程序时直接选用即可。但这些开发平台很昂贵,一般只在专业场合使用。

实际上,表头等一些常用的虚拟仪器控件实现并不难,用 Visual Basic、Visual C++语言编程时完全可以在标准 Windows 控件的基础上修改其属性,自己编制虚拟仪器控件,并在程序中使用。

8.5 虚拟仪器应用举例

本节将通过几个例子来说明虚拟仪器的应用和开发。

1. 摄氏温度/华氏温度转换程序

图 8.15 和图 8.16 分别给出了摄氏温度/华氏温度转换的前面板设计和程序框图设计图。该系统输入温度信号可调,具有模拟温度计显示、温度示值显示、摄氏/华氏温度转换拨钮功能。

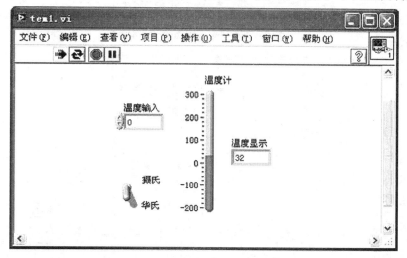

图 8.15　温度转换程序前面板

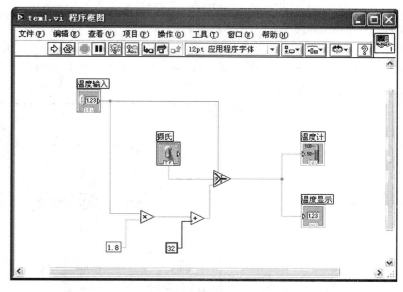

图 8.16　温度转换程序框图

2. While 循环自动匹配程序

图 8.17 和图 8.18 分别给出了应用 While 循环自动匹配程序的前面板设计和程序框图设计图。即在每个循环中生成一个随机数,把随机数同事先设定的一个数比较,当相等数值出现时停止连续运行,即匹配成功时输出循环次数,通过通道把数据从 While 循环结构内传出。

图 8.17　自动匹配 VI 前面板

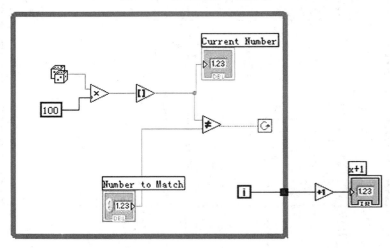

图 8.18　自动匹配 VI 程序框图

3. For 循环定时读温度程序

图 8.19 和图 8.20 分别给出了一个 For 循环定时读温度的前面板设计和程序框图设计图。利用 For 循环结构读取温度,实现一分钟内每一秒读一次温度值。程序中温度信号输入通过产生 0 ~ 100 之间的随机数模拟,调用温度测量子程序。

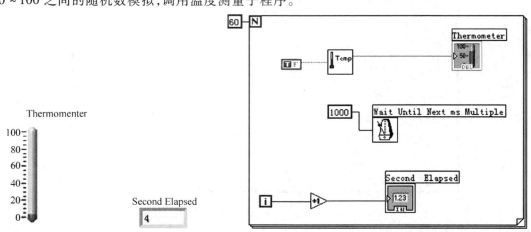

图 8.19　定时读温度前面板　　　　　　图 8.20　定时读温度程序框图

4. 正弦波形输出程序

图 8.21 和图 8.22 分别给出了一个正弦波形输出程序前面板设计和程序框图设计图。使用三种 chart 图表利用一个循环产生连续的 $\sin(i)$ 函数值,并及时在 chart 图表上显示出来。

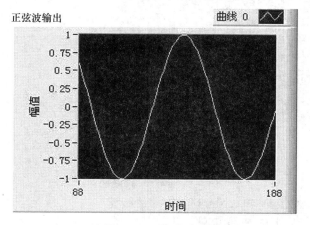

图 8.21　正弦波形输出前面板

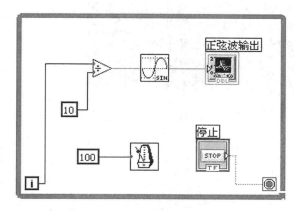

图 8.22　正弦波形输出程序框图

5. 温度分析程序

图 8.23 和图 8.24 分别给出了一个温度分析程序前面板设计和程序框图设计图。使用自动索引功能对采集的 40 点温度值求最大值、最小值、平均值,并对温度曲线进行拟合,用 Graph 显示实际温度值曲线和拟合曲线。

6. 公式节点程序

图 8.25 和图 8.26 分别给出了一个公式节点程序前面板设计和程序框图设计图。使用公式节点进行数学运算,建立一个复杂数学计算的 VI 并且画出结果。

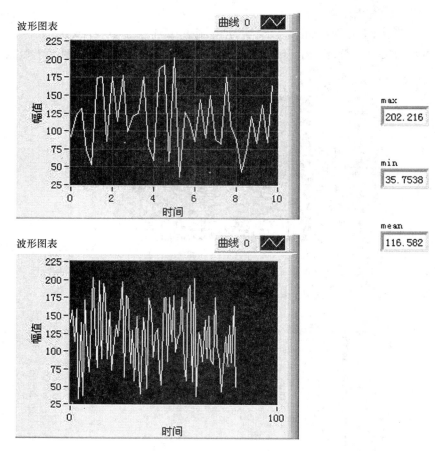

图 8.23 温度分析前面板

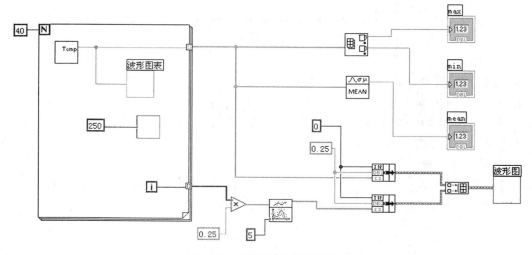

图 8.24 温度分析程序框图

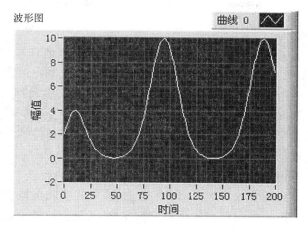

图 8.25　公式节点前面板

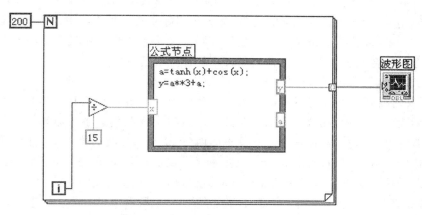

图 8.26　公式节点程序框图

8.6　虚拟仪器的前景

目前,虚拟仪器在实验教学、科学研究、远程教育中发挥着巨大的作用。利用虚拟仪器构建虚拟实验室被认为是有广阔前景的事业。

1) 将虚拟仪器技术和计算机模拟仿真技术通过数据交换共享结合起来,建成虚拟仿真实验室,对一些科学现象和规律进行仿真实验,能够代替部分实际实验项目。

2) 将 Internet 与虚拟仿真实验室组成一个基于 Web 的虚拟实验室,远端的学员可以不受地域、时间的限制,通过 Internet 利用浏览器在自己的计算机上进行各种虚拟实验学习,掌握各种虚拟仪器的工作原理及操作使用方法。

3) 将虚拟仪器与 Internet 结合,组成远程虚拟仪器系统,将中心实验室的虚拟仪器和远端学员计算机上的虚拟仪器通过 Internet 联系起来,建成网络实验系统。这种方式由于只需传送少量的数据与文本,完全能在现有的网络条件下进行,从而为远程教育实验教学难的问题提供了一种全新的解决方案。

但也存在如下问题：

1）虚拟仪器用于实验室，使用者接触到的仅仅是大小有限的计算机屏幕，对于实验设备的操作也是通过鼠标和键盘来完成的，真实感不强，不能完全取代真正的测试仪器和动手实践。

2）虚拟仪器的实验过程多数来自于真实实验，具有一定的实践性，但虚拟仪器本身并非是实践，它不能完全取代真实实践教学，也不能作为实际工程测量手段。

3）仅使用虚拟仪器，使用者对实际测量操作中出现的各种各样的误差缺乏感性认识。

4）实际工程中出现的各种故障难以反映出来。

可以采取以下相应的解决措施：

1）可采用虚拟仪器和真实仪器虚实结合的方法，真实实验和虚拟实验相互补充。对简单常用的仪器仪表可具体操作，虚拟仪器可作为补充和完善；对精密仪器仪表，先使用虚拟仪器，然后真实操作；对先进的仪器和手头没有的仪器，可用虚拟仪器代替。采用真实仪器实验与虚拟仪器实验要有一定的比例，要在保证使用者掌握常用的仪器仪表的同时，接触到先进的仪器和技术。

2）可走引进与自行开发相结合的道路，缩短与国际先进水平之间的差距。引进国外虚拟仪器方面的生产技术、部分产品及最新技术成果；同时，发展基于计算机插卡式硬件模块为主的测控技术和图形化平台的软件产品，充分利用现有的计算机及测试技术软硬件。

总体上讲，虚拟仪器技术有广阔的应用开发前景，表现在以下几方面。

1）虚拟仪器在高等学校应用前景广阔。一些国家的高等学校已将虚拟仪器作为常规的实验仪器在教学实验中应用，虚拟仪器系统及其图形编程语言已作为各大学理工科学生的一门必修课程。随着计算机的发展，各种有关软件不断诞生，虚拟仪器将会逐步取代传统的测试仪器而成为测试仪器的主流。目前，我国高等学校普遍存在仪器设备不足、设备更新速度慢、设备技术滞后的问题。采用虚拟仪器和真实仪器结合的方法进行实验教学，能激发学生的学习兴趣和主动性，培养和锻炼学生的创新思维，丰富实验教学内容、手段和方法，节约大量仪器设备经费，缓解设备投资少的矛盾，从而为教学改革奠定基础，为解决扩大招生数量与教育投资紧缺的矛盾提供了一条可行的道路。我国还基本处于传统仪器与计算机仪器互相分离的状态，目前仅有少数高等学校的实验室引入了虚拟仪器系统，其发展空间十分广阔。

2）虚拟仪器产业将迅速发展。目前，在我国仅出现了几家研制 PC 虚拟仪器的企业，国内专家预测，未来的几年内，我国将有 50% 的仪器为虚拟仪器。

3）虚拟仪器代表了当今测试仪器领域重要的发展方向之一。它在许多方面已经冲破了传统仪器的概念，它的出现是仪器发展史上的一场革命，它不是计算机功能简单的扩展，也不单纯是传统智能仪器的替代器，因此有着广阔的前景。

4）虚拟仪器实时性会越来越好。虚拟仪器正紧跟计算机技术和仪器仪表技术的进步而发展。伴随着计算机智能的进一步提高，虚拟仪器的功能也会越来越强，用户自己设计、定义的范围会进一步扩大，实时性也会越来越好。

5）虚拟仪器标准化程度将进一步提高。虚拟仪器技术经过十几年的发展，而今正沿着总线与驱动程序标准化、硬/软件模块化、编程平台的图形化和硬件模块的可擦写方向发展。

以开发模块化仪器标准为基础的虚拟仪器标准正日趋完善，建立在 VXI 技术上的各种先进仪器将会层出不穷。

6）虚拟仪器在测试测量技术和自动化领域将发挥越来越大的作用。网络化技术将推动虚拟仪器向更大空间拓展，不仅能降低组建系统的费用，实现多资源共享、高度自动化、智能化，还酝酿着创新的可能性。

本 章 小 结

　　虚拟仪器技术是利用高性能的模块化硬件，结合高效灵活的 LabVIEW 软件来完成各种测试、测量和自动化的应用。虚拟仪器软件能帮助创建完全自定义的用户界面，而模块化的硬件能方便地提供全方位的系统集成，标准的软硬件平台能满足对同步和定时应用的需求。

　　本章就 LabVIEW 软件的基本功能做了简要的介绍，并通过检测的实例加以说明。

思考题与习题

8.1　虚拟仪器的含义是什么？

8.2　虚拟仪器的测量采用哪些硬件模块？有何功能？

8.3　虚拟仪器的测量系统由哪些部分组成？

8.4　常用的虚拟仪器应用软件有哪些？

8.5　虚拟仪器应用软件中常用的信号分析模块有哪些？

8.6　LabVIEW 软件设计包括哪些？

8.7　LabVIEW 提供的常见虚拟仪器表头模块有哪些？

8.8　虚拟仪器的发展前景如何？

第9章 几何量误差检测

通过本章的学习,你将能够:
- 了解长度测量基准及尺寸传递系统。
- 了解常用检测量仪的结构及功能。
- 掌握尺寸误差检测方法。
- 理解几何量误差与公差项目。
- 掌握常用的几何量误差检测方法。
- 了解三坐标测量机的工作原理及应用。

9.1 长度测量基础知识

9.1.1 尺寸传递

1. 长度量值传递系统

本章研究的被测对象是几何量,包括长度、角度、形状和位置误差、螺纹的几何参数以及表面粗糙度等。

为了进行长度测量,必须确定一个标准的长度单位。我国法定的长度单位是米(m)。在1983年第十七届国际计量大会上通过"米"的定义是:"1米(m)是光在真空中于1/299 792 458 s的时间间隔内所经过的距离。"

米的定义主要采用稳频激光的波长来复现,这种方法虽然能够达到足够的精度,但在实际生产中不能直接用于尺寸的测量,因此需要将基准的量值传递到实体计量器具上。为了保证量值的统一,必须建立从国家长度计量基准到生产中使用的工作计量器具的量值传递系统,如图9.1所示。长度量值从国家基准波长开始,分两个平行的系统向下传递,一个是端面量具(量块)系统,另一个是线纹量具(线纹尺)系统。

2. 量块

量块是长度量值传递系统中的实物标准,是实现从光波波长(自然长度基准)到测量实践之间长度度量值传递的媒介,是机械制造中实际使用的长度基准。

(1)量块的特点和用途

量块用特殊的合金钢制成,具有线性膨胀系数小、不易变形、耐磨性好等特点。量块除了作为长度量值传递的基准之外,还用于检定和调整计量器具,调整机床、工具和其它设备,也可直接用于测量零件。

(2)量块的外形和尺寸

量块通常制成长方六面体,六个平面中有两个相互平行的测量面,测量面极为光滑平整,两测量面之间具有精确的尺寸。量块的工作尺寸规定按中心长度来定义。所谓量块中心长度,是

158

指量块的一个测量面的中心点到与此量块另一个测量面相研合的面的垂直距离。

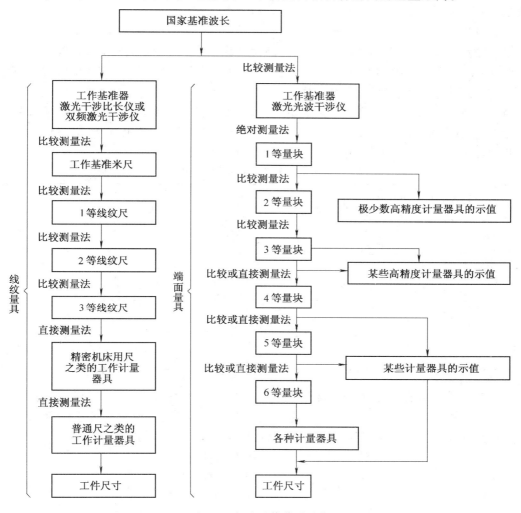

图 9.1　长度量值传递系统

（3）量块的精度等级

为了满足不同应用场合的需要，我国国家标准对量块规定了若干精度等级。

1）量块的分级。按 GB/T 6093—2001　几何量技术规范（GPS）长度标准量块的规定，将量块的制造精度分为六级：00、0、K、1、2、3 级，其中 00 级的精度最高，精度依次降低，3 级的精度最低。量块分"级"的主要依据是量块长度极限偏差和量块长度变动量的允许值。

2）量块的分等。按 GB/T 6093—2001　几何量技术规范（GPS）长度标准量块的规定，量块的检定精度分为六等：1、2、3、4、5、6 等，其中 1 等的精度最高，精度依次降低，6 等的精度最低。量块分"等"的主要依据是量块测量的不确定度和量块长度变动量的允许值。

量块按"级"使用时，应以量块长度的标称值作为工作尺寸，该尺寸包含了量块的制造误差。量块按"等"使用时，应以经检定后所给出的量块中心长度的实测值作为工作尺寸，该尺寸排除了量块制造误差的影响,仅包含检定时较小的测量误差。因此,量块按"等"使用的测量精度比量块按"级"使用的要高。

（4）量块的使用

量块除具有稳定、耐磨和准确的特性外,还具有研合性。由于量块的测量面光滑、平整、表面粗糙度 $Ra \leqslant 0.01$ mm,两块量块的测量面在少许压力相互推合下,即可牢固地研合在一起,这就是量块的研合性。因此,量块可以组合使用。

为了组成所需的尺寸,量块是成套制造的,每一套具有一定数量的不同尺寸的量块装在特制的木盒内。按《量块》GB/T 6093—2001 的规定,我国生产的成套量块有 91 块、83 块、46 块、38 块等几种规格。表 9.1 列出了国产 83 块一套量块的尺寸构成系列。

表 9.1　83 块一套的量块组成

尺寸范围/mm	间隔/mm	小计/块
1.01 ~ 1.49	0.01	49
1.5 ~ 1.9	0.1	5
2.0 ~ 9.5	0.5	16
10 ~ 100	10	10
1	—	1
0.5	—	1
1.005	—	1

为了减少量块组的长度(尺寸)累积误差,应力求用最少的块数组成一个所需尺寸,一般不超过 4 块或 5 块。为了迅速选择量块,应从所需组合尺寸的最后一位数开始考虑,每选一块应使尺寸的位数减少一位。例如,要组合 36.375 mm 的尺寸,其选择方法为:

$$
\begin{array}{ll}
36.375 & \text{需要的量块尺寸} \\
-\ 1.005 & \text{第一块量块尺寸} \\
\hline
35.37 & \\
-\ 1.37 & \text{第二块量块尺寸} \\
\hline
34 & \\
-\ 4 & \text{第三块量块尺寸} \\
\hline
30 & \text{第四块量块尺寸}
\end{array}
$$

研合量块组时,首先用优质汽油将选用的各块量块清洗干净,用洁布擦干,然后以大尺寸量块为基础,顺次将小尺寸量块研合上去。研合方法如下:将量块沿其测量面长边方向,先将两块量块用测量面的端缘部分接触并研合,然后稍加压力,将一块量块沿着另一块量块推进,使两块量块的测量面全部接触,并研合在一起,如图 9.2 所示。

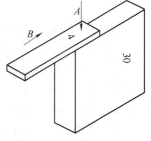

图 9.2　量块的研合

A—加力方向；B—推进方向

9.1.2　计量器具

1. 计量器具的分类

计量器具是指能直接或间接测出被测对象量值的测量装置。计量器具是量具、量规、计量仪器和计量装置的统称。

（1）量具

量具是指以固定形式复现量值的计量器具。它分为单值量具和多值量具。单值量具是指复现几何量的单个量值的量具，如量块、直角尺等。多值量具是指复现一定范围内的一系列不同量值的量具，如线纹尺等。

（2）量规

量规是指没有刻度的专用计量器具，用以检验零件要素实际尺寸和形位误差的综合结果。使用量规检验不能得到被检验工件的具体实际尺寸和形位误差值，而只能确定被检测工件是否合格，如使用光滑极限量规、螺纹量规、位置量规等检验。

（3）计量仪器

计量仪器（简称量仪）是指能将被测量的量值转换成可以直接观测的指示值或等效信息的计量器具，如百分表、万能工具显微镜、电动轮廓仪等。

（4）计量装置

计量装置是指为确定被测量量值所必需的计量器具和辅助设备的总体。它能够测量同一工件上较多的几何量和形状比较复杂的工件，有助于实现检测自动化和半自动化。如连杆、滚动轴承等零件可用计量装置来测量。

2. 计量器具的技术指标

计量器具的技术指标是表征计量器具技术特性和功能的指标，也是合理选择和使用计量器具的重要依据。其中的主要指标如下：

（1）刻线间距

刻线间距是指计量器具标尺上两相邻刻线中心线间的距离。为了适于人眼观察和读数，刻线间距一般为 1～2.5 mm。

（2）分度值

分度值是指计量器具标尺上每一刻线间距所代表的量值。一般长度计量器具的分度值有0.1、0.05、0.02、0.01、0.005、0.002、0.001 mm 等几种。一般来说，分度值越小，计量器具的精度就越高。

（3）分辨力

分辨力是指计量器具所能显示的最末一位数所代表的量值。由于在一些量仪（如数字式量仪）中，其读数采用非标尺或非分度盘显示。因此，就不能使用分度值这一概念，而将其称为分辨力。

（4）示值范围

示值范围是指计量器具所能显示或指示的被测量起始值到终止值的范围。

（5）测量范围

测量范围是指计量器具所能测量的被测量最小值到最大值的范围。

（6）灵敏度

灵敏度是指计量器具对被测量变化的响应变化能力。一般来说,分度值越小,计量器具的灵敏度就越高。

（7）示值误差

示值误差是指计量器具上的示值与被测量真值的代数差。一般来说,示值误差越小,计量器具精度越高。

（8）修正值

修正值是指为了消除或减少系统误差,用代数法加到未修正测量结果上的数值。其大小与示值误差的绝对值相等,符号相反。例如,示值误差为 -0.004 mm,则修正值为 $+0.004$ mm。

（9）不确定度

不确定度是指由于测量误差的存在而对被测量量值不能肯定的程度。

（10）测量重复性

测量重复性是指在相同的测量条件下,对同一被测量进行多次测量时,各测量结果之间的一致性。通常,以测量重复性误差的极限值(正负偏差)来表示。

3. 测量器具的选择原则

测量零件上的某一个尺寸,可选择不同的测量器具。为了保证被测零件的质量,提高测量精度,应综合考虑测量器具的技术指标和经济指标,具体有以下两点:

1）按被测工件的外形、部位、尺寸的大小及被测参数特性来选择测量器具,使选择的测量器具的测量范围满足被测工件的要求。

2）按被测工件的公差来选择测量器具。考虑到测量器具的误差将会带到工件的测量结果中,因此选择测量器具所允许的极限误差占被测工件公差的 $1/10 \sim 1/3$,其中对低精度的工件采用 $1/10$,对高精度的工件采用 $1/3$ 甚至 $1/2$。

9.2 尺寸误差的测量

加工误差的类别包括尺寸误差、形状误差、位置误差和表面粗糙度。

零件的公差由设计人员根据产品使用性能要求而定。决定公差的原则——在保证满足产品使用性能的前提下,允许最大的公差。零件公差体现了制造精度要求、经济性要求,也反映了加工难易程度。

仅有公差标准而无相应的检测手段,仍不能判断零件是否合格。由此可知,只有通过相应的技术测量,才能知道零件的几何参数误差是否在公差要求的范围内,是否满足互换性要求。

9.2.1 普通计量器具的测量原理、基本结构和功能

1. 光滑极限量规

光滑极限量规(简称量规)指一种无刻度的、定值的专用检验工具。用量规检验工件方便简单、迅速高效、准确可靠。但是用量规检验工件,只能确定工件是否在允许的极限尺寸范围内,不能测出工件的实际尺寸及形状和位置误差的具体数值。检验工件时,如果通规能通过工件,而止规不能通过工件,那么这个工件就是合格的,否则工件就不合格。

量规是可用来检测孔和轴是否合格的常用工具。除光滑极限量规之外,还有螺纹量规、圆锥量规、花键量规、位置量规和直线尺寸量规等,量规在机械制造行业的大批量生产中被广泛应用。量规的名称、代号、功能见表9.2。

表9.2 光滑极限量规名称、代号、功能

名称	代号	功 能
通端光滑塞规	T	检验孔尺寸的工作量规。塞规通端应能通过被测孔
止端光滑塞规	Z	检验孔尺寸的工作量规。塞规止端不应通过被测孔
通端光滑环规或卡规	T	检验轴尺寸的工作量规。环规通端应能通过被测轴
止端光滑环规或卡规	Z	检验轴尺寸的工作量规。环规止端不应通过被测轴
校通-通量规	TT	是检验轴用工作量规通端的校对量规。检验时,能通过轴用工作量规的通端则通端合格
校止-通量规	ZT	是检验轴用工作量规止端的校对量规。检验时,能通过轴用工作量规的止端则止端合格。
校通-损量规	TS	检验轴用验收量规的通端是否已达到或超过磨损极限的校对量规。

量规的外形与被检测对象的外形正好相反,检测孔的量规称为塞规,检验轴的量规称为卡规(环规),如图9.3和图9.4所示。

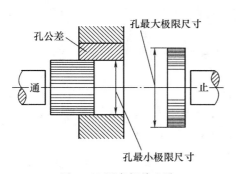

图9.3 用塞规检查孔

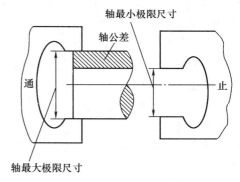

图9.4 用卡规检查轴

通规和止规都是成对使用的,通规用来检验孔或轴的作用尺寸是否超过最大实体尺寸。止规用来检验孔或轴的作用尺寸是否超过最小实体尺寸。由此可知,通规应按工件的最大实体尺寸制造,而止规应按工件的最小实体尺寸制造。一种规格的量规只能检验同种尺寸的工件。

量规分为工作量规、验收量规和校对量规三种。

工作量规是指在生产过程中用来检验工件是否合格的量规。通规以"T"表示,止规以"Z"表示。为了保证工件的精度,应使用新的或磨损量在允许范围内的量规(通常是指通规,因为止规在使用过程中几乎没有磨损)。光滑极限量规(塞规)的结构示意图如图9.5所示。

验收量规是指检验部门或用户代表在验收产品时使用的量规。验收量规一般不另行制造。验收量规通常使用与生产工人相同的量规,或者使用磨损较多但未超过磨损极限的通规(止规

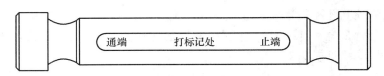

图 9.5 光滑极限量规(塞规)

则与工作量规相同)。这样,工人经自检合格的工件,验收人员验收时也可保证合格。

校对量规是指用来检验工作量规的量规。由于孔用工作量规检验测量方便且较准确,所以不需要生产专门孔用校对量规。因此,通常所称的校对量规仅指轴用校对量规。

检验大尺寸的全形通规太笨重,有时做成卡规。检验小尺寸的非全形止规强度低、耐磨性差、精度难以保证,有时也做成全形止规。

(1)使用光滑极限量规检验工件的验收原则

极限量规在制造中不可能完全达到预定的理想状态,自身也会存在尺寸和形状误差。极限量规在使用中,由于使用状况不同,磨损程度也不一样。

鉴于上述情况,同一个工件使用不同的量规检验,可能得出不同的结果。因此,使用极限量规检验工件时应遵循以下验收原则:

1)用不很大的手力可以使通规顺利通过,而止规却不能通过时表明该件合格。检验工件时,应使用新的或磨损未超限的通规。

2)验收部门使用同型式且已经磨损较多(但在磨损极限内)的通规。

3)用户代表在验收时,通规应接近工件的最大实体尺寸,止规应等于或接近工件的最小实体尺寸。

4)如若验收判断产生争议,其仲裁依据为:通规应等于或接近工件的最大实体尺寸。止规应等于或接近工件的最小实体尺寸。

(2)极限量规使用注意事项

使用极限量规检验工件时,为了避免检验误差,延长量规使用寿命,应注意以下事项:

1)按被测工件的基本尺寸和公差代号,正确选用相应的量规。使用前必须看清量规上的符号标记。

2)使用量规前,必须检查并清除被测表面和量规工作表面上的毛刺、锈斑和切屑等污杂物。否则,不但会引起检验误差,还会损伤量规的工作表面。

3)使用量规前可在量规工作表面上涂一层薄薄的低粘度油液,即可防锈又可以减少磨损。

4)使用量规时,量规位置应摆正,不可歪斜。通规轴线应与零件轴线重合,卡规质心线应与工件轴线垂直相交。否则,不但会引起检验误差,还会损伤量规的工作表面。

5)使用量规时,用力不可过猛、过大,硬塞、硬卡不但影响检验精度,还容易损坏量规或工件。

6)量规使用、保管时,严禁乱放、乱丢,以免损伤、变形。量规使用完毕,必须擦拭干净,并涂上防锈油,妥善保管。

7)量规管理应纳入计量管理范围,有专人负责,登记造册,发放与回收均要有领、还手续。量规必须由计量部门定期检定,以控制磨损量,避免超限使用。未经检定的量规不得使用。报废量规要分开存放、处理。

2. 游标卡尺

游标卡尺是游标类量具的一种,其结构比较简单,使用方便,测量范围大,在生产中应用极为广泛。游标类量具按测量面位置的不同,分为游标卡尺、游标深度尺、游标高度尺等。

(1) 游标卡尺结构

游标卡尺的结构种类较多,最常用的是三用卡尺、双面卡尺和单面卡尺。游标卡尺的主体是一个有刻度的尺身,其上有固定量爪。有刻度的部分称为尺身,沿尺身可移动的部分称为尺框。尺框上有活动量爪,并装有游标和紧固螺钉。有的游标卡尺上为调节方便还装有微动装置,如图9.6所示。游标量具的读数值有 0.1 mm、0.05 mm、0.02 mm 三种。

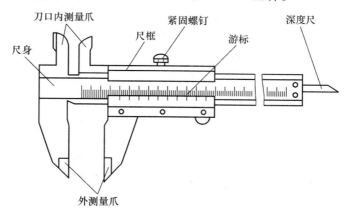

图 9.6　三用游标卡尺

(2) 游标卡尺的测量原理

在尺身上滑动尺框,可改变两个量爪的距离,完成不同尺寸的测量。再利用尺身刻线间距和游标刻线间距之差来进行小数读数。

通常,尺身刻线间距 a 为 1 mm,尺身刻线($n-1$)格的长度等于游标刻线 n 格的长度。常用的有 $n = 10$、$n = 20$ 和 $n = 50$ 三种,相应的游标刻线间距 $b = (n-1)a/n$,分别为 0.90 mm、0.95 mm、0.98 mm 三种。尺身刻线间距与游标刻线间距之差,即 $s = a - b$ 为游标读数值,此时 s 分别为 0.10 mm、0.05 mm、0.02 mm。

根据上述原理,在测量时,尺框沿着尺身移动,根据被测尺寸的大小,尺框停留在某一确定的位置,此时游标上的零线落在尺身的某一刻度间,游标上的某一刻线与尺身上的某一刻线对齐。由以上两点得出被测尺寸的整数部分和小数部分,二者相加,即得测量结果。

图 9.7 所示为读数值为 0.02 mm 游标卡尺的刻线原理与读数示意图。如图9.7a所示,尺身刻线间距 1 mm,游标刻线间距为 0.98 mm,游标刻线格数 50 格,游标刻线总长 49 mm。图9.7b 为某测量结果。游标的零线落在尺身的 20～21 mm 之间,因而整数部分为 20 mm。游标的第 1 格刻线与尺身的 1 条刻线对齐,因而小数部分值为 0.02 mm。所以被测尺寸为 20.02 mm。

常用的游标类量具还有带表卡尺、高度游标卡尺、深度游标卡尺、齿厚游标卡尺、数显卡尺、数显高度卡尺和数显深度卡尺等。

3. 外径千分尺

外径千分尺是指利用螺旋副运动原理进行测量和读数的一种测微量具。外径千分尺使用方

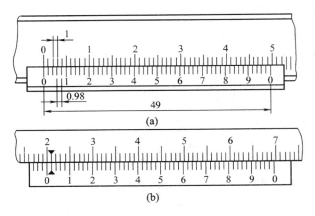

图 9.7　游标卡尺的刻线原理与读数示意图

便,读数准确,其测量精度比游标卡尺高,在生产中广泛使用。外径千分尺的螺纹传动间隙和传动副的磨损会影响测量精度,因此主要用于测量中等精度的零件。

（1）外径千分尺的结构

用于测量轴类零件,由尺架、测微装置、测力装置和锁紧装置等组成,如图 9.8 所示。常用的外径千分尺的测量范围有 0 ~ 25 mm、25 ~ 50 mm、50 ~ 75 mm 等多种。测微螺杆的移动量一般为 25 mm。

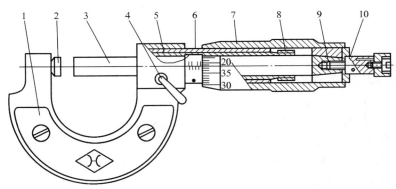

图 9.8　外径千分尺

1—尺架;2—砧座;3—测微螺杆;4—锁紧装置;5—螺纹轴套;
6—固定轴套;7—微分筒;8—螺母;9—接头;10—测力装置

（2）外径千分尺的测量原理

千分尺是应用螺旋副的传动原理,将角位移转变为直线位移。在固定套管上刻有轴向中线,作为微分筒读数的基准线。在中线的两侧刻有两排刻线,每排刻线间距为 1 mm,上、下两排相互错开 0.5 mm。测微螺杆的螺距为 0.5 mm。微分筒的外圆锥周面上刻有 50 等分的刻度。当微分筒转 1 周时,螺杆轴向移动 0.5 mm。如微分筒只转动 1 格,则螺杆的轴向移动为 0.5/50 mm = 0.01 mm,这样,可由微分筒上的刻度精确地读出测微螺杆轴向位移的小数部分。因而 0.01 mm 就是千分尺的分度值,如图 9.9 所示。

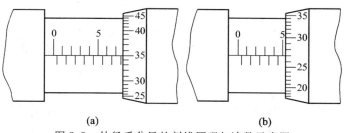

(a)   (b)

图 9.9 外径千分尺的刻线原理与读数示意图

如图 9.9a 所示,距微分筒最近的刻线中线下侧的刻线表示 0.5 mm 的小数,中线上侧距微分筒最近的为 7 mm 的刻线,表示整数,微分筒上的 35 的刻线对准中线,所以被测量尺寸的读数为 $(7+0.5+0.01 \times 35)$ mm $= 7.85$ mm。

如图 9.9b 所示,距微分筒最近的刻线为 5 的刻线,而微分筒上数值为 27 的刻线对准中线,所以被测量尺寸的读数为 $(5+0.01 \times 27)$ mm $= 5.27$ mm。

常见的螺旋类量具还有深度千分尺、杠杆千分尺、公法线千分尺等。深度千分尺主要用于测量孔和沟槽的深度及两平面间的距离。其主要结构与外径千分尺相似,只是多了 1 个基座而没有尺架。测微螺杆下面连接着可换测量杆,测量杆有 4 种尺寸,分别为 $0 \sim 25$ mm、$25 \sim 50$ mm、$50 \sim 75$ mm、$75 \sim 100$ mm。深度千分尺的结构示意如图 9.10 所示。杠杆千分尺用于更为精密尺寸的测量,其结构示意如图 9.11 所示。

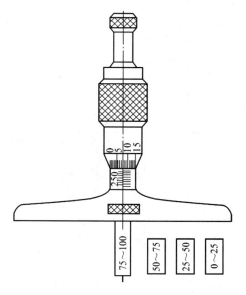

图 9.10 深度千分尺的结构示意图

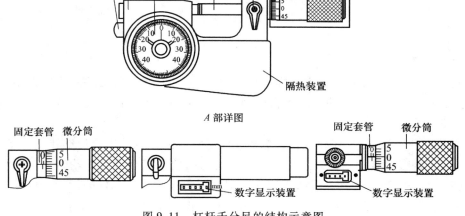

图 9.11 杠杆千分尺的结构示意图

4. 机械式量仪

机械式量仪是利用机械结构将直线位移经传动、放大后，通过读数装置表示出量值的一种测量器具，主要用于长度的相对测量以及形状和相互位置误差的测量等。常见的机械式量仪有百分表/千分表、杠杆百分表、内径百分表等。

（1）百分表

百分表是一种应用最广的机械量仪，使用百分表座及专用夹具，可对长度尺寸进行相对测量，使用百分表及相应附件，还可测量工件的直线度、平面度及平行度等误差，以及在机床上或者其他专用装置上测量工件的跳动误差等。

百分表的分度值为 0.01 mm，即表盘圆周刻有 100 条等分刻线，当指针转过 1 格时，表示所测量的尺寸变化为 1 mm/100＝0.01 mm。因此，百分表的齿轮传动系统使测量杆移动 1 mm，则指针旋转 1 圈。通常示值范围为 0～3 mm、0～5 mm、0～10 mm 三种。百分表的结构如图 9.12 所示。

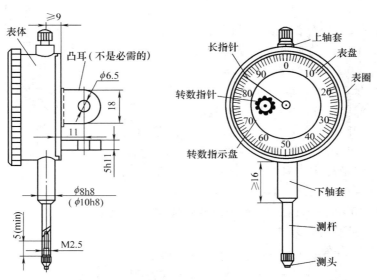

图 9.12　百分表的结构

（2）杠杆百分表

杠杆百分表体积小，测量杆的方向容易改变，在校正工件和测量工件时比较方便，尤其对于那些有空间限制的零件和百分表放不进去或测量杆无法垂直于工件的被测表面，这时使用杠杆百分表就显得轻而易举。

杠杆百分表的测量原理：杠杆百分表是把杠杆测头的位移通过机械传动转变为指针在表盘上的偏转。杠杆测头移动时，带动扇形齿轮绕其轴摆动，使与其啮合的齿轮转动，从而带动与齿轮同轴的指针偏转。当杠杆测头摆动 0.01 mm 时，杠杆、齿轮传动机构的指针正好偏转一小格，这样就得到 0.01 mm 的读数值。杠杆百分表的结构如图 9.13 所示。

（3）内径百分表

内径百分表是生产中常用来测量孔径的机械量仪，它特别适合于测量深孔。它主要由指示

168

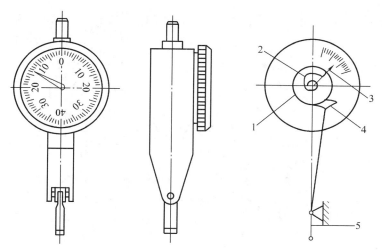

图 9.13 杠杆百分表的结构

1—齿轮;2—游丝;3—指针;4—扇形齿轮;5—杠杆测头

表和装有杠杆系统的测量装置组成,测量杠杆与传动杆始终接触,测力弹簧是控制测量力的,并经过传动杆、杠杆向外顶住活动测头。

内径百分表的结构如图 9.14 所示。可换固定测头 2 根据被测孔选择(仪器配备有一套不同尺寸的可换测头),用螺纹旋入套筒内并借用螺母固定在需要位置。活动测头 1 装在套筒另一端的导孔内。活动测头的移动使杠杆 8 绕其固定轴转动,推动传动杆 5 传至百分表 7 的测杆,使百分表指针偏转显示工件偏差值。

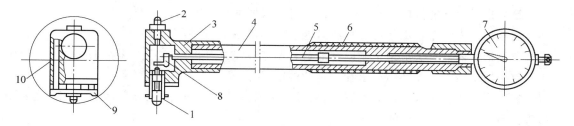

图 9.14 内径百分表结构

1—活动测头;2—可换固定测头;3—量脚;4—手把;5—传动杆;
6—测力弹簧;7—百分表;8—杠杆;9—定位护桥;10—弹簧

5.电子数显量仪

目前,市场上有很多带有采用容栅(光栅、电感等)传感器、大规模集成电路进行信号处理的数字显示的检测量仪。由于这种检测量仪具有结构简单、读数直观、精度高、功能全、使用方便、维护容易的特点,越来越得到使用者的接受。例如,电子数显千分表/百分表除了具有普通机械千分表/百分表的功能外,还具有任意位置置零、公制/英制转换、数字显示、示值保持、最大值跟踪、最小值跟踪、RS232 串行输出以及自动断电功能。此外,还有数据输出接口,可以通过数据转换器与打印机或计算机连接,进行测量数据的打印或数据计算处理。

电子数显指示表结构如图9.15所示。图示不表示唯一的型式和详细结构,仅作图解说明。

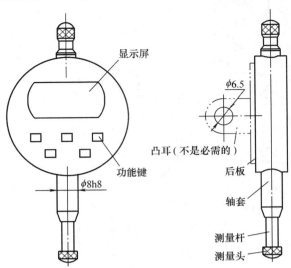

图 9.15　电子数显指示表的结构

电子数显指示表的通常技术要求如下:

1) 数显指示表在正常使用状态下,测量杆的移动应平稳、灵活、无卡滞和松动现象。

2) 数显指示表的数字高度应不小于4.5 mm,数字显示应清晰,不应有掉字、缺笔画等影响读数的现象。

3) 数显指示表功能键应灵活、可靠、标注符号或图文应清晰且含义准确。

4) 数显指示表测量杆应带有球形或其他形状的测量头,且易于拆卸。

5) 数显指示表测量头应由坚硬耐磨的材料制造,其表面应具有适当的粗糙度。

6) 数显指示表的工作环境要求在一定的温度、湿度条件下工作。

7) 数显指示表测量杆在任意位置时,其数值漂移应不大于其分辨力值(推进测量杆至任意位置,观察显示数值在1 h内的变化)。

8) 数显指示表的工作电源一般由纽扣型电池供给。

9) 数显指示表的示值误差应不超过表9.3和表9.4的规定。

表 9.3　分辨力为 0.01 mm 的数显指示表的示值误差　　　　　　　　　　mm

量程	允许误差				
	任意0.1	任意0.2	任意0.5	任意1.0	全量程
$S \leqslant 10$	±0.01	—	—	—	±0.02
$10 < S \leqslant 30$	—	±0.01	±0.02	—	±0.03
$30 < S \leqslant 50$	—	±0.01	±0.02	±0.03	±0.04
$50 < S \leqslant 100$	—	±0.01	±0.03	±0.04	±0.05

注:示值误差的绝对值应不大于允许误差"±"符号后面所对应的数值。

表 9.4　分辨力为 0.001 mm 的数显指示表的示值误差　　　　　　　　　mm

量程	允许误差				
	任意 0.01	任意 0.02	任意 0.05	任意 1.0	全量程
$S \leqslant 1$	±0.001	—	—	—	±0.003
$1 < S \leqslant 3$	—	±0.001	±0.003	—	±0.005
$3 < S \leqslant 10$		±0.001	±0.004	±0.005	±0.007
$10 < S \leqslant 30$	—	±0.001	±0.005	±0.007	±0.009

注:示值误差的绝对值应不大于允许误差"±"符号后面所对应的数值。

9.2.2　尺寸误差检测举例

1. 轴径的尺寸检测举例

轴径的实际尺寸通常用普通计量器具(如卡尺、千分尺)进行测量。高精度的轴径常用机械式测微仪、电动式测微仪或光学仪器进行比较测量。

这里介绍用立式光学计测量轴径尺寸。

立式光学计是一种精度较高而结构简单的常用光学仪器,其外形如附录图 5 所示。它利用量块作为长度基准,按比较测量法来测量各种工件外尺寸(如轴径尺寸)。

立式光学计是利用光的自准直原理和正切杠杆机构组合而成的。如图 9.16 所示,从物镜焦平面的焦点 C 发出的光,经物镜后变成一束平行光到达平面反射镜。若平面反射镜与光轴垂直,则经过平面反射镜的光由原路返回到发光点 C,即发光点 C 与像点 C' 重合。若平面反射镜与光轴不垂直,偏转一个 α 角,则反射光束与入射光束间的夹角为 2α。反射光束会聚于像点 C'',C 与 C'' 之间的距离 x,可按下式计算:

$$x = CC'' = f\tan 2\alpha \qquad (9.1)$$

式中,f 为物镜的焦距;α 为平面反射镜偏转角度。

由于测量杆的一端与平面反射镜接触,当被测零件尺寸变化时,将推动测量杆移动一个距离 s,使反射镜绕支点摆动一个 α 角,其关系为 $s = a\tan \alpha$,a 为测量杆到支点 O 的距离。若将像距 x 和测量杆位移 s 之比定义为光学杠杆放大比 k,则 $k = x/s$。因 α 很小,可看作 $\tan \alpha \approx \alpha$,$\tan 2\alpha \approx 2\alpha$,故

$$k \approx \frac{2f}{a} \qquad (9.2)$$

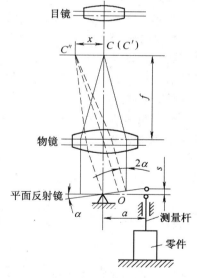

图 9.16　立式光学计的光学原理

上海光学仪器厂生产的光学计的参数为 $f = 203.5$ mm,$a = 5.08$ mm,所以 $k = \dfrac{2f}{a} = \dfrac{2 \times 203.5}{5.08} \approx 80$。标尺的像再通过放大倍数为 12 倍的目镜来观察,这样总放大倍数为 $12 \times 80 = 960$ 倍。也就是说,当测量杆位移 1 μm 时,经过 960 倍的放大,相当于在目镜内看到刻线移动了 0.96 mm,接近 1 mm。将标尺做成分度尺的形式,分度值为 0.001 mm,分

度尺有±100 个刻度,则示值范围为±0.1 mm。

用立式光学计测量轴径尺寸误差是最常用的测量方法。具体操作步骤见附录。

2. 孔径的检测举例

在深孔或精密测量的场合常用内径百分表测量。

内径百分表的使用方法如下:

(1)百分表的安装

在测量前先将百分表安到表架上,使百分表测量杆压下,指针转1～2圈,这时百分表的测量杆与传动杆接触,经杠杆向下顶压活动测量头。

(2)选测头

根据被测孔径基本尺寸的大小,选择合适的可换固定测头安装到表架上。

(3)调零

利用标准量具(标准环、量块等)调整内径百分表的零点。方法是手拿着隔热手柄,将内径百分表的两测头放入等于被测孔径基本尺寸的标准量具中,观察百分表指针的左右摆动情况,可在垂直和水平两个方向上摆动内径百分表找最小值,反复摆动几次,并相应的转动表盘,将百分表刻度盘零点调至此最小值位置。

(4)测量

将调整好的内径百分表测量头倾斜地插入被测孔中,沿被测孔的轴线方向测几个截面,每个截面要在相互垂直的两个部位各测一次。测量时轻轻摆动表架,找百分表示值变化的最小值,此点的示值为被测孔直径的实际偏差(注意正、负值),如图 9.17 所示。根据测量结果和被测孔的公差要求,判断被测孔是否合格。

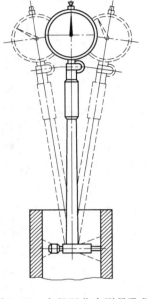

图 9.17　内径百分表测量孔径

(5)复零

测量完毕后应对内径百分表的零点进行复查,如果误差大,要重新调零和测量。

9.3　角度的测量

角度是一个重要的几何参数,就具体零件而言,它包括矩形零件的直角、锥体的锥角、零部件的定位角、转角以及分度角等。

9.3.1　角度测量的基本方法与器具

1. 角度测量的封闭准则

测量角度要遵守封闭准则。一个圆应当是 360°,圆分度首尾相接,其间距误差 f_i 的总和为零。圆分度误差的封闭条件为

$$\sum_{i=1}^{n} f_i = 0 \qquad\qquad (9.3)$$

一个四边形内角之和为 360°，一个三角形三个内角之和为 180°。如果测量结果不符合上述封闭条件，就应当进行必要的数据处理。利用这一特性，在没有更高精度的圆分度基准器件的情况下，采用"自检法"也能达到较高精度的测量目的。

2. 相对测量

相对测量法是用定值角度量具同被测角度相比较，用涂色法或光隙法估计被测角度或锥度的偏差。

（1）角度量块

角度量块是角度测量中的基准量具，它与长度测量中的量块很相似，可以用来检定和调整测角仪器和量具，校正角度样板，也可直接用于检验精度高的工件。

角度量块有三角形的和四边形的两种，三角形的角度量块只有一个工作角，四边形的角度量块有四个工作角。角度量块可以单独使用，也可以利用角度量块附件组合使用。测量范围为 10°～350°。测量时用被测角度与相应的角度量块相比较，利用光隙法估读角度误差。

（2）直角尺

直角尺的公称角度为 90°，用于检验直角和划线。

（3）多面棱体

如图 9.18 所示，多面棱体相当于多值的角度块，常作为角度基准，用来测量分度盘、精密齿轮、蜗轮的分度误差。

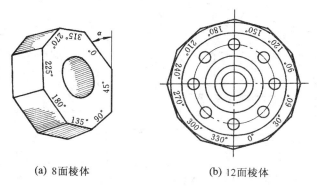

(a) 8面棱体　　　　　　　　(b) 12面棱体

图 9.18　多面棱体

3. 绝对测量

绝对测量是将被测角度同仪器的标准角度直接比较，从仪器上直接读出被测角度的数值。

（1）测角仪

测角仪是角度测量工作中使用较广的一种测量仪器，主要用以测量具有反射面的工件角度，如测量角度量块、多面棱体、棱镜的角度等。它属于光学量仪，其最小分度值与仪器制造精度有关，一般从 1″到 1′不等。

（2）光学分度头

光学分度头是一种精密测角仪器，主要用于测量工件的圆周分度或对精密工件进行划线。测量时，以零件的回转中心作为测量基准，因此是对零件的中心角的测量。精密测量中常用的光学分度头的分度值为 10″。

（3）角度尺

对于精度要求不高的角度零件，常用万能角度尺测量。它的分度值有 2′ 和 5′ 两种，在 0°～320°的测量范围内任意角度的示值误差分别不大于 2′ 和 5′。

4. 间接测量

在生产实践中常遇到一些工件的内角或外角，用直接测量方法难以测量或是测量精度不高的情况，此时可用间接测量法来测量。间接测量法的特点是测量与被测角有关的线值尺寸，通过三角函数计算出被测角度值。这种方法一般在平台上进行，所以方法和器具都较为简单，计算也不复杂，在生产中应用广泛。常用的测量器具有正弦尺、滚柱和钢球。

（1）用正弦尺测量角度

正弦尺分为宽形和窄形，每种形式又按两圆柱中心距 L 分为 100 mm 和 200 mm 两种。

正弦尺主要由安置被测件的工作台、两个等径圆柱和挡板组成。图 9.19 是正弦尺测量外锥角的示意图。正弦尺的一个圆柱与检验平板接触，另一圆柱的下面垫以量块组，其高度 H 应使锥体上的素线与平板平行。

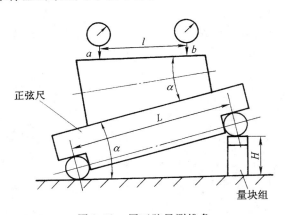

图 9.19　用正弦尺测锥角

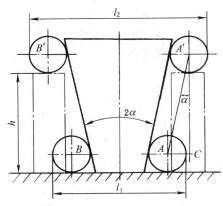

图 9.20　测量外锥角示意

测量前，首先按下式计算量块组的高度：

$$H = L\sin \alpha \tag{9.4}$$

式中，α 为圆锥角；L 为正弦尺两圆柱中心的距离。

然后进行测量，如果被测的圆锥角恰好等于公称值，则指示表在 a、b 两点的指示值相同，即锥面上母线平行于平板工作面；如果被测角度有误差，则 a、b 两点示值必有一差值 Δh，Δh 与测量长度 l 的比值即为锥度误差：

$$\Delta C = \Delta h / l \tag{9.5}$$

如果换算成锥角误差，可按下式进行计算：

$$\Delta \alpha = \Delta C \times 2 \times 10^5 = 2 \times 10^5 \times \frac{\Delta h}{l} \ (″) \tag{9.6}$$

正弦尺两圆柱中心距 L 的偏差及组合量块尺寸 H 的偏差均会引起测角误差，而角度 α 的大小也与测角误差有关系，正弦尺最好用于测量 45°以下的角度，尤以测量小角度为佳。

（2）测量外锥角和两外表面的夹角

测量外锥角的方法亦可用于测量零件上两外表面间的夹角。如图 9.20 所示，将圆锥的小端朝下放置在平台上，然后在平台上锥体两侧放上圆柱 A、B，测量出尺寸 l_1。再将圆柱用两等高量块 h 垫高，并测量出尺寸 l_2。由图中 $\triangle AA'C$ 可知

$$\tan \alpha = \frac{AC}{A'C} = \frac{l_2 - l_1}{2h} \tag{9.7}$$

则

$$\alpha = \arctan \frac{l_2 - l_1}{2h} \tag{9.8}$$

9.3.2　小角度测量

角度测量除了对圆周闭合的圆分度及非圆分度角度测量之外，还应包括小角度测量技术。在对角度的微差比较测量和标准角度的检定中，常需测出被测角度相对于标准角度的微小偏差值。在某些精密机械零部件的直线度、平面度等形状误差和平行度、垂直度等位置误差的测量中，也需将被测量转换成小角度变化进行测量。所以，小角度测量在角度测量中占一定的地位。其特点是：① 测量范围小，一般为几分，大者可到 1°以上，小者则只有几十秒甚至几秒；② 要求精度高，测量误差一般只有 $1''\sim2''$，要求更高的可达 $0.1''$ 或更小。

实现小角度测量的方法有水平仪测角、自准直仪测角、激光小角度测量仪测角。

水平仪是一种常用的测量小角度的器具。它主要用来测量工件表面的水平位置及两平面或两轴线的平行度，同时还可用于测量机床、仪器导轨的直线度及工作台、板的平面度等。

下面介绍水平仪的工作原理。

水平仪的基本元件是水准器，如图 9.21 所示。在水平仪上装有纵向水准器和横向水准器。水准器是内壁制成一定曲率半径的封闭玻璃管，玻璃管内装乙醚（或酒精），并留有很小的空隙，形成气泡。在管的外壁垂直曲率半径方向刻有刻度。

水准器的工作原理：当水平仪位于水平位置时，气泡位于中央两刻线之间，即曲率半径的最高处。若不在水平位置，气泡则向高的方向移动，倾斜角 α 与水准器玻璃管的曲率半径 R 有如下关系：

$$\alpha = \frac{\Delta}{R} \quad （\alpha \text{ 的单位为 rad}） \tag{9.9}$$

或

$$\alpha = \frac{206\ 265\ \Delta}{R} \quad （\alpha \text{ 的单位为}''） \tag{9.10}$$

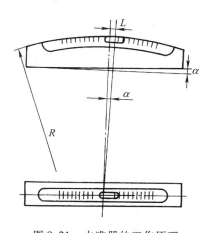

图 9.21　水准器的工作原理

水平仪的分度值有弧度和秒值两种表示方法。一般水准仪的 R 值近似为 103 m，对于分度值为 0.02 mm/m 的水平仪，当气泡在玻璃管内移动一个刻度（按标准规定，玻璃管上的刻线间距为 2 mm），即气泡移动一格时为 $4''$，倾斜角 $\alpha = \frac{206\ 265\Delta}{R} = \frac{206\ 265 \times 2}{103 \times 10^3} = 4''$。

9.4 几何量误差测量

9.4.1 概述

任何机器设备都是由许多零件和部件组装而成的,而任何零件又都是由若干个实际表面所形成的几何实体。因此,零件的几何量误差,对单一表面而言,是决定表面轮廓大小的尺寸误差和表面的形状误差,而零件上各表面之间及各部件和整机上的有关表面之间,还有相互位置误差(如不垂直、不平行、不同轴、不对称等)和相互关联的尺寸误差(如两孔之间的中心距离等)。

表面形状误差按产生的原因、表现形式和影响产品使用质量的不同,又分为以下几种。

(1)微观形状误差

一般称为表面粗糙度,是指在机械加工中,因切削刀痕、表面撕裂挤压、振动和摩擦等因素,在被加工表面上留下的间距很小的微观起伏不平。

(2)中间形状误差

一般称为表面波度,简称波度。它具有较明显的周期性的波距和波高,一般只是在高速切削(主要是磨削)条件下才有时呈现,是由加工系统(机床–工件–刀具)中的振动所造成的,常见于滚动轴承的套圈等零件。

(3)宏观形状误差

宏观形状误差简称形状误差。它产生的原因是加工机床和工夹具本身有形状和位置误差,还有加工中的力变形和热变形以及较大的振动等。零件上的直线不直、平面不平、圆截面不圆,都属此类误差。

相互位置误差与宏观形状误差无论产生的原因还是对零件及机器的影响,都有许多相近之处,故合称为形位误差。其精度的国家标准也是同一标准,即"形状和位置公差"。

综上所述,机械产品的几何量误差可归纳如下:

尺寸误差　　　　　最基本的误差

表面形状误差 $\begin{cases} 微观 & 表面粗糙度 \\ 中间 & 波度(不常见) \\ 宏观 & 形状误差 \end{cases}$ $\Big\}$ 形位误差

相对位置误差

公差 T 的大小顺序应为: $T_{尺寸} > T_{位置} > T_{形状} >$ 表面粗糙度误差。

1. 形状误差、位置误差及其公差

(1)形状误差

构成机械零件的几何要素有轴线、平面、圆柱面、曲面等,当对其本身的形状进行测量时,机械零件的几何要素称作被测实际要素。形状误差是被测实际要素对其理想要素的变动量,而理想要素的位置应符合最小条件。如果被测实际要素与其理想要素相比较能完全重合,表明形状误差为零;如果被测实际要素与其理想要素产生了偏离,表明有形状误差,偏离量即表示实际要素对其理想要素的变动量。

(2)位置误差

构成机械零件的几何要素中,有的要素对其它要素有方位要求,如机床主轴的后轴颈要求与前轴颈同轴,这类有功能关系要求的要素称为关联要素;而用来确定被测要素方位的要素,称为基准要素。理想的基准要素简称基准,关联实际要素对其理想要素的变动量称为位置误差。在位置误差中根据误差的特性可分为定向误差、定位误差和跳动误差。

（3）形位公差

形状和位置误差不仅会影响机械产品的质量(如工作精度、连接强度、运动平衡性、密封性、耐磨性、噪声和使用寿命等),还会影响零件的互换性。因此,为保证机械产品的质量和零件的互换性,应对形位误差加以限制,给出一个经济合理的误差许可变动范围,即形位公差。

形状公差是指单一实际要素的形状所允许的变动量。位置公差是指关联实际要素的位置对基准所允许的变动量。

国家标准 GB/T1128—2008 将形位公差分为 14 种,其名称及符号如表9.5所示。

表 9.5　形位公差项目

公差		特征	符号	有或无基准要求	公差	特征	符号	有或无基准要求
形状	形状	直线度	—	无	定向	平行度	//	有
		平面度	▱	无		垂直度	⊥	有
		圆度	○	无		倾斜度	∠	有
		圆柱度	⌀	无	位置 定位	位置度	⊕	有或无
形状或位置	轮廓	线轮廓度	⌒	有或无		同轴（同心）度	◎	有
						对称度	≡	有
		面轮廓度	⌓	有或无	跳动	圆跳动	↗	有
						全跳动	⌒⌒	有

2. 形位误差的检测原则

（1）形状误差的评定原则

为了能正确和统一地评定形状误差,必须确定理想要素的位置,也就是要规定形状误差的评定原则。这些原则有"最小条件"原则、"最小二乘"原则、评定直线度误差的首尾两点连线法、评定圆度误差的最小外接圆法和最大内切圆法等。下面仅介绍"最小条件"评定原则,其它内容请参阅有关书籍。

"最小条件"原则:当被测实际要素与其理想要素进行比较时,显然理想要素可以处于不同的位置,这样就会得到不同大小的变动量。因此,评定实际要素的形状误差时,理想要素对于实际要素的位置,必须有一个统一的评定准则,这个准则就是"最小条件"原则。所谓最小条件,是指被测实际要素对其理想要素的最大变动量为最小。

按"最小条件"原则评定形状误差最为理想,因为评定结果是唯一的,符合国家标准规定的形状误差定义,概念统一且误差最小,对保证零件上被测要素的合格率有利。但在很多情况下,寻找和判断符合最小条件的理想要素的方位很困难,所以在实际应用中还可采用一些评定误差的近似方法。但在重要检测中,仍应按"最小条件"作为仲裁性的测量评定。

(2)形位误差的检测原则

国家标准中归纳总结并规定了五种形位误差的检测原则。

1)与理想要素比较原则

与理想要素比较原则就是将被测要素与理想要素进行比较,从而测出实际要素的误差值,误差值可用直接方法或间接方法得出。理想要素多用模拟法获得,如用刀口刃边或光束模拟理想直线,用精密平板模拟理想平面等。这一原则的应用极为广泛。

2)测量坐标值原则

测量坐标值原则是利用坐标测量仪器如工具显微镜、坐标测量机等,测出被测实际要素有关的一系列坐标值(可用直角坐标系、极坐标系等),再对测得的数据进行处理,以求得形位误差值。例如,测量位置度多用此原则。

3)测量特征参数原则

测量特征参数原则是测量被测实际要素上具有代表性的参数(即特征参数)来表征形位误差。例如,用两点法、三点法测量圆度误差时用此原则。

4)测量跳动原则

测量跳动原则主要是用于测量跳动(包括圆跳动和全跳动)。跳动是按其检测方式来定义的,有独特的特征。它是在被测实际要素绕基准轴线回转过程中,沿给定方向(径向、端面、斜向)测量它对某基准点(或线)的变动量。它不同于其它形位误差的测量,故独自成为一种检测原则。

5)控制实效边界原则

控制实效边界原则是用于被测实际要素采用最大实体要求的场合,它是用综合量规模拟实效边界,检测被测实际要素是否超过实效边界,以判断合格与否。

9.4.2 直线度误差的测量

直线度是应用最广泛的形状误差项目,检测的方法很多。直线度误差的定义是实际直线对理想直线的变动量,而理想直线的位置应符合最小条件。因此,检测时多用实物或非实物标准当作理想直线,如对较短的被测线段可用平尺、刀口尺、平晶、液面等,对较长的被测线段可用光轴、标准导轨、绷紧的钢丝绳等,还可以采用分段测量法。

1. 直线度误差的评定

根据对被测要素不同的要求,直线度误差的检测可分三种情况:在给定平面内、给定方向和任意方向上的直线度误差。

按照形状误差定义,应按最小条件来评定直线度误差值。因为评定的结果是唯一的,且误差值最小,对保证零件上被测要素的合格率有利。但在很多情况下,寻找和判断符合最小条件的理想要素的方位很困难。所以实际应用中,在满足零件功能的前提下,还可采用一些评定形状误差的近似方法,如可采用两端点连线法或最小二乘中线评定直线度误差。

这里介绍常用的最小区域法和两端点连线法。

（1）最小区域法

在形位误差项目中,直线度误差是最容易按最小条件(最小区域法)来评定的项目。用最小区域法评定直线度误差,是一种与公差带概念完全吻合的评定方法。所谓"最小区域法",就是指被测实际要素对其理想要素的最大变动量为最小,并以此作为评定形状误差的依据。

如图 9.22 所示为理想直线位于三种不同方位评定同一截面轮廓的直线度误差的情况。理想直线方位不同,直线度的评定结果就不一样。此例中,理想直线可取 A_1B_1、A_2B_2、A_3B_3,即 h_1、h_2、h_3 是相应于理想要素处于不同方位时的各个最大变动量,若 $h_1 < h_2 < h_3$,其中 h_1 值最小,则符合最小条件的理想直线应取 A_1B_1。被测轮廓的直线度误差值 f 就是 3 个最大变动量中的最小值 h_1。

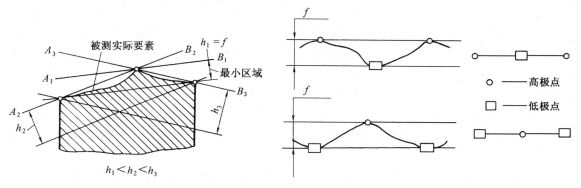

图 9.22　理想直线的三种不同方位　　　　图 9.23　最小区域法评定直线度误差

按最小区域法评定直线度误差的另一重要问题是如何判别最小包容区域。其判别的方法是:当两条平行直线包容误差曲线时,若误差曲线上的高、低点与上、下包容线成相间的三点接触时,如低-高-低,或高-低-高,如图 9.23 所示,则此包容线的包容区域为最小区域。这一判别方法常称为相间准则。

（2）两端点连线法

两端点连线法是以被测线段的首尾两点连线作为理想直线,被测实际直线对该理想直线的最大变动量为直线度误差。如图 9.24 所示,B、E 两点连线为理想直线,直线度误差为 $d_{max} + d_{min}$。其评定的结果也是唯一值。

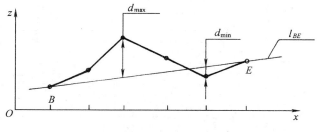

图 9.24　两端点连线法评定直线度误差

两端点法方法简便,虽然评定的误差值一般都大于最小区域法的评定结果(只有直线度误差呈单凸或单凹形式时,二者才相同)。但从保证产品质量的角度看,它比最小区域法要求更严。用两端点连线法评定直线度合格的工件,用最小区域法肯定合格,反之则不一定。所以,两端点连线法常被人们采用。

2. 分段法测量直线度

分段测量直线度的方法(分段法)又称节距法、跨距法,是一种间接测量方法。实际上是测量被测线段微小的角度变化量,换算成线值后,经过数据处理而得到直线度误差。该方法主要用来测量精度要求较高而待测直线尺寸又较长的研磨或刮研表面,如各种长导轨。

(1)测量仪器

分段法最常用的设备是水平仪和自准直仪等小角度量仪。测量原理基本相同,但用水平仪测量直线度的仪器调整比自准直仪简单。这里介绍用水平仪测量直线度的方法。

因为水平仪示值范围一般都较小,所以被测件应事先大致调成水平。测量时将固定有水平仪的桥板放置在选定的被测直线上,桥板支点间的跨距 l 按被测长度 L 来选定。测量段数 $n=L/l$ 无严格规定,但应选择适当。n 过大,测量效率低,误差因素增多;n 过小,不足以反映被测对象的直线度误差情况。通常取 $n=10\sim15$ 或取 $l=100\sim300$ mm。采用桥板的目的,是保证支撑点与被测件接触良好,并可取得适当的分段数。测量时应使桥板的支点从被测件的一端分段依次移动,且注意使桥板移动时首尾相接。即应使后一段测量时的桥板的始点位置与前一段测量时桥板的末端位置相重合,否则可能导致测量的差错。

(2)数据处理

处理数据的方法,比较直观的是用图解法。在坐标纸上以横坐标表示被测实际轮廓的长度,按相应的测量节距等分为若干段;以纵坐标表示以"格"为单位的误差值;然后根据测得的水平仪读数值,在坐标纸上按累计法进行点图。如图 9.25 所示,由零点开始,A 点的水平仪读数为零,仍在零点的同一水平线上,B 点比 A 点高两格(+2),C 点比 B 点高一格(+1),D 点比 C 点高两格(+2),E 点比 D 点低两格(−2);将 A、B、C、D、E 各点连接起来,得到被测实际轮廓的直线度误差曲线;再按最小区域法或两端点法评定出以"格"为单位的直线度误差值,最后进行换算,获得以线性值表示的直线度误差值。

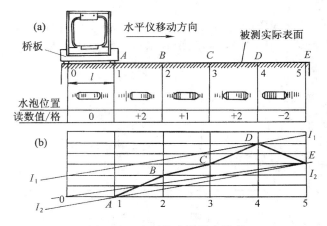

图 9.25　水平仪法测量直线度

应当指出,在实际工作中最小包容区域宽度应根据"误差读取方向不变的原则",按误差曲线坐标方向的坐标值读取,而不应按与理想直线垂直的方向读取。因为描绘误差曲线的横坐标是按缩小比例表示的,而纵坐标是按放大比例表示的,所以误差曲线是变形了的实际轮廓线。误差值按坐标值读取和按垂直方向读取,从图形上看似乎相差很大,实际上相差很小,不会影响测量结果的精确性。

9.4.3 圆度误差的测量

圆度是孔、轴类零件常用的形状误差检测项目,用于轴颈、支承孔以及其它有严格配合要求或使用功能要求的地方。

1. 圆度误差的评定

圆度误差是实际被测圆轮廓对所选定的基准圆圆心的最大半径差,其公差带是在同一正截面上半径差为公差值的两同心圆之间的区域。评定圆度误差的方法有以下四种。

(1) 最小包容区法

最小包容区法是以最小区域圆为评定基准圆来评定圆度误差。最小区域圆是包容被测圆的轮廓且半径差 Δr 为最小的两同心圆,它符合最小条件,所评定的圆度误差值(两同心最小区域圆的半径差)最小。此方法的特征是用两同心圆包容被测实际圆时,至少应有内外交替的四点接触,如图 9.26 所示(a、c 与 b、d 分别与外圆和内圆交替接触)。当被测圆的实际轮廓曲线已绘出,则可用以下方法来确定最小区域圆和圆度误差值。

1)模板比较法

将描绘好的被测实际圆轮廓的图形放在有光学放大装置的仪器的投影屏上,再将刻有一组等间距(如 2 mm)同心圆的透明模板(图 9.27)紧贴在图形上面。调整仪器投影的放大倍率,使其两同心圆恰好包容被测实际圆,并且至少有四个内外相间的接触点 a、c 与 b、d(图 9.26),则模板上此两包容圆即为最小区域圆,其半径差 Δr 除以图形的放大倍数 M,即为符合最小包容区的圆度误差值 f:

$$f = \Delta r / M$$

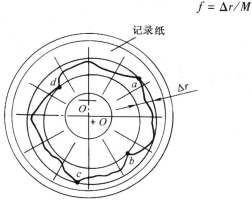

图 9.26 最小包容区法评定圆度误差

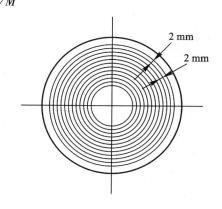

图 9.27 透明模板式样

2)计算法

计算法有作图计算法和计算机算法(电算法)两种。作图计算相当繁琐;电算法多在配有计算机的圆度仪上应用,或用专门数据处理软件计算,实际上是求目标函数的极值。

(2)最小二乘圆法

最小二乘圆法是以最小二乘圆为基准圆来评定圆度误差。最小二乘圆是被测圆轮廓上的各点到该圆距离平方和为最小的圆,被测圆轮廓上各点到最小二乘圆的最大距离 R_{max} 与最小距离 R_{min} 之差,即为圆度误差值 f。

根据被测实际圆图形寻找最小二乘圆圆心的方法如下:

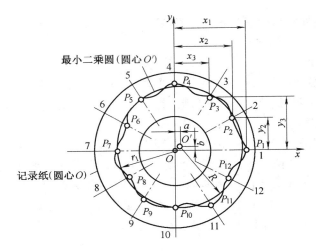

图 9.28　最小二乘圆法原理

图 9.28 为圆度仪上的圆形记录纸记下的被测圆实际轮廓图形,以记录纸中心 O 为原点建立 x-y 直角坐标,再从原点 O 作圆周偶数等分角的径向线,与实际轮廓交于 P_i 点,$i=1,2,3\cdots$, n,n 为等分数。本图等分 12 点,等分数越多,所求最小二乘圆圆心越精确。设最小二乘圆圆心的坐标为 $O'(a,b)$,则可根据各交点的直角坐标 $P_i(x_i,y_i)$ 或极坐标 $P_i(r_i,\theta_i)$ 求出 a 和 b,计算公式如下:

1)按直角坐标

$$a = \frac{2}{n} \sum_{i=1}^{n} x_i; \quad b = \frac{2}{n} \sum_{i=1}^{n} y_i \tag{9.11}$$

2)按极坐标

$$a = \frac{2}{n} \sum_{i=1}^{n} (r_i \cos \theta_i); \quad b = \frac{2}{n} \sum_{i=1}^{n} (r_i \sin \theta_i) \tag{9.12}$$

最小二乘圆的半径 R 为

$$R = \frac{\sum_{i=1}^{n} r_i}{n} \tag{9.13}$$

实际圆图形上各点 P_i 至最小二乘圆的距离 ΔR_i 可按下式近似计算:

182

$$\Delta R_i = r_i - (R + a\cos\theta_i + b\sin\theta_i) \tag{9.14}$$

ΔR_i 中最大值 ΔR_{max} 和最小值 ΔR_{min} 之差即为圆度误差值 f：

$$f = \Delta R_{max} - \Delta R_{min} \tag{9.15}$$

（3）最小外接圆法

最小外接圆是从被测实际圆轮廓外部包容实际圆轮廓时,具有最小半径的圆,它与实际圆轮廓一般呈三点接触,也可能与构成直径的圆轮廓的两点接触。最小外接圆法是以最小外接圆为评定圆度误差的基准圆,适用于评定外圆表面,如轴类零件。实际圆轮廓上各点至最小外接圆的距离的最大值即为圆度误差值。

（4）最大内切圆法

最大内切圆是内切于被测圆实际轮廓且具有最大半径的圆,它与实际圆轮廓一般也呈三点或两点接触。最大内切圆法是以最大内切圆为评定圆度误差的基准圆,适用于评定内圆表面,如孔类零件。实际圆轮廓上各点至最大内切圆的距离的最大值即为圆度误差值。

最小外接圆法和最大内切圆法评定的圆度误差值,比按最小区域圆法评定的结果明显偏大,故较高精度的圆度测量很少应用。

2. 圆度误差的测量

（1）圆度仪测量法

圆度仪是测量圆度误差的专用高精度仪器。仪器最主要的特点是有一个高精度的旋转轴系,与被测实际圆进行比较的理想圆,就是由这个轴系产生的。理想圆的半径,就是测量时仪器上的传感器测头与被测实际圆的接触点到旋转轴系的轴线之间的距离。高精度圆度仪的旋转精度可达 $0.05~\mu m$。

圆度仪因轴系旋转方式的不同有两种结构形式,也可以说是两种测量方式。

1）转轴式

测量时,被测件轴线与仪器主轴轴线对准,测量传感器连同其上与被测件圆轮廓接触的测头一起随主轴旋转并测量,被测件静止不动,如图9.29a所示。

2）转台式

测量时,被测件轴线与可转工作台的轴线对准并一起旋转,与被测件圆轮廓接触的传感器测头静止不动,如图9.29b所示。

例如,在圆度仪上测一轴径的圆度误差,所得数据及计算值如表9.6所列,则其最小二乘圆半径和圆心坐标为

$$R = \frac{\sum_{i=1}^{n} r_i}{n} = \frac{783.5}{12}~\text{mm} = 65.300~\text{mm}$$

$$a = \frac{2}{n}\sum_{i=1}^{n} r_i\cos\theta_i = \frac{16.652}{6}~\text{mm} = 2.775~\text{mm}$$

$$b = \frac{2}{n}\sum_{i=1}^{n} r_i\sin\theta_i = \frac{138.780}{6}~\text{mm} = 23.130~\text{mm}$$

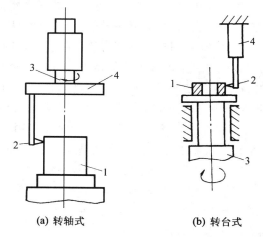

(a) 转轴式　　　(b) 转台式

图 9.29　圆度仪测量法

1—被测工件；2—测量头；3—回转轴；4—传感器

最后求得圆度误差

$$f = 0.5 \ \mu m$$

表 9.6 测得圆度误差数据

	$\theta / (°)$	r_i / mm	$\cos \theta_i$	$x_i = r_i \cos \theta_i$	$\sin \theta_i$	$y_i = r_i \sin \theta_i$
1	0	67. 500	1. 000	67. 500	0	0
2	30	80. 000	0. 866	69. 280	0. 500	40. 000
3	60	87. 000	0. 500	43. 500	0. 866	75. 342
4	90	88. 500	0	0	1. 000	88. 500
5	120	83. 500	−0. 500	−41. 750	0. 866	72. 311
6	150	75. 000	−0. 866	−64. 950	0. 500	37. 500
7	180	61. 500	−1. 000	−61. 500	0	0
8	210	51. 000	−0. 866	−44. 166	−0. 500	−25. 500
9	240	45. 000	−0. 500	−22. 500	−0. 866	−38. 970
10	270	43. 000	0	0	−1. 000	−43. 000
11	300	45. 500	0. 500	22. 750	−0. 866	−39. 403
12	330	56. 000	0. 866	48. 496	−0. 500	−28. 000
Σ		783. 500		16. 652		138. 780

（2）极坐标测量法

对生产中一般精度及较低精度的圆度测量,可用具有精密回转轴系的通用光学仪器来进行,如光学分度台、光学分度头及带有分度台(头)的万能工具显微镜等仪器。

图 9.30 是用光学分度台测量圆度误差的示意图。测量时,将被测件放置在工作台面上,将测头与被测件上的被测截面接触,转动工作台,观察被测圆中心与工作台旋转中心的重合情况并进行调整,务使两者的偏心量调到最小(一般可达几个微米)。然后,转动分度装置,使其读数为零,同时将与测头相连的指示表的示值也调至零位。再按预先确定的布点数(采用均匀偶数布点,一般不宜少于 36 点,点数过少对评定精度会有影响)转动分度装置,依次对各点进行测量,就可得到各测点对零位的半径差值。之后,再按前述方法评定圆度误差。

图 9.31 所示是光学分度台测一轴颈圆度(均匀布点测 36 点)所得的结果及误差曲线。

（3）直角坐标测量法

直角坐标测量法是将被测件放置在有坐标装置仪器的工作台上(三坐标测量机或有两坐标的测量仪器如万能工具显微镜等),调整其轴线与仪器工作台面垂直并基本同轴,按事先在被测圆周上确定的测点(按均匀偶数布点,且不宜少于 36 点)进行测量,得出每个测点的直角坐标值 (x_i, y_i),再按前述方法评定圆度误差。

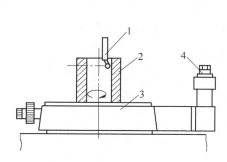

图 9.30　光学分度台测量圆度误差
1—测头；2—被测件；3—工作台；4—读数显微镜

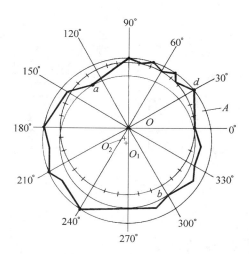

图 9.31　圆度测量曲线

直角坐标法计算繁琐,最好是在带有计算机的三坐标测量机及其它仪器上测量。

9.4.4　同轴度误差的测量

同轴度误差属于定位误差。定位误差是被测实际要素相对于其理想要素的位置变动量。被测要素理想要素的位置由基准和理论正确尺寸确定。

同轴度误差是指被测实际轴线对其基准轴线的变动量。在同轴度测量中,若被测要素的理想轴线与基准轴线同轴,则起定位作用的理论正确尺寸为零。

测量同轴度误差时,首先要确定被测实际轴线的位置,然后与基准轴线(即理想轴线)作位置上的比较,从而求得同轴度误差值。这种符合定义的测量方法较麻烦,有时甚至不能实现。因此,同轴度误差的测量主要采用测量坐标值和测量特征参数的检测原则。在大量生产条件下,当被测要素按最大实体原则要求时,可用同轴度量规进行检验。

使用通用测量器具测量同轴度误差,常用的方法有心轴打表法、光轴法、圆度仪法和径向圆跳动替代法等。

1. 心轴打表法

对孔的同轴度误差的检测,通常用心轴的母线来模拟基准轴线和被测轴线,然后用打表法测量同轴度误差。图 9.32 为用心轴打表法测量被测孔轴线对基准孔轴线同轴度误差的示例。测量工具有检验平板、心轴、固定支承和可调支承、带测量架的指示表等。

测量方法如下:

1)用一个固定支承和两个可调支承将被测件在平板上支承好。

2)将两根心轴分别插入基准孔和被测孔内,孔轴间应成间隙极小的配合,调整被测件使其基准轴线与平板平行(平板工作面为测量基准)。

3)使指示表测头与被测心轴上母线接触,在被测孔两端外面邻近的 A、B 两点测量,并求出该两点分别与高度($h+d_2/2$)的差值 f_{AX} 和 f_{BX}(h 为基准轴线到平板工作面的距离,d_2 为基准心轴

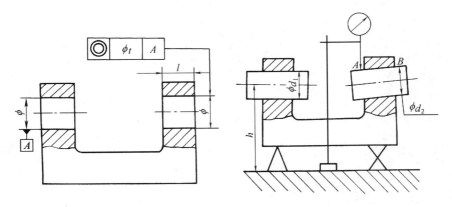

图 9.32　心轴打表法测量同轴度误差

在测量点处的直径)。

4）把被测零件翻转90°,按上述方法测量,得到 f_{AY} 和 f_{BY} 值,则 A 点处的同轴度误差为

$$f_A = 2\sqrt{f_{AX}^2 + f_{AY}^2} \qquad (9.16)$$

B 点处的同轴度误差为

$$f_B = 2\sqrt{f_{BX}^2 + f_{BY}^2} \qquad (9.17)$$

取其中最大值作为该零件的同轴度误差。

测量时,如果测量点不能取在被测孔的两端处,则同轴度误差 f 应按被测轴线长度 l 和测量长度 L 的比例进行折算,即 $f \times l/L$。

2. 光轴法

对于大型箱体零件孔系(如船舶、机车发动机的机座)的同轴度误差,可以使用准直望远镜(或自准直仪)以光轴法进行测量。置于被测件体外的准直望远镜,可以建立一条从镜管向外延伸的光轴,以此光轴作为测量同轴度的基准。用放置在箱体孔中的瞄准靶的靶心体现孔的中心,测量靶心相对于光轴的偏离量,然后经过计算评定被测轴线的同轴度误差值。

图 9.33 为用光轴法测量大型零件上两孔轴线间的同轴度误差的示例。测量时,准直望远镜1 放置在被测零件5 体外,将瞄准靶3 先后放置在被测件基准孔2 的两端内。在该孔中转动瞄准靶,调整瞄准靶上的三个可调支承6,使安装在瞄准靶上的指示表的示值在一转过程中变动很微小为止(变动量决定于所要求的测量精度)。这时,可认为瞄准靶的位置已找正,以此靶心来体现该孔的中心。瞄准靶在基准孔内的两个位置都用这个方法找正。再调整准直望远镜的方位,使仪器镜管中的分划板十字线中心先后与两个瞄准靶的十字线中心(靶心)对准在一条直线上。它既是测量基准,又体现被测零件的基准轴线。

准直望远镜的方位固定后,将瞄准靶3 逐一放入被测孔4 内,被测横截面应不少于两个。瞄准靶每放置一次,都需要借助瞄准靶上的可调支承和指示表,按上述方法找正瞄准靶在孔内的位置,用靶心体现被测孔心。在仪器的视场内,可以观察到仪器镜管中的十字线与瞄准靶上的十字线的相互位置,如图 9.34 所示。图 9.34a 表示被测横截面轮廓中心 G(用瞄准靶上的十字线交点体现)与仪器镜管中的十字线交点 N(基准轴线)重合,同轴度误差等于零。图 9.34b 和图

186

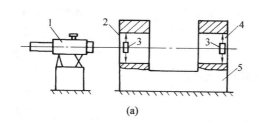

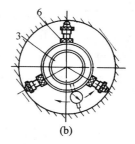

图 9.33　光轴法测量同轴度误差

1—准直望远镜；2—被测件基准孔；3—瞄准靶；4—被测孔；5—被测零件；6-可调支承

9.34c 分别表示轮廓中心 G 在一个方向（x 或 y 方向）上相对于基准轴线偏离。图 9.34d 表示轮廓中心 G 在 x 和 y 两个方向上分别相对于基准轴线偏离 Δx 和 Δy。Δx 和 Δy 的数值由仪器的读数机构读出。偏离量 Δ 和同轴度误差值 f 按下式计算：

$$f = 2\sqrt{(\Delta x)^2 + (\Delta y)^2} = 2\Delta \tag{9.18}$$

取各个被测横截面轮廓中心的同轴度误差值中的最大值作为被测轴线的同轴度误差值。

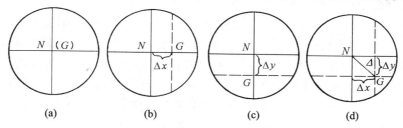

图 9.34　准直望远镜视场

采用光轴法测量时,仪器调焦引起的误差、瞄准靶靶心的调整误差、瞄准误差和仪器读数误差等因素都影响测量精度。

3. 圆度仪法

小型零件的同轴度误差,可在圆度仪上测量。如用圆度仪可测量阶梯形轴类零件的同轴度误差,图 9.35 所示台阶轴的小端轴线对大端轴线的同轴度误差。测量时,将被测件垂直放在仪器工作台上,在基准部位上、下各选择一个径向截面,并按这两个截面调整被测零件在仪器工作台上的位置,使这两个截面中心所体现的基准轴线与仪器旋转轴线重合。然后,对零件的被测部位的若干截面进行测量,将各截面轮廓图形以一定的放大倍数在同一张记录纸上绘制出来,用最小区域圆等方法找出各轮廓图形的中心,取各中心至基准轴线距离的最大值的两倍,作为被测件的同轴度误差值。

4. 径向圆跳动替代法

在生产现场条件下,如果被测件的圆度误差较小时,常以径向圆

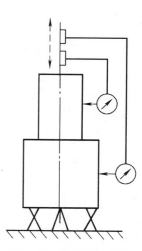

图 9.35　圆度仪法测量
同轴度误差

跳动的检测替代同轴度检测,因为径向圆跳动误差是同轴度误差和圆度误差的综合结果,因此只要径向圆跳动误差检测结果不大于图样给定的同轴度公差值,零件的同轴度误差可认为是合格的,如稍有超差,可再进行同轴度误差检测。

9.5 跳动误差的测量

跳动和其它形位项目不同,它在被测件上没有具体的几何特征,而是按测量方式来定义。

跳动误差的测量只限于被测件上的回转表面和回转端面上,如圆柱面、圆锥面、回转曲面和与回转轴心垂直的端面等。测量跳动所用的设备比较简单,可在一些通用检测仪器上测量,操作简便,测量效率高。还可在一定条件下替代其它一些较难测的形位项目的检测,如圆度、圆柱度、同轴度等,故在生产中被广泛应用。

9.5.1 跳动误差的测量方法

跳动误差是被测表面绕基准轴线回转时,测头与被测面作法向接触时的指示仪表上最大示值与最小示值的差值。跳动误差的测量一般有三种方式。

1. 径向圆跳动与径向全跳动

被测件表面为圆柱面时,指示仪表测头的测量方向垂直于被测件基准轴线。

若被测圆柱面与测头没有轴向的相对移动,被测件旋转一周过程中,测量只在一个圆截面上进行,所测结果为径向圆跳动,如图9.36所示。取指示表的最大与最小的读数差作为该截面的径向跳动。若测量过程中,在被测件旋转的同时,测头又在被测件表面作缓慢的轴向移动,移动经过被测面的待测全长,即测量是在全部被测面上进行,被测件要旋转许多圈,取指示仪表所有读数中的最大差值作为该零件的径向全跳动误差,如图9.37所示。

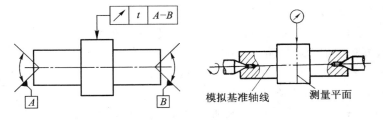

图9.36 径向圆跳动测量示意(心轴法)

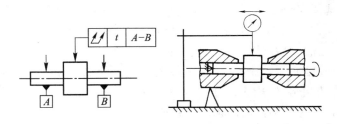

图9.37 径向全跳动测量示意(套筒法)

2. 端面圆跳动与端面全跳动的测量

被测件表面是垂直于基准轴线的端面,指示仪表测头的测量方向平行于基准轴线。

若测头只在被测件端面上距基准轴线为某指定位置的一点(未指定时可在距端面边缘1～2 mm处)测量,而相对被测端面无径向移动,被测件转动一周过程中,指示仪表读数的最大值即为该被测件的端面圆跳动(简称端面跳动),如图 9.38 所示。若测量过程中,在被测件旋转的同时,测头又在被测端面上作缓慢的径向移动,从端面边缘直到中心,即测量是在全部端面上进行,被测件要转许多圈,取指示仪表所有读数中的最大差值作为该零件的端面全跳动误差,如图 9.39 所示。

图 9.38　端面圆跳动测量示意

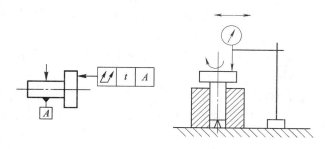

图 9.39　端面全跳动测量示意

3. 斜向圆跳动的测量

如图 9.40 所示为斜向圆跳动的测量。测量时,测头必须垂直于被测表面,基准体现了上述两种方法。当被测面是斜面,如圆锥面,指示表测头的测量方向要垂直于被测面,即位于被测面的法向,被测件旋转一周,所测结果为斜向圆跳动。没有对应的斜向全跳动项目,因为测量装置很难具备可精确调整方向以适应不同被测斜面的精密导轨,另外生产中一般零件也很少对斜向全跳动提出要求。

测量径向全跳动,测头要严格平行于基准轴线移动;测量端面全跳动,测头要严格垂直于基准轴线移动。为此,测量装置要有平行于或垂直于基准轴线的精密直线导轨,还要运动灵活。指示表架移动时,不得有阻滞和摇摆现象。绝不能用精度不够的导轨或不知精度情况的测量装置来测全跳动。

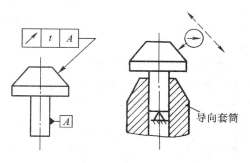

图 9.40　斜向圆跳动测量示意

189

9.5.2　跳动测量基准的体现方式与比较

1. 跳动测量基准的体现方式

跳动的测量基准是测量时被测件旋转的回转轴线,回转轴线的体现有以下三种具体方式:

(1) 用两顶尖的公共轴线(图9.36)

测量有顶尖孔的被测件的圆跳动或全跳动,一般都是用带有顶尖的测量装置来测量。由于测量用的顶尖保持有较好的同轴度,故可保证有较高的测件定位精度和测量精度。被测件旋转时,是以两顶尖的公共轴线为旋转轴线。对有跳动要求的带顶尖孔的轴件,在打顶尖孔时应保证有较高的精度。测量时用顶尖定位,还可使测量基准与加工基准一致。

(2) 用 V 形块体现(图9.38)

测量时,用一个 V 形块或两个相同的 V 形块支承被测件,以被测件的基准表面(一般是以基准轴线为轴线的外圆柱面)与 V 形块的工作面接触,即由 V 形块来模拟体现基准轴线。

(3) 用套筒体现(图9.37、图9.39、图9.40)

套筒的定位精度受套筒与被支承轴颈配合间隙及形位误差的影响,其定位精度和被测件回转的稳定性都较差,套筒的轴线与被测件的基准回转轴线很难重合。套筒定位只适用于没有顶尖孔或不便使用顶尖孔或 V 形块(如基准轴颈很短等原因)的精度不高的被测件。用套筒支承被测件也要有可靠的轴向定位,轴向定位点尽可能与被测件的基准回转轴线接近或重合。

2. 跳动测量基准的比较

1) 顶尖的定位精度明显优于 V 形块和套筒定位,而且实验研究表明,对质量不大的被测件,只要顶尖和顶尖孔二者之一的圆度误差较小,就可保证较高的回转精度。因此,在测量跳动时,应尽可能用顶尖定位,对有跳动要求的轴件,设计时就应考虑尽可能有顶尖孔。

2) 使用套筒和 V 形块定位时,要注意确保轴向定位的可靠性,稍有不慎,就会引入较大误差,特别是测量端面圆跳动和全跳动时,轴向的位置变动将全部反映到测量结果中。

3. 跳动测量的注意事项

跳动测量所用的设备比较简单,操作也很容易,但如不注意,很容易产生测量误差,甚至是较大的误差。很多跳动测量是在车间生产条件下进行的,要避免振动和尘土脏物的影响。测量前,顶尖和顶尖孔、V 形块或套筒的工作面、被测件的支承轴颈等部位应清洗干净。

9.6　螺纹精度的测量

9.6.1　概述

本节主要讨论米制普通螺纹的测量。

1. 螺纹公差

螺纹几何参数中大径和小径是限制性的结构参数,要求不严格,公差较大。由于螺纹结合仅在牙侧面接触,在顶径和底径处均有间隙,因此保证螺纹互换性的主要因素是中径误差、螺距误差和牙型半角误差,通常对这三项参数规定了较严的公差并分项测量。

就中径来说,为了保证螺纹的旋入,需限制外螺纹的最大中径和内螺纹的最小中径;为了保证连接强度和可靠性,需限制外螺纹的最小中径和内螺纹的最大中径。

2. 作用中径的概念

螺纹的螺距误差和半角误差实质上也是形位误差。螺纹的作用中径是指含有螺距误差和半角误差影响的实际配合时起作用的中径。当外螺纹有了螺距误差及牙型半角误差时,它只能与一个中径较大的内螺纹旋合,其效果相当于外螺纹的中径增大了。同样,当内螺纹有了螺距误差及牙型半角误差时,只能与一个中径较小的外螺纹旋合,相当于内螺纹的中径减小了。中径合格性的判断原则是:实际螺纹的作用中径不能超出最大实体牙型的中径,而实际螺纹上任何部位的单一中径不能超出最小实体牙型的中径。

9.6.2　螺纹的样板检测

对于一个带有螺纹要素的零件,通常要先判别其是米制螺纹还是英制螺纹?是普通螺纹螺距还是特殊螺纹螺距。进行螺纹性质和螺距的检测和判断工作可以使用螺纹样板来完成。

螺纹样板一般为成套螺纹样板,其型式如图 9.41 所示,成套螺纹样板的螺距尺寸系列见表 9.7。

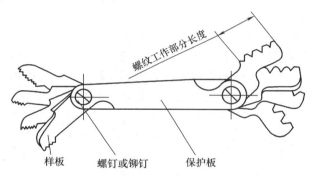

图 9.41　成套螺纹样板的型式

表 9.7　成套螺纹样板的螺距尺寸

螺距种类	普通螺纹螺距/mm	英制螺纹螺距/(牙/in)
螺距尺寸系列	0.40,0.45,0.50,0.60,0.70,0.75,0.80,1.00,1.25,1.50,1.75,2.00,2.50,3.00,3.50,4.00,4.50,5.00,5.50,6.00	28,24,22,20,19,18,16,14,12,11,10,9,8,7,6,5,4.5,4
样板数	20	18

螺纹样板的使用方法:取一个螺纹样板,将其螺纹工作部分长度上的牙型扣合在被测零件螺纹上,观察两个螺纹外形轮廓的吻合一致程度。再根据螺纹样板的螺纹制式和螺距尺寸标记做出判断。

螺纹样板的通常技术要求如下:

1)螺纹样板的厚度为 0.5 mm。

2）螺纹样板的表面不应有影响使用性能的缺陷。

3）螺纹样板与保护板的连接应保证能方便地更换样板,应能使样板平滑地绕螺钉或铆钉轴转动,不应有卡滞或松动现象。

4）成套螺纹样板应按螺距尺寸系列由小到大的顺序排列。

5）螺纹样板采用 45 冷轧带钢或优质碳素钢制造。

6）螺纹样板测量面的硬度应不低于 230 HV。

7）螺纹样板测量面的表面粗糙度 Ra 值为 1.6 μm。

9.6.3 螺纹的综合测量

对公制普通螺纹来说,主要是保证可旋合性,故国家标准只规定有中径公差(T_{d2},T_{D2}),螺距误差和半角误差都是用中径公差带来综合限制,或者说,限制的是作用中径。测量时可用螺纹量规综合测量,以提高检测效率。螺纹量规的设计依据是中径合格性判断原则,螺纹量规分通端螺纹量规和止端螺纹量规。

综合测量时,被检螺纹合格的标志是通端量规能顺利地与被检螺纹在全长上旋合,而止端量规不能完全旋合或不能旋入。

螺纹量规按使用性能分为以下三类:

1）工作螺纹量规　加工操作者在制造工件螺纹过程中所用的螺纹量规;

2）验收螺纹量规　检验部门或用户代表在验收工件螺纹时所用的螺纹量规;

3）校对螺纹量规　制造工作螺纹量规时和检验使用中的工作螺纹量规磨损情况时所用的螺纹量规。

测量内螺纹的叫螺纹塞规,外形如图 9.42 所示;测量外螺纹的叫螺纹环规,外形如 9.43 所示。

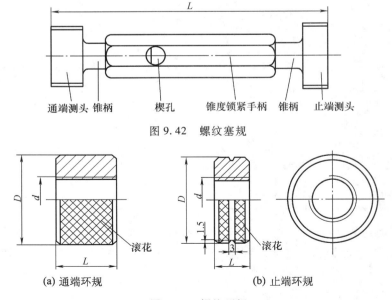

通端测头　锥柄　　　　楔孔　　锥度锁紧手柄　锥柄　　止端测头

图 9.42　螺纹塞规

(a) 通端环规　　　　　　(b) 止端环规

图 9.43　螺纹环规

螺纹量规的名称、代号、功能、特征和使用规则见表9.8。

表 9.8　螺纹量规的名称、代号、功能、特征和使用规则

名称	代号	功　能	使　用　规　则
通端螺纹塞规	T	检查工件内螺纹的作用中径和大径	应与工件内螺纹旋合通过
止端螺纹塞规	Z	检查工件内螺纹的单一中径	对于四个或少于四个螺距的工件内螺纹,旋合量之和应不超过两个螺距; 对于多于四个螺距的工件内螺纹,旋合量应不超过两个螺距
通端螺纹环规	T	检查工件外螺纹的作用中径和大径	应与工件外螺纹旋合通过
止端螺纹环规	Z	检查工件外螺纹的单一中径	对于四个或少于四个螺距的工件外螺纹,旋合量应不超过两个螺距。 对于多于四个螺距的工件外螺纹,旋合量应不超过 $3\frac{1}{2}$ 个螺距。
校通-通螺纹塞规	TT	检查新的通端螺纹环规的作用中径	应与新的通端螺纹环规旋合通过
校通-止螺纹塞规	TZ	检查新的通端螺纹环规的单一中径	与新的通端螺纹环规可以旋合一部分,但不得从另一端旋出
校通—损螺纹塞规	TS	检查使用中的通端螺纹环规的单一中径	与使用中的通端螺纹环规可以旋合一部分,但不得从另一端旋出
校止-通螺纹塞规	ZT	检查新的止端螺纹环规的单一中径	与新的止端螺纹环规旋合通过
校止-止螺纹塞规	ZZ		与新的止端螺纹环规可以旋合一部分,但不得从另一端旋出
校止-损螺纹塞规	ZS	检查使用中的止端螺纹环规的单一中径	与使用中的止端螺纹环规可以旋合一部分,但不得从另一端旋出

在实际螺纹测量中,为了减小测量中的争议(常为工作量规测量合格,而验收量规测量又不合格),国家标准中规定:操作者在制造工作螺纹的过程中,应使用新的或磨损较小的通端螺纹量规和磨损较多或接近磨损极限(过此极限,量规即不能再使用)的止端螺纹量规。检验部门或用户代表在验收工件螺纹时,应使用磨损较多或接近磨损极限的通端螺纹量规和新的或磨损较少的止端螺纹量规。

普通螺纹量规技术要求如下:

1)螺纹量规测量面的表面上不得有影响使用性能的锈迹、碰伤、划痕等缺陷。

2)螺纹量规测头的测量面应采用合金工具钢、碳素工具钢等坚硬耐磨材料制造,其测量相互作用螺纹面硬度应不低于 53 HRC。

3)螺纹量规测头的测量面粗糙度 Ra 值为 0.63 μm。

4）螺纹量规应经过稳定性处理。

9.6.4 螺纹的单项测量

对高精度螺纹的测量,用综合测量不能满足测量精度的要求,而要进行单项测量。实际生产中在分析与调整螺纹加工工艺时,也需要采用单项测量。由于内螺纹的单项测量比较困难,测量误差比较大,所以实际中大部分内螺纹都用螺纹量规进行综合测量。下面仅介绍圆柱外螺纹的单项测量,包括中径、螺距和牙型半角的测量。

1. 千分尺测量螺纹中径

螺纹千分尺属机械接触测量量具,它结构简单,使用方便,故广泛用于生产车间较低精度的螺纹中径测量或工序测量。

螺纹千分尺与普通千分尺相似,不同的是带有一套可以更换的、大小形式不同的测量头(图9.44)。每对测量头(一个圆锥形和一个 V 形)只能测量一定的螺距范围。

图 9.44 螺纹千分尺

用螺纹千分尺测量螺纹中径时,产生测量误差的主要因素有:① 螺纹千分尺的示值误差;② 二测头轴心线的不重合误差;③ 被测螺纹的螺距和半角误差。测量总误差可达 0.10 ~ 0.15 mm,因此螺纹千分尺只能用于低精度螺纹的测量。

2. 量针法测量中径

(1) 基本原理和计算公式

量针法实际上是一种间接测量方法,如图9.45所示,将三根公称直径 d_0 相同的圆柱形测针放在被测螺纹的牙槽内,用两个平行的测砧(可用杠杆千分尺、光学计、测长仪等仪器)测出针距尺寸 M 值,再根据螺距 P、量针直径 d_0 和牙型角 α 就可算出被测螺纹的单一中径 d_2 值。计算公式如下:

$$d_2 = M - d_0\left[1 + \frac{1}{\sin(\alpha/2)}\right] + \frac{P}{2}\cot\frac{\alpha}{2} \qquad (9.19)$$

对于普通螺纹 $\alpha = 60°$,则

$$d_2 = M - 3d_0 + 0.866P \qquad (9.20)$$

为了尽量减少牙型半角误差对测量结果的影响,应使选用的量针尽量与螺纹牙侧在中径处相接触,此时的量针称为最佳量针,其直径为

$$d_0 = \frac{P}{2\cos(\alpha/2)} \qquad (9.21)$$

根据不同情况,可用三针、两针或单针三种方法。三针法测量结果稳定,操作简单,故在生产中应用很广泛。当螺纹牙数很少,无法用三针时,可用两针量法;当螺纹直径>100 mm 时,可用单针量法。如果采用最佳量针的三针来测量,则要对每一个标准的基本螺距配用一副三针,这样

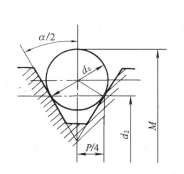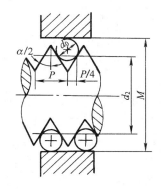

图 9.45　用三针法测量螺纹中径

势必规格过多。研究表明,测量时如没有最佳量针,应尽量使所用量针与螺纹牙侧的切点在中径线上下 1/8 处的牙面长度范围内,这时测量精度所受的影响很小,对于一般生产应用是完全可以接受的。这样,几个相近的基本螺距,可共用一种基本直径的量针。我国及国外许多厂家生产的量针,其基本直径系列就是按照这一原则安排的。

（2）系统误差对中径测量结果的影响

在 d_2 的计算式(9.19)中,P、d_0 都是理论值,且未考虑测量力 F 的影响。精测时,需将三针直径误差、螺距误差、半角误差及它们的误差传递等几项综合,按间接测量系统误差合成的方法加以修正。

螺纹测量的方法还可以使用工具显微镜测量螺纹各要素。

9.7　表面粗糙度的测量

表面粗糙度的测量方法主要有比较法、光切法、光波干涉法和针触法等。近年来,由于激光技术的发展,激光测量技术也越来越多地应用于表面粗糙度测量。

9.7.1　表面粗糙度及其测量的一般概念

1. 评定基准

表面粗糙度误差的随机性很强,一般是用规定的评定参数来评定和控制。规定评定参数,首先要确定评定基准。

（1）取样长度 lr

所谓取样长度,就是评定表面粗糙度时所规定的一段基准线的长度 $lr(x$ 轴向$)$。lr 不应过大,也不应过小,一般应保证在取样长度 lr 上有 5 个以上的表面微观起伏的峰谷。同时,取样长度的方向要和被测表面的轮廓走向一致。

国家标准 GB/T 7220—2004 产品几何量技术规范表面粗糙度规定了评定的参数及其数值和一般规则。其中取样长度的数值可从下面的数值,即 0.08,0.25,0.8,2.5,8,25 mm 中选取。表面越粗糙,取样长度 lr 值应越大。

（2）评定长度 ln

为保证测量结果的准确性,规定在测量时,要连续取多个取样长度,在每个取样长度上得出一个评定数值,然后再取平均值作为结果。

一个评定长度 ln 一般含有 5 个取样长度,即 $ln = 5lr$。但对均匀性好的表面,可少于 5 个,反之可多于 5 个。

（3）轮廓中线

在测量评定表面粗糙度时,首先要规定一条用于计算表面粗糙度参数值的基准线,这条基准线叫做轮廓中线。轮廓中线有两种,即轮廓最小二乘中线和轮廓算术平均中线。

2. 评定参数

迄今为止,人们提出的表面粗糙度评定参数(包括三维参数)有几十个之多。但目前在生产中应用的还只是很少的几个参数。为了满足对零件表面不同的功能要求,国家标准 GB/T 3505—2000 从表面微观几何形状幅度、间距和形状等三个方面的特征规定了相应的评定参数。

（1）轮廓的算术平均偏差 Ra

Ra 是在取样长度 lr 内,轮廓偏距 Z_i 的绝对值的算术平均值,如图 9.46 所示。用公式表示为

$$Ra = \frac{1}{lr} \int_0^{lr} |Z| \, dx \approx \frac{1}{n} \sum_{i=1}^n |Z_i| \tag{9.22}$$

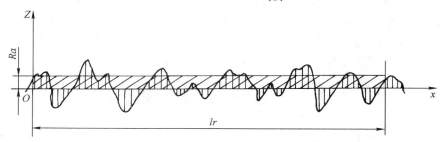

图 9.46　轮廓的算术平均偏差 Ra

参数 Ra 定义直观,一般都用轮廓仪测量,快速简便,且表面起伏的取样较多,能比较客观地反映表面粗糙程度。测得的 Ra 值越大,则表面越粗糙。在常用的参数值范围(Ra 为 $0.025 \sim 6.3~\mu m$)内,优先选用参数 Ra 来评定表面粗糙度。这是由于受到计量器具功能限制,参数 Ra 不宜用作评定过于粗糙或太光滑的表面。

（2）轮廓的最大高度 Rz

Rz 是在一个取样长度 lr 内,轮廓的最大峰高与轮廓的最大谷深之和的高度,如图 9.47 所示。用公式表示为

$$Rz = \max\{Zp_i\} + \max\{Zv_i\} \tag{9.23}$$

式中:Zp_i——第 i 个最大的轮廓峰高,取正值;

Zv_i——第 i 个最大的轮廓谷深,取正值。

（3）微观不平度十点高度 R_z

在 GB/T 18618—2002 中,R_z 用于表示"微观不平度十点高度"。

R_z 是在取样长度 lr 内,5 个最大轮廓峰高的平均值与 5 个最大轮廓谷深的平均值之和。这里要注意,5 个最大轮廓峰高和 5 个最大轮廓谷深应在中线的上面和下面分别查找,而不一定是

196

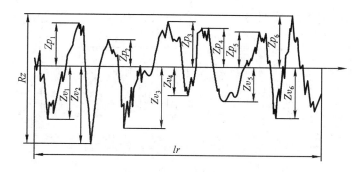

图 9.47　轮廓的最大高度 Rz

5 个连续的起伏高差,如图 9.48 所示。用公式表示为

$$R_z = \frac{\displaystyle\sum_{i=1}^{5} y_{pi} + \sum_{i=1}^{5} y_{vi}}{5}$$

（9.24）

式中：y_{pi}——第 i 个最大的轮廓峰高；

　　　y_{vi}——第 i 个最大的轮廓谷深。

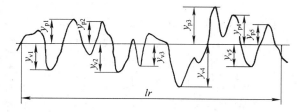

图 9.48　微观不平度十点高度 R_z

R_z 值一般是用专门的显微镜仪器如双管显微镜、干涉显微镜来测量,即在显微镜中测量经显微放大或干涉放大后的表面起伏影像。在生产中,参数 R_z 应用也很广泛。

9.7.2　比较法评定表面粗糙度

比较法是车间常用方法,把被测零件的表面与粗糙度样板进行比较,从而确定零件表面粗糙度。比较法多凭肉眼观察,用于评定低的和中等的粗糙度值,也可借助于放大镜、显微镜或专用的粗糙度比较显微镜进行比较。

1. 比较样块

粗糙度比较样块是用比较法评定表面粗糙度的一种工作量具。比较样块有具体的表面粗糙度参数值——Ra 与 Rz 值,样块和被评定的工件表面应具有相同的材料、相同的加工方法、相同或相近的表面物理特征(如表面加工纹理、色泽、形状等)。

图 9.49 为车削加工的比较样块,可与轴表面进行比较。样块(共 4 块)是圆柱形或半圆柱形的车加工金属制件。

有条件的工厂,可以自己按国家标准的要求加工制作粗糙度比较样块。也可从批量加工的工件中挑选粗糙度参数 Ra 或 Rz 实际值等于或接近图纸上标注的公称值的工件,作为比较样块

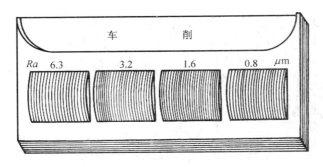

图 9.49 车削加工比较样块

去检查同批工件。这种从工件中挑选出来的比较样块,在材料、形状、加工方法、加工纹理和色泽等许多方面,都能和被检工件保持很好的一致性,但在检测样块时,一定要严格保证其准确度。

2. 视觉比较法评定表面粗糙度

最简单的视觉比较法,就是将比较样块和被检工件表面并放在一起,在相同的照明条件下,用人眼直接观察评定。这种方法的评定范围 Ra 值为 $3.2 \sim 60 \ \mu m$。

对 Ra 值为 $0.4 \sim 1.6 \ \mu m$ 的表面,可用 5 倍或 10 倍的放大镜进行目测评估;对于 Ra 值为 $0.1 \sim 0.4 \ \mu m$ 的表面,需用比较显微镜做目测评估;Ra 值小于 $0.1 \ \mu m$,不宜用比较样块检验。

比较显微镜的类型有多种,可评定的 Ra 值为 $0.1 \sim 10 \ \mu m$。图 9.50 所示为实体显微镜,它结构简单轻便,比较时把实体显微镜先后放置在比较样块和被检表面上,调整千分筒 1 和 3,使影像清晰,用人眼观察被物镜组 5(在镜筒 4 内)放大了的表面影像进行比较评估。这种显微镜还备有放大接管 6,用以提高放大倍率,扩大对比范围。

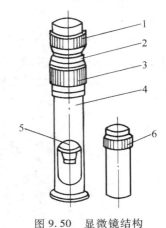

图 9.50 显微镜结构

1、3—千分筒;2—短接筒;
4—镜筒;5—物镜组;6—放大接管

9.7.3 双管显微镜测量表面粗糙度

双管显微镜是利用光切法来测量表面粗糙度的。

1. 光切法的测量原理

光切法可用图 9.51 来说明。在图 9.51a 中,P_1、P_2 阶梯面表示被测表面,其阶梯高度为 h。A 为一扁平光束,当它从 $45°$ 方向投射在阶梯表面上时,就被折射成 S_1 和 S_2 两段,经 B 方向反射后,就可在显微镜内看到 S_1 和 S_2 两段光带的放大像 S_1'' 和 S_2'';同样,S_1 与 S_2 之间的距离 h,也被放大为 S_1'' 与 S_2'' 之间的距离 h'',只要用测微目镜测出 h'' 值,就可以根据放大关系算出 h 值。

图 9.51b 是双管光切显微镜的光学系统。显微镜有照明管和观察管,二管轴线互成 $90°$。在照明管中,光源 1 通过聚光镜 2、窄缝 3 和透镜 5,以 $45°$ 角的方向投射在被测工件表面 4 上,形成一狭细光带。光带边缘的形状即为光束与工件表面相交的曲线,工件在 $45°$ 截面上的表面形状,此轮廓曲线的波峰在 S_1 点反射,波谷在 S_2 点反射,通过观察管的透镜 5,分别成像在分划板 6 上的 S_1'' 点和 S_2'' 点,h'' 是峰、谷影像的高度差。测量时可按 R_z 定义,在取样长度内,测 5 个最高点和 5 个最低点,求出 h'' 的平均值:

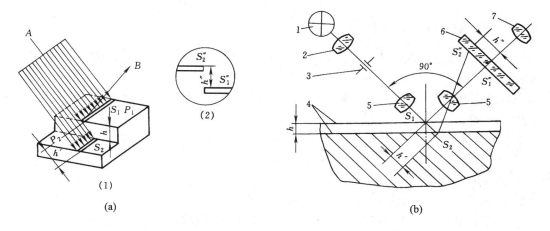

图 9.51　光切法测量原理与双管光切显微镜的光学系统图

1—光源；2—聚光镜；3—窄缝；4—被测工件表面；5—透镜；6—分划板；7—目镜

$$h'' = \frac{(h_1 + h_2 + h_3 + h_4 + h_5) - (h'_1 + h'_2 + h'_3 + h'_4 + h'_5)}{5} \qquad (9.25)$$

照此方法测几个取样长度后计算其平均值,再根据所选透镜组 5(可换物镜组)确定测微目镜鼓轮每一格的分度值 C,即得被测表面的 R_z 值

$$R_z = \frac{C}{2} \times h''(\text{平均值}) \qquad (9.26)$$

2. 测量方法和步骤

在取样长度范围内分别测出 5 个最高点(峰)和 5 个最低点(谷)的数值。然后按公式(9.25)计算出 h'' 的数值,按式(9.26)求出计算结果。在评定长度范围内,共测出 N 个取样长度上的 R_z 值,取它们的平均值作为被测表面的不平度平均高度。

3. 测量示例

测量表面粗糙度,从被测轮廓 2.5 mm 的取样长度上读得 5 个最高峰点和 5 个最低谷点的读数如表 9.9 所列。求 R_z 值(定度的分度值 $C = 1.244$ μm/格)。

表 9.9　取样长度上的测量读数

顺序	1	2	3	4	5	平均
峰点	6.82	6.77	6.84	6.84	6.79	6.812
谷点	7.12	7.08	7.07	7.02	7.11	7.080

$$R_z = \frac{C}{2} \frac{\left| \sum_{i=1}^{5} h_i - \sum_{i=1}^{5} h'_i \right|}{5} = \frac{1.244}{2} |6.812 - 7.080| \ \mu m = 0.622 \times 26.8 \ \mu m = 16.7 \ \mu m$$

需要指出,用光切显微镜也可以测量 Ra 值,但操作很麻烦。用光切显微镜测量 Ra 值,实质上是按坐标测轮廓影像上多个离散点,求出各点到中线的距离,再按定义计算 Ra 值。

9.7.4 TR 系列粗糙度仪简介

近年来国内市场上推出的 TR 系列粗糙度仪是一种新型的表面粗糙度检测仪器。TR 系列包括了袖珍式、袖珍组合式、手持式、便携式等粗糙度仪。

TR 系列粗糙度仪的特点是仪器体积小、便于携带、操作简便、读数直观,可与多种测量探头配合使用,适合于工厂现场测量。

1. TR 系列粗糙度仪的性能

TR 系列粗糙度仪的基本性能如下:

1)清晰的大屏幕,液晶显示。

2)可测量多种参数及机加工零件的表面粗糙度。

3)高精度电感传感器,传感器触针位置指示,具有示值校准功能。

4)测量评定数据符合 ISO 和 GB 标准,

5)适用于平面形、圆柱形、圆锥形等各种金属或非金属加工表面的检测。

手持式、便携式等粗糙度仪的性能还包括:

1)兼容 DIN、ANSI、JIS 等多种标准。

2)具有测量数据存储及存储数据查询功能。

3)可连接专用打印机,可以打印测量数据及轮廓图形。

4)标准 RS232 接口,可与计算机通信。

5)可以选择多种滤波器。

6)人机对话、界面直观、具有多种提示说明信息功能。

2. TR210 型手持式粗糙度仪简介

TR210 型手持式粗糙度仪是一款性价比良好的现场型粗糙度测量设备,粗糙度仪的外形如图 9.52 所示。仪器特点如下:

TR210 型手持式粗糙度仪可以测量多种机加工零件的表面粗糙度,根据选定的测量条件计算相应的参数,在液晶显示器上清晰地显示出来。仪器所给出的参数符合 GB/T 3505—2000《产品几何技术规范 表面结构 轮廓法 表面结构的术语、定义及参数》。

该仪器可以进行 Ra、Rz、Rq 和 Rt 参数的测量。可以选配曲面传感器、小孔传感器、测量平台、传感器护套、接长杆等附件。

(1)TR210 型手持式粗糙度仪测量原理

测量工件表面粗糙度时,将传感器放置在工件被测表面上,由仪器内部的驱动机构带动传感器沿被测表面作等速滑行,传感器通过内置的锐利触针感受被测表面的粗糙度,此时工件被测表面的粗糙度已引起触针产生位移,该位移使传感器电感线圈的电感量发生变化,从而在相敏整流器的输出端产生与被测表面粗糙度成比例的模拟信号。该信号经过放大及电平转换之后进入

图 9.52 TR210 手持式粗糙度仪

数据采集系统,DSP 芯片将采集的数据进行数字滤波和参数计算。测量结果在液晶显示器上读出,可以存储,也可以在打印机上输出。

TR210 型手持式粗糙度仪各部位名称如图 9.53 所示。液晶显示屏符号如图 9.54 所示。

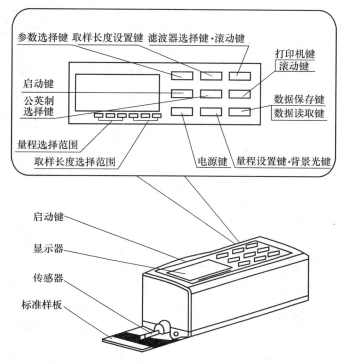

图 9.53　TR210 型手持式粗糙度仪各部位名称

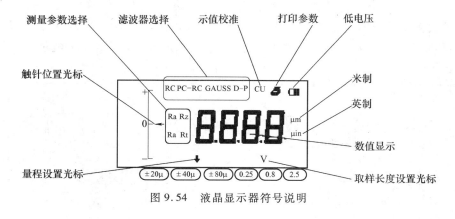

图 9.54　液晶显示器符号说明

（2）TR210 型手持式粗糙度仪测量操作

1）开启仪器。显示器屏幕自动显示设定的参数、单位、滤波器、量程、取样长度、触针位置。

2）擦净被测工件表面。

3）参照图 9.55,将仪器正确、平稳、可靠地放置在工件被测表面上。

4）参照图 9.56,传感器测量中的滑行轨迹必须垂直于工件被测表面的加工纹理方向。

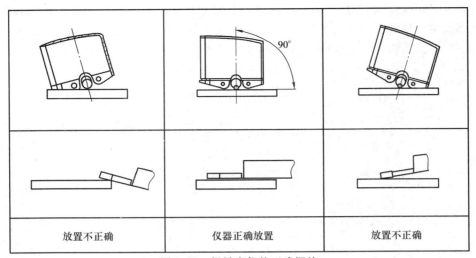

| 放置不正确 | 仪器正确放置 | 放置不正确 |

图 9.55　粗糙度仪的正确摆放

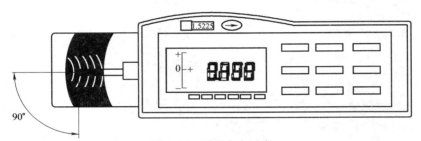

图 9.56　测量方向示意

5）按启动键开始测量,传感器在被测表面上滑行,液晶屏的采样符号"––––"动态逐级显示,表示当前仪器的传感器正在拾取信号(图 9.57)。当采样符号"––––"变为快速闪动时,表示采样结束,正在进行滤波及参数计算(图 9.58)。测量完毕,本次测量的结果显示在液晶屏上,如图 9.59 所示。

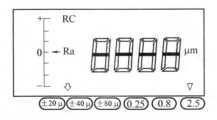

图 9.57　仪器的传感器正在拾取信号

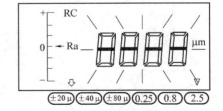

图 9.58　仪器采样结束

（3）测量参数的修改

TR210 型手持式粗糙度仪在测量过程中可以修改测量条件。

1）修改取样长度　按取样长度设置键,可在 0.25 mm、0.8 mm、2.5 mm 三个取样长度间循环切换,参照取样长度设置光标。

2）修改量程　按量程设置键，可在 20 μm、40 μm、
80 μm 三个量程间循环切换，参照量程设置光标。

3）修改滤波器　按滤波器设置键，可在 RC、PC-RC、
Gauss、D-P 四种滤波器间循环切换。

4）修改参数　按参数选择键，可在轮廓算术平均偏差
Ra、轮廓的最大高度 Rz、轮廓均方根偏差 Rq、轮廓峰谷总
高度 Rt 四个参数间循环切换。

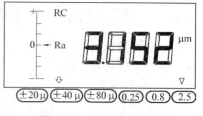

图 9.59　测量结果显示

5）修改单位　按公英制选择键，可在米制、英制两种单位间循环切换。

6）使用液晶背光　在使用仪器的光线环境较差时可按背景光键约 3 s，可以打开或关闭液
晶背景光。不用背光时应关闭，以节省电能。

9.8　三坐标测量机简介

现代工业生产和科学技术的发展离不开精确的测量技术，而精确的测量必须靠精密的设备
才能实现。三坐标测量机就是当代普遍应用的检测形状和尺寸的精密检测设备。

在国外，三坐标测量机的生产始于 20 世纪 50 年代，著名的生产厂家有德国的蔡司（Zeiss）
和莱茨（Leitz）、意大利的 DEA 等公司。在国内，三坐标测量机的生产始于 20 世纪 70 年代，主要
生产厂家有中国航空精密机械研究所、北京机床研究所、青岛前哨朗普测量技术有限公司、中国
测试技术研究院等。

目前，国内外三坐标测量机正迅速发展，已广泛地用于机械制造、仪器制造、电子工业、汽车工业、
航空航天及国防工业中。三坐标测量机的主要功能是机械零件测量、在线质量控制和实物编程等。

9.8.1　三坐标测量机的工作原理

三坐标测量机是由单坐标测量机和两坐标测量机发展而来的。例如，测长机是用于测量单
方向的长度，实际上是单坐标测量机；万能工具显微镜具有 x 和 y 两个方向移动的工作台，用于
测量平面上各点的坐标位置，即两坐标测量机。

三坐标测量机是由三个相互垂直的运动轴 x、y、z 建立的一个直角坐标系，测头的一切运动
都在这个坐标系中进行；测头的运动轨迹由测球中心点来表示。测量时，把被测零件放在工作台
上，测头与零件表面接触，三坐标测量机的检测系统可以随时给出测球中心点在坐标系中的精确
位置。当测球沿着工件的几何型面移动时，就可以得出被测几何型面上各点的坐标值。将这些
数据送入计算机，经过计算机数据处理，拟合形成测量元素，如圆、球、圆柱、圆锥、曲面等，再通过
相应的软件进行数学计算得出形状、位置公差及其它几何量
数据。

如图 9.60 所示，测量孔 1 和 2 的中心距，先在孔 1 和 2 各
测至少 3 点，计算出各自的圆心坐标值，然后计算两点的距
离。同时可以测量外形尺寸、孔径、孔的圆度和圆柱度、两孔
轴线的平行度、轴线与基面的垂直度、工件表面的平面度等。

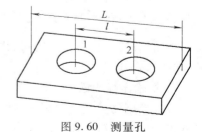

图 9.60　测量孔

9.8.2　三坐标测量机的特点及主要用途

三坐标测量机综合应用了电子技术、计算机技术、数控技术、光栅测量技术(激光技术)、传感器技术和精密机械(包括新工艺、新材料和气浮技术),具有高精度(达到 μm 级)、高效率(数十、数百倍于传统测量手段)、万能性(可代替多种长度计量仪器)等特点。

三坐标测量机的主要用途体现在以下几个方面。

1. 机械零件测量

有些零件精度高、形状复杂,特别是形位公差要求严格,用常规的测量方式难以完成,所以只能用三坐标测量机测量。

1)复杂箱体零件。例如机床、液压、内燃机、建筑机械、航空等行业的箱体零件的划线和孔径、孔距的测量。

2)复杂曲面。例如叶片、齿轮、汽车和飞机的外形轮廓的测量。

3)各种模具。例如金属模、木模、塑料模、粘土模等的划线和几何尺寸、形位误差的测量。

4)各种壳体零件、铸件、冲压件、锻压件的划线测量。

2. 在线质量控制

三坐标测量机通过在线测量的工作方式已经成为柔性制造系统的有机组成部分。三坐标测量机与数控机床及加工中心配套,作为生产系统反馈控制的环节,将零件的加工误差以数值形式变为修正值,再反馈给机床,使其加工出修正了误差的零件,这样可大大降低废品率,提高生产效率。

3. 实物编程

在航空航天、汽车、造船等行业中,有些形状复杂的零件或工艺装备,加工时不是依据图样上标注的数字尺寸,而是按照实物模型进行加工的。这些零件很难用数字量在图样中表示出来,即使表示出来了,在数控机床上加工时,要计算刀具中心轨迹和编制数控加工程序也很困难。因此,在数控机床上加工这类零件时,可以借助三坐标测量机的实物编程软件系统和三向变位测头,按照需要的步长和行距,对实物模型表面进行扫描,获得加工面几何形状的各项参数,经计算机处理后生成符合精度要求的数控加工程序。

4. 自动化设计

三坐标测量机不仅可以对复杂零件进行实物编程,还可以绘制出设计图样,在产品研发过程中加快研制周期,成为反求工程的重要手段。例如,新型飞机设计模型经风洞试验合格后,需绘制成图。如果由人工完成,工作量大,难度高,从反复定型到出图样要很长时间。用三坐标测量机配以带有绘图设备及软件的计算机,则可通过对模型外形的快速测量得到设计图样。

9.8.3　三坐标测量机的主要结构形式

从结构形式上,三坐标测量机主要分为桥式、悬臂式、水平臂式和龙门式(也称门架式)几种,如图 9.61 所示。

1. 桥式坐标测量机

桥式坐标测量机是使用最多的一种测量机,主要用于中等测量空间,精度高。桥式坐标测量机分固定桥式和活动桥式两种。

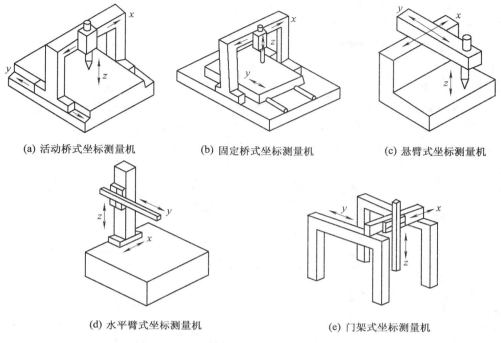

(a) 活动桥式坐标测量机   (b) 固定桥式坐标测量机   (c) 悬臂式坐标测量机

(d) 水平臂式坐标测量机   (e) 门架式坐标测量机

图 9.61　不同结构形式三坐标测量机示意图

1）活动桥式测量机具有固定的工作台支撑测量工件和活动桥,是采用最多的一种结构型式。其优点为结构刚性好,承重能力大。缺点为单边驱动时扭摆大,光栅偏置时阿贝误差较大。活动桥式结构可完成中型零件的测量任务,测量准确度较高。相对悬臂式而言,测量的开敞性不好,如图 9.62 所示。

2）高精度测量机通常采用固定桥式测量机,其优点是结构稳定,整体刚性强,中央驱动偏摆小,光栅在工作台的中央,阿贝误差小,x、y 方向的运动相互独立,相互影响小。缺点是测量对象伴随工作台运动运行,故速度低,承载能力较小,如图 9.63 所示。

图 9.62　活动桥式三坐标测量机

图 9.63　固定桥式三坐标测量机

2. 悬臂式测量机

悬臂式测量机的结构优点是工作台开阔,装卸工件方便,可放置底面积大于台面的零件。缺点是易产生挠度变形,精度受影响。悬臂式测量机是测量小空间的三坐标测量机的典型形式,如图 9.64 所示。

3. 水平臂式测量机

水平臂式测量机的结构较特殊,底座的长度是宽度的 2~3 倍,其目的是为了适应大型自动化生产线的需要,它的操作性能很好,移动快速。缺点是 y 轴的刚度难以提高,由自重产生弯曲变形,影响测量精度。水平臂式测量机是大测量范围、低精度坐标测量机的典型形式,称为"测量机器人"的通常是这种形式的测量机,如图 9.65 所示。

图 9.64　悬臂式三坐标测量机　　　　图 9.65　水平臂式三坐标测量机

4. 龙门式测量机

龙门式测量机如图 9.66 所示。大尺寸工件的测量需要坚固的开敞式龙门结构,从而可减少工件的上/下料时间,同时允许操作者在操作时能够靠近被测工件,有效地完成大型工件的测量工作,同时保持很高的精度,并可进行对复杂形状和自由曲面的扫描工作。

5. 关节臂式测量机

近年来美国、日本等公司推出了一种多关节的极坐标机,从根本上取消了笛卡儿坐标系测量方式,这种结构的优点是结构非常简单、轻便,移动灵活,测量范围大,可以折叠装箱,携带方便,无论是现场还是在车间使用都可提供无限的便携性。缺点是刚性差,精度难以提高。如图 9.67 所示。

图 9.66　龙门式三坐标测量机　　　图 9.67　关节臂式三坐标测量机

9.8.4 三坐标测量机的组成

尽管三坐标测量机种类繁多,结构形式和机器性能各异,但所有三坐标测量机的主要工作原理均是将被测量与标准量进行比较,经计算处理后得到三维的测量数据。因此,三坐标测量机通常具有三个方向的标准器(标尺),在控制与驱动系统的指挥驱动下,使三维测头系统能对被测物体沿具有标尺的导轨作确定的相对运动,从而实现检测或扫描,并将测量数据处理后输出。

三坐标测量机均由主机(含具有标尺的导轨)、测头系统和控制系统三大部分组成,如图9.68所示。

1. 主机

三坐标测量机的主机结构如图9.69所示。

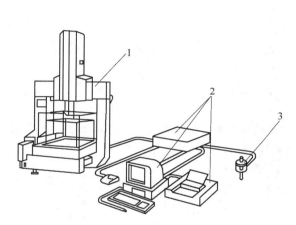

图9.68 三坐标测量机的组成

1—主机;2—控制系统;3—测头系统

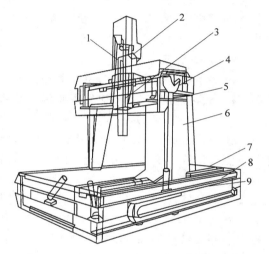

图9.69 三坐标测量机主机结构

1—z轴平衡部件;2—z轴驱动;3—z标尺;

4—x轴驱动;5—x标尺;6—框架;

7—导轨;8—y标尺;9—y轴驱动

(1)框架结构

框架是指测量机的主体机械结构,是工作台、立柱、桥框、壳体等机械结构的集合体。

(2)测量系统

测量系统是三坐标测量机的重要组成部分,它决定了三坐标测量机的精度和成本。该系统通常包括数显电气装置。目前,国内外三坐标测量机中使用的测量系统可分为三类,即机械式测量系统、光学式测量系统和电学式测量系统。机械式测量系统有精密丝杠加微分鼓轮、精密齿轮和齿条等。光学式测量系统有光学读数刻度尺、光栅尺、光学编码器、激光干涉仪等。电学式测量系统有感应同步器、旋转变压器、磁尺等。

(3)导轨

导轨实现测量机的三维运动。测量机多采用滑动导轨、滚动轴承导轨和气浮导轨,其中又以气浮导轨为主要形式。气浮导轨由导轨体和气垫组成,有的导轨体和工作台合二为一,此外还包括气源、稳压器、过滤器、气管、分流器等一套气动装置。

（4）驱动装置

驱动装置实现测量机和程序控制伺服系统运动的功能。驱动装置通常有丝杠螺母、滚动轮、钢丝、齿形带、齿轮齿条、光轴滚动轮等部件，并配以伺服电动机驱动。

（5）平衡部件

平衡部件主要用于 z 轴框架结构中，用以平衡 z 轴的重量，确保 z 轴上下运动时无偏重干扰，使检测时 z 向测力稳定。如更换 z 轴上所装的测头时，应重新调节平衡力的大小，以达到新的平衡。z 轴平衡装置有重锤、发条或弹簧、气缸活塞杆等类型。

（6）转台与附件

转台是测量机的重要元件，可使测量机增加一个回转自由度，便于某些种类零件的测量。转台包括分度台、单轴回转台、万能转台（二轴或三轴）和数控转台等。用于三坐标测量机的附件很多，一般有基准平尺、角尺、步距规、标准球体（或立方体）、测微仪及用于自检的精度检测样板等。

2. 测头系统

测头系统是三坐标测量机的关键部件之一，三坐标测量机的工作效率和精度与测头密切相关，没有先进的测头，就无法发挥测量机的功能。

按工作原理，测头可分为机械式、光学式和电气式三种。

按测量方法，测头可分为接触式和非接触式两类。

测头系统主要由测头底座、加长杆、传感器和检测头（探针）组成。测头顶端的测球材质通常为红宝石，为确保测头的使用能够达到最大的测量精度，要求测杆尽量要短而且坚固，测球要尽量大，测头底座可自由旋转，如图 9.70 所示。

测头可视为一种传感器，只是其结构、种类、功能较一般传感器复杂得多。测头系统的基本功能是测微（即测出与给定的标准坐标值的偏差量）和触发瞄准并过零发信。目前，使用最多的是电气测头。电气测头多采用电触、电感、电容、应变片、压电晶体等作为传感器来接收测量信号，可以达到很高的测量精度，其中应用比较广泛的是电触式开关测头。电触式开关测头结构简单、使用方便，又有较高的发信精度，常称为触发测头。电触式开关测头利用电触头的开合进行瞄准，常用于"飞跃"测量，即在检测零件时，测头缓缓前进，当过"零点"时，测头自动发信号，不待测头停止运动或退回，就已经"瞄准"完毕。

图 9.70　测头系统

3. 控制系统

控制系统是三坐标测量机的核心，主要用于控制测量机的运动，并对测头系统采集的数据进行处理，将测量结果打印输出。

控制系统主要包括电气控制系统、计算机硬件部分、测量软件及打印与绘图装置。

（1）电气控制系统

电气控制系统是测量机的电气控制部分，具有单轴与多轴联动控制、外围设备控制、通信控制和保护与逻辑控制等部分。

（2）计算机硬件部分

三坐标测量机可以采用各种计算机，一般有 PC 机和工作站等。

（3）测量软件

测量软件的作用一是对测量机的主轴运行进行控制，特别是数控测量机，离开了测量软件的控制就无法进行数控形式的测量；二是对测量结果进行数据处理。测头采集的数据是一系列测量点的坐标数据组，而不是操作者需要的测量尺寸、几何形状误差的结果，更没有是否合格的测量结论，必须经过规定的数学模型和公式进行数据处理，才能得到真正所需要的测量结果。

（4）打印与绘图装置

打印与绘图装置可根据测量要求，打印输出数据和表格，亦可绘制图形，是测量结果的输出设备。

9.8.5　三坐标测量机的应用

三坐标测量机工作时，通常是先将被测对象分解为基本几何元素，再分别进行测量。几何元素包括点、直线、平面、圆、球、圆柱、圆锥和椭圆。接着再评价零件的形状误差（平面度、直线度、圆度、轮廓度）、位置误差（平行度、垂直度、同轴度、跳动、倾斜度、对称度）以及零件的尺寸误差（位置、距离、夹角）。此外，三坐标测量机还可以测量二维曲线、三维曲线、三维自由曲面。

在三坐标测量机上测量零件的顺序如下：

1）综合分析图样，进行工件装夹。

2）根据零件具体情况选择测头大小，并校正测头。

3）建立零件坐标系。

4）进行检测项目元素的测量。

5）进行形状位置公差评价。

6）生成检测报告。

本 章 小 结

几何量误差的测量是机械工程检测的重要组成部分，本章介绍了长度测量基准及尺寸传递系统、几何量的形位误差及其公差、形位误差的检测原则。要学会量块的使用，了解形状误差的"最小条件"评定原则，能正确地选用测量器具。

本章重点讲述了尺寸误差、角度误差、直线度误差、圆度误差、同轴度误差、跳动误差、螺纹及表面粗糙度等形位误差的测量方法，通过本章的学习，要熟练掌握常用的几何量尺寸及形位误差的测量方法，能够正确给出检测结果。

为了使学生了解几何量检测的新方法、新技术，本章最后介绍了三坐标测量机的应用。

思考题与习题

9.1　按表9.1从83块一套的量块中选取合适尺寸的量块，组合出尺寸为51.965 mm的量块组。

9.2　某测量器具在示值为30 mm处的示值误差为+0.003 mm。若用该测量器具测量工件时，读数正好是30 mm，试确定该工件的实际尺寸是多少？

9.3　形状误差评定原则中的"最小条件"指的是什么？

9.4　选择检测量仪应注意哪些问题？

9.5　测量孔径时,为什么要在轴线方向上测量几个截面,且每个截面还要在相互垂直的两个部位上各测一次?

9.6　角度量分度误差的"封闭原则"是什么?

9.7　用分度值为 0.02/1 000 的水平仪测量 2 m 长的导轨,桥板跨距为 200 mm,测点顺序及测得数值如下:1、1.2、0、−1.5、−0.2、1、0.8、1.5、0、0.2 mm。请分别用作图法和最小区域法评定其直线度。

9.8　常用测量同轴度误差的方法有哪些?请叙述光轴法测量同轴度的大致步骤。

9.9　跳动误差的定义与其它形位误差项目的定义有何不同?其测量对象是什么?

9.10　评定表面粗糙度时,为什么要规定取样长度和评定长度?

附录 实验指导书

实验教学是"机械工程检测技术"课程教学中的一个重要环节。检测技术的实践性很强,通过实验教学使学生进一步掌握和巩固所学的理论知识、基本的检测方法,初步熟悉常用检测仪器和传感器的使用,增强实际动手能力。

这部分内容包括工件尺寸、直线度误差、表面粗糙度和齿轮公法线等几何量的测量以及常用传感器的使用等 10 个实验。

实验中的仪器、设备选用通用型实验室测量仪器和计量器具。常用传感器实验选用浙江大学检测技术研究所生产的 CSY_{10} 型传感器系统实验仪,如图 1 所示。该实验仪是为本课程实验教学设计的多功能教学仪器,其特点是集被测体、各种传感器、激励源、显示仪表和处理电路于一体,组成了一个完整的测量系统。试验台配有应变、温度、压电、热电、电容、光纤、霍尔、电感、电涡流、磁电等传感器;变换电路则包含电桥、差动放大器、电荷放大器、低通滤波器、移相器、相敏检波器、温度变换器、光电变换器、电容变换器、涡流变换器等。各部分的连接用专用插头在面板上进行,操作方便。

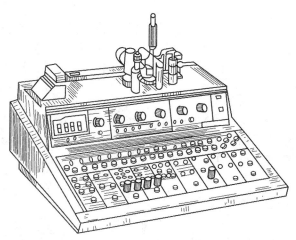

图 1 CSY_{10} 型传感器系统实验仪

实际传感器应用实验采用 DRCSX-12-B 型环形输送线试验台和 DRZZS-A 型多功能转子试验台,结合 LabVIEW 软件共同实现。其共同构成的虚拟仪器测试系统由被测对象、信号调理、数据采集卡、数据处理几个模块组成,最后输入计算机的虚拟仪器面板,如图 2 所示。

图 2 虚拟仪器组建方案

DRCSX-12-B 型环形输送线试验台是小型多用途环形输送线实验台,它可以模拟自动生产线上物料的输送、检测工作。DRCSX-12-B 型环形输送线试验台是国内首家推出的小型多用途环形输送线实验台,它可以模拟自动生产线上物料的输送、检测工作,具有体积小、结构合理、功能强、使用方便、开设的实验项目多等特点。DRCSX-12-B 型环形输送线试验台可以开设光电对射传感器运行速度测量实验、红外传感器物品计数实验、电涡流传感器金属物体检测实验、超声波传感器物体距离探测实验、色差传感器物体表面颜色识别实验、应变力传感器物体质量测量实验、霍尔传感器工位定位实验、直角坐标机械手物件分拣实验。图 3 是该实验台的结构图。

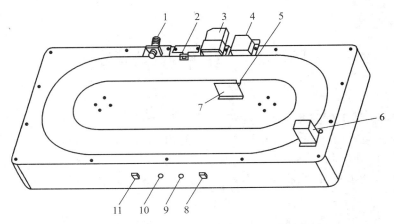

图 3　DRCSX-12-B 型环形输送线试验台结构图

1—电涡流器接近开关反射;2—霍尔传感器;3—镜色差识别传感器;4—红外反射式传感器;
5—定位光管;6—超声波探头;7—红外反射传感器反射镜;8—电源开关;9—电源指示灯;
10—自动指示灯;11—手动/自动转换;

DRZZS-A 型多功能转子试验台与 LabVIEW 软件平台结合,可以开设加速度传感器/速度传感器振动测量实验、磁电传感器/光电传感器转速测量、三点加重法转子动平衡实验、转子轴心轨迹测量实验,如图 4 所示。

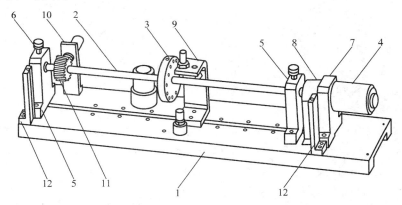

图 4　DRZZS-A 型多功能转子试验台结构示意图

1—底座;2—主轴;3—飞轮;4—直流电动机;5—主轴支座;6—含油轴承及油杯;7—电动机支座;
8—联轴器及护罩;9—RS9008 电涡流传感器支架;10—磁电转速传感器支架;11—测速齿轮(15 齿);12—保护挡板支架

实验一　用立式光学计测量塞规

一、实验目的

学会用立式光学计测量工件外径尺寸的方法,并根据测量结果判断工件是否合格。

二、实验设备

立式光学计、量块、工作塞规。

三、实验原理及仪器说明

立式光学计用于长度测量,它采用量块作为长度基准,按比较测量法测量工件外径的微差尺寸。

图 5 为立式光学计外形图。核心部分为光学计管,光学计管利用光学杠杆放大原理进行测量,其光学系统如图 6b 所示。光线经反射镜 1 进入光学计管,使分化板上的刻度尺 8 得到照明,光线通过刻度尺,经过棱镜 2 的反射,折向物镜 3,照射到反射镜 4 上。由于刻度尺 8 位于物镜 3 的焦平面上,光线经物镜 3 后成为一平行光束。若反射镜 4 与物镜 3 相互平行,则反射光线折回到焦平面,从目镜中看到刻度尺 8 的成像 7,此时刻度尺成像 7 与刻度尺 8 对称。若被测尺寸变动使测杆 5 推动反射镜 4 绕支点转动某一角度 α(图 6a),则反射光线相对于入射光线偏转 2α,从而使刻度尺成像 7 产生位移 t,它代表被测尺寸的变动量。

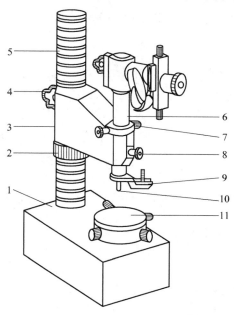

图 5 立式光学计外形图

1—底座;2—横臂升降螺母;3—横臂;4—横臂紧定螺钉;5—立柱;6—光学计管;7—微动凸轮托圈紧定螺钉;8—光学计管紧定螺钉;9—提升器;10—测头;11—工作台

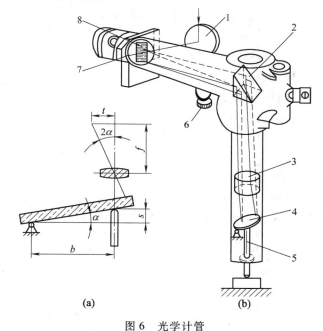

(a)　　　　**(b)**

图 6 光学计管

1、4—反射镜;2—棱镜;3—物镜;5—测杆;6—刻度尺微调螺钉;7—刻度尺成像;8—刻度尺

仪器的基本度量指标如下:

分度值	0.001 mm
示值范围	±100 μm
测量范围:最大直径	150 mm

最大长度	180 mm
示值误差	±0.3 μm

四、测量步骤

1. 选择测头

测头的形状有球形、刀口形与平面形三种,应根据被测工件表面形状来选择,即测头与被测工件表面的接触宜采用点接触或线接触。本实验可选用刀口形测头。

2. 组合量块

按被测工件(塞规)的基本尺寸组合量块。

3. 清洁仪器

用汽油将工作台、测量头、量块以及被测塞规表面清洗、拭干。

4. 调整仪器零位

(1)置量块

组合好量块组后,将量块组置于工作台 11 的中央(见图 5),并使测量头 10 对准量块组上工作面中点。

(2)粗调整

松开横臂紧定螺钉 4,转动横臂升降螺母 2,使横臂 3 缓慢下降,直到测头与量块轻微接触,并能在目镜视场中看到刻度尺成像为止,然后拧紧横臂紧定螺钉 4。

(3)细调整

松开螺钉 8,转动微动凸轮托圈紧定螺钉 7,使刻度标尺零位与 μ 指示线重合(图 7a),然后拧紧螺钉 8。

(4)微调整

转动刻度尺微调螺钉 6(图 6b),使刻度尺成像的"0"线与 μ 指示线重合(图 7b),然后轻轻按下数次测头提升器 9(图 5),使零位稳定。

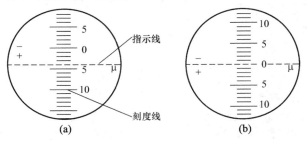

图 7 调零

(5)取下量块

按下提升器 9,使测头抬起后取下量块组。

5. 测量塞规

按实验规定的部位(在被测塞规工作表面等分的三个横截面上两个相互垂直的径向位置)进行测量,把测量结果填入实验报告。

214

6. 判别塞规合格性

查出被测塞规的尺寸公差,与测量结果比较,判断被测塞规的合格性。

五、思考题

1. 用立式光学计测量塞规属于什么测量方法?
2. 仪器的测量范围和刻度尺的示值范围有什么不同?

实验二　用合像水平仪测量直线度误差

一、实验目的

1. 熟悉合像水平仪的基本原理。
2. 学会用合像水平仪测量直线度误差的方法及数据处理。

二、实验设备

合像水平仪、仪器导轨。

三、仪器说明及测量原理

机床、仪器导轨或其它窄而长的平面,为了控制其直线度误差,常在给定平面(如垂直平面、水平平面)内进行检测。常用的测量仪器有框式水平仪、合像水平仪、电子水平仪和自准直仪等。这类仪器测量直线度误差的共同特点是测定被测平面与基准面微小角度的变化。由于被测表面存在直线度误差,测量仪器置于不同的被测部位上,已校准的仪器零位示值必然发生偏移,即倾斜角度发生相应的变化。如果节距(相邻两测点的距离)一经确定,这个变化的微小角度与相邻两个被测点的高低差就有确切的对应关系。通过对逐个节距的测量,得出一系列不同的角度,再通过作图法或计算法对测量数据进行处理,即可求出被测表面的直线度误差值。

合像水平仪的外形及结构原理如图 8 所示。使用时,将合像水平仪放于桥板(图 9)上相对不动,再将桥板放于被测表面上。如果被测表面无直线度误差,并与自然水平面基准平行,此时水准器的气泡位于两棱镜的中间位置,气泡边缘通过合像棱镜 7 所产生的影像,可在放大镜 6 中观察到,如图 8b 所示。但在实际测量中,由于被测表面安放位置不理想以及被测表面不直,导致气泡移动,其视场情况将如图 8c 所示。此时,可转动测微螺杆 10,使水准器转动一个角度,从而使气泡返回棱镜组 7 的中间位置,则图 8c 中两影像的错移量 Δ 消失而恢复成一个光滑的半圆头(图 8b)。测微螺杆移动量 s 导致水准器产生转角 α(图 8d),转角 α 与相邻两点的高低差 h(单位 μm)有确切的对应关系,即

$$h = 0.01L\alpha$$

式中,0.01 为合像水平仪的分度值,mm/m;L 为桥板节距,mm;α 为角度读数值。如此逐点测量,就可得到相应的 α 值和 h 值。

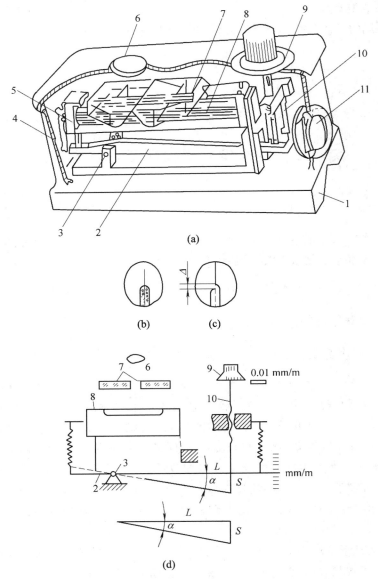

图 8　合像水平仪的外形及结构原理图

1—底板；2—杠杆；3—销轴；4—壳体；5—支架；6—放大镜；7—两个棱镜；8—水准器；

9—微分筒；10—测微螺杆；11—放大镜

四、实验步骤

1. 确定测量节距

被测平面应大致调成水平位置。量出被测表面总长,选定适当测量段数,计算出相邻两测点之间的距离(节距)L,按节距调整桥板(图9)的两圆柱中心距。

2. 测量过程

合像水平仪放于桥板上,将桥板置于被测表面的一端,起始点定为"0"点。然后依次放在各节

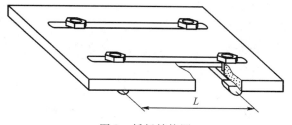

图9　桥板结构图

距的位置上。每移动一个节距,要旋转微分筒9合像,使放大镜中出现如图8b所示的影像,此时即可进行读数。读数顺序为:先在放大镜11处读数,它是反映测微螺杆10的旋转圈数;微分筒9(标有+、−旋转方向)的读数则是测微螺杆10旋转一圈(100格)的细分读数;如此顺测(从首点至终点)、回测(由终点至首点)各一次。回测时桥板不能调头,各测点两次读数的平均值作为该点的测量数据。如某测点两次读数相差较大,说明测量情况不正常,应分析原因并加以消除后重测。

3. 数据处理

为了简化计算工作及作图的方便,最好将各测点的读数平均值同减一个数值而得出相对差。这个数值可以是任意数,但要有利于相对差数字的简化。

4. 画出误差折线

用作图法评定直线度误差时,应根据各测点的相对差,选取适当比例在坐标纸上取点。作图时不要漏掉首点(零点),同时后一测点的坐标位置是以前一点为基准。连接图中各点,得出误差折线。

5. 做最小包容区

用两条平行直线包容误差折线,其中一条直线必须与误差折线两个最高(最低)点相切,在两切点之间,应有一个最低(最高)点与另一条平行直线相切。这两条平行直线之间的区域才是最小包容区域。从平行于纵坐标方向画出这两条平行直线间的距离,此距离就是被测表面的直线度误差值 f(格)。

6. 转换为线值

将误差值 f(格)按下式折算成线值 $f(\mu m)$,并按国家标准评定被测表面直线度的公差等级。

$$f(\mu m) = 0.01 \, Lf(格)$$

表1为用合像水平仪测量一窄长平面的直线度误差的测量数据记录与数据处理的实例。

表1　测量数据记录与处理

测点顺序 i		0	1	2	3	4	5	6	7	8
读数 α_i /格	顺测	—	298	300	290	301	302	306	299	296
	回测	—	296	298	288	299	300	306	297	296
	平均	—	297	299	289	300	301	306	298	296
相对差/格 $\Delta = \alpha_i - \alpha$		0	0	+2	−8	+3	+4	+9	+1	−1

217

五、思考题

用作图法求解直线度误差值时,如前所述,总是在平行于纵坐标的方向上计量,而不是计量两条平行包容直线之间的垂直距离,试分析其原因。

实验三   表面粗糙度的测量

一、实验目的

1. 了解用双管显微镜测量表面粗糙度的原理及方法。
2. 完成对表面粗糙度的评定参数微观不平度十点高度 R_z 值的测量。

二、实验设备

双管光切显微镜、测量工件等。

三、仪器说明及测量原理

双管光切显微镜是利用光切原理来测量表面粗糙度的光学仪器,它的外形如图 10 所示。光切原理参见第 9 章。根据其光学系统得出被测表面的不平度高度 h 值

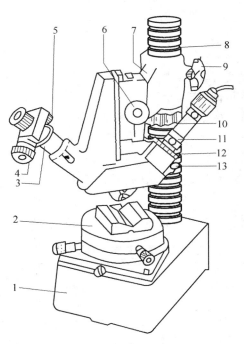

图 10   双管光切显微镜外形图

1—底座;2—工作台;3—观测光管;4—目镜测微器;5—紧定螺钉;6—微调手轮;7—横臂;8—立柱;
9—紧定螺钉;10—横臂调节螺母;11—投射光管;12—调焦环;13—调节螺钉

$$h = h'\cos45° = \frac{h''}{N}\cos45°$$

式中,N 为物镜放大倍数。

为了测量和计算方便,测微目镜中十字线的移动方向(图 11a)和被测量光带边缘宽度 h'' 成 45°角(图 11b),故目镜测微器刻度套筒上的读数值 h_1 与 h 的关系为

$$h_1 = \frac{h''}{\cos45°} = \frac{Nh}{\cos^2 45°}$$

所以

$$h = \frac{h_1\cos^2 45°}{N} = \frac{h_1}{2N} = Ch_1$$

式中,C 为刻度套筒的分度值,与光线投射角 α、目镜测微器的结构和物镜放大倍数有关。

四、测量步骤

1. 根据被测工件表面粗糙度的要求,按表 2 选择合适的物镜组,分别安装在投射光管和观测光管的下端。

表 2　物镜组参考数据

物镜放大倍数 N	总放大倍数	视场直径 /mm	物镜工作距离 /mm	测量范围 $R_z/\mu m$
7×	60×	2.5	17.8	10 ~ 80
14×	120×	1.3	6.8	3.2 ~ 10
30×	260×	0.6	1.6	1.6 ~ 6.3
60×	520×	0.3	0.65	0.8 ~ 3.2

2. 接通电源。

3. 擦净被测工件,把它安放在工作台上,并使被测表面的切削痕迹的方向与光带垂直。当测量圆柱形工件时,将工件置于 V 型块上。

4. 粗调节。参看图 7 用手托住横臂 7,松开紧定螺钉 9,缓慢旋转横臂调节螺母 10,使横臂 7 上下移动,直到目镜中观察到绿色光带和表面轮廓不平度的影像(图 11b)。然后,将螺钉 9 固紧。要注意防止物镜与工件表面相碰,以免损坏物镜组。

5. 细调节。缓慢往复转动微调手轮 6,调焦环 12 和光线投射方向调节螺钉 13,使目镜中光带最狭窄,轮廓影像最清晰并位于视场的中央。

6. 松开紧定螺钉 5,转动目镜测微器 4,使目镜中十字线的一根线与光带轮廓中心线大致平行。然后,将螺钉紧定 5 固紧。

7. 根据被测表面的粗糙度 R_z 数值范围,按国家标准的规定选取取样长度和评定长度。

8. 旋转目镜测微器的刻度套筒,使目镜中十字线的一根线与光带轮廓一边的峰(或谷)相切,如图 11b 实线所示,并从测微器上读出被测表面的峰(或谷)的数值。以此类推,在取样长度范围内分别测出 5 个最高点(峰)和 5 个最低点(谷)的数值。然后计算出 R_z 的数值。

9. 纵向移动工作台,按上述第 8 项测量步骤,在评定长度范围内共测出 n 个取样长度上的 R_z 值,取它们的平均值作为被测表面的不平度平均高度。按下式计算:

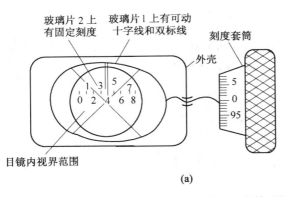

玻璃片2上　玻璃片1上有可动
有固定刻度　十字线和双标线　　　刻度套筒

外壳

目镜内视界范围

(a)

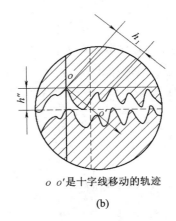

o o'是十字线移动的轨迹

(b)

图 11　目镜观测

$$R_{z(平均)} = \frac{\sum_{i=1}^{n} R_z}{n}$$

10. 根据计算结果,判定被测表面粗糙度的适用性。

五、思考题

1. 测量表面粗糙度还有哪些方法?
2. 为什么只测量光带一边的最高点(峰)和最低点(谷)?

实验四　用自准直仪测量导轨直线度误差

一、实验目的

通过对平尺直线度误差的测量,初步掌握床身导轨形状误差的测量及数据处理方法,并熟悉所用仪器的基本原理。

二、实验设备

准直仪、被测平尺。

三、仪器说明及测量和使用法

ZY-Ⅰ型准直仪是利用光学原理的一种精密的测量仪器,适于测量精密机床及仪器导轨的直线性,仪器的读数目镜能转90°。

无论导轨面在垂直方向或水平方向的直线误差均能测量,该仪器也是一个小角度的测量仪器,故可做小角范围内的精密角度测量,具有测量精度较高、使用方便等优点。

仪器由本体和反射镜座两部分组成,仪器的本体包括一个平行光管和一个读数目镜,其光学系统结构参看图12。

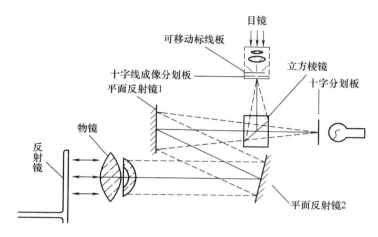

图 12　ZY-I 型准直仪结构图

光源发出的光线,将位于物镜焦平面上的十字成像分划板上的十字像(飞机样)照亮。经立方棱镜,平面反射镜 1、2 及物镜后形成平行光束射到反射镜上,若反射镜与光轴垂直则光线经反射镜反射仍由原路径经物镜,平面反射镜 2、1 而至立方棱镜。在立方棱镜的对角线上镀有半透明膜,反射回来的光线则由此面向上反射,聚焦在十字线成像分划板上,此分划板在目镜的焦平面上,当反射镜倾斜一个微小角度时,则经其反射后的光线在十字线成像分划板上所成的十字线自准也随之产生相应的位移,由读数目镜的测微机构测出此位移量即可测出反射镜的倾角。读数机构的格值一小格为 1′。

仪器使用时,首先将准直仪的本体放在一个平台上,而将反射镜座放在被测物体上,(本实验为平尺上),测量前先调整好仪器的本体和反射镜的相对位置,使十字像出现在视场中心并要清晰,若找不到十字像,可轻轻地移动反射镜,直至视场中出现十字像为止。

四、测量步骤

1. 将被测件擦洗干净并选定若干距离均匀的测点 $(0,1,2,\cdots,n)$,各相邻测点间的距离由桥板长度决定。

2. 将反射镜放在桥板上,再将桥板放在 0—1 处(起始测段)调整反射镜使准直仪目镜视场中部能清晰地看到从反射镜反射回来的十字像(注如被测件(或导轨)很长时,应按被测件全长上两端的两个位置调整准直仪和被测件的相对位置,以防反射镜在终点时自准像偏出视场)。

3. 调节准直仪读数目镜测微鼓轮,使目镜视场中的十字对称套住横直线(参看图 13)并记下起始测段的读数值 a_1,然后依次记下读数值 a_2、a_3、$\cdots$;一般是将起始位置的读数作为零,第一个位置的读数又是相对这个“0”的读数,第二个位置的读数又是相对第一个位置的读数,依次类推。然后再回测一次,取同一位置两次读数的平均值记到实验报告中。

4. 将上述读数值按实验报告要求进行处理。

5. 根据实验报告中 x 轴坐标值,y 轴的累积数值画出直线度误差曲线(即作图法)。

6. 找出 M_1、M_2、M_3 点并标出它们的坐标。

7. 画出直线度误差曲线的包容线,要符合最小条件。

8. 根据下面直线度误差的计算方法,算出直线度误差。

检查直线度时,所得测量数据加以处理才能求出所测素线的直线度误差,现将计算处理方法介绍如下。

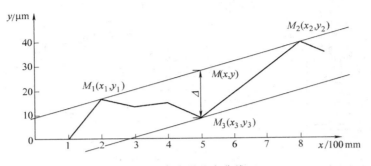

图 13　直线误差度曲线

将测量所得数据按直角坐标绘制曲线图,x 轴为测量方向的长度(一般以 100 mm 为单位),y 轴为测量时的读数经过处理后的数据(一般以 μm 为单位),由于 x 轴与 y 轴采用不同的单位倍数,图中所示的直线度误差(Δ 值)只能沿 y 轴测量(而不能取 M_3 至 M_1、M_2 的垂直距离);并且图中所示的曲线也不是被测素线的实际形状。

图中,通过 M_1 和 M_2 点的直线方程按两点法求得:

$$\frac{y-y_1}{x-x_1}=\frac{y_2-y_1}{x_2-x_1}$$

整理后为 $x(y_2-y_1)+y(x_1-x_2)+(y_1x_2-x_1y_2)=0$ 　　　　　　　　　　(1)

直线方程的一般形式为 $Ax+By+C=0$ 　　　　　　　　　　　　　　　　(2)

将式(1)与式(2)比较,则

$$A=y_2-y_1,B=x_1-x_2,C=y_1x_2-x_1y_2$$

自点 M_1 至直线 M_1M_2 的距离即直线度误差,由解析几何学可知,一点到一直线的距离可按下式计算:

$$\Delta=\left|\frac{Ax_1+By_1+C}{\sqrt{A^2+B^2}}\right|$$

由于 y 坐标以 μm 计,x 坐标以 100 mm 计,所以 $A\rightarrow0$,故上式可简化为

$$\Delta=\left|\frac{Ax_1+By_1+C}{B}\right|$$

综上所述,直线度误差的计算步骤如下:

(1) 找出 $M_1(x_1,y_1)$,$M_2(x_2,y_2)$ 和 $M_3(x_3,y_3)$;

(2) 求 A、B 和 C:

$A=y_2-y_1$

$B=x_1-x_2$

$C=y_1x_2-x_1y_2$

（3）求 Δ：

$$\Delta = \left| \frac{Ax_3 + By_3 + C}{B} \right|$$

注意：计算时，x 与 y 的单位要一致。

9. 按被测导轨直线度公差要求，做出合格性结论。

实验五　金属箔式应变片性能实验

一、实验目的

认识金属应变片的特性，了解应变电桥的工作原理及各种接法对灵敏度的影响。

二、实验设备

CSY_{10} 型传感器系统实验仪有关单元：直流稳压电源、电桥电路、差动放大器、测微头、数字电压表。

三、实验原理

本实验以悬臂梁（双簧片）作为产生应变的金属弹性体，在梁的上、下两面各贴两片金属箔式电阻应变片，R_1^*、R_3^* 贴在上面，R_2^*、R_4^* 贴于下面（图14）。应用应变片测试时，应变片牢固地粘贴在被测件表面上。当被测件受力变形时，应变片的敏感栅随同变形，电阻值也发生相应的变化，通过测量电路，将其转换为电压或电流信号输出。

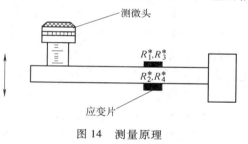

图 14　测量原理

电桥电路是非电量电测中最常用的一种方法。当电桥平衡时，即 $R_1 R_3 = R_2 R_4$，电桥输出为零。在桥臂 R_1、R_2、R_3、R_4 中，电阻的相对变化分别为 $\Delta R_1/R_1$、$\Delta R_2/R_2$、$\Delta R_3/R_3$、$\Delta R_4/R_4$。桥路的输出与应变 $\varepsilon_R = \dfrac{\Delta R_1}{R_1} - \dfrac{\Delta R_2}{R_2} + \dfrac{\Delta R_3}{R_3} - \dfrac{\Delta R_4}{R_4}$ 成正比。当使用一片应变片时，$\varepsilon_R = \dfrac{\Delta R}{R}$；当使用两片应变片时，$\varepsilon_R = \dfrac{\Delta R_1}{R_1} - \dfrac{\Delta R_2}{R_2}$。如两片应变片工作于差动状态，且 $R_1 = R_2 = R$，则有 $\varepsilon_R = \dfrac{2\Delta R}{R}$。用四片应变片组成两个差动对工作，且 $R_1 = R_2 = R_3 = R_4 = R$，则 $\varepsilon_R = \dfrac{4\Delta R}{R}$。

由此可知，单臂、半桥、全桥电路的灵敏度依次增大。

在悬臂自由端旋转测微头上下移动，如图14所示，可以观察应变效应。由于梁受力后产生弯曲变形，粘贴在其表面上的电阻应变片随之变形使其阻值也发生变化。将这些电阻应变片组成电桥，可测出应变电桥的输出特性，即电桥输出电压 V 与测微头移距 X 之间的变化关系。

将应变电阻与电桥单元线路板上的固定电阻连接，可以组成各种桥路实验，如单臂桥、半桥、全桥等形式。

如图 15 所示,电桥单元中:$R_2 = R_3 = R_4 = 350$ Ω,$r = 1$ kΩ,$W_D = 22$ kΩ。

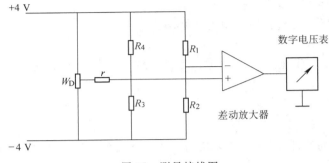

图 15　测量接线图

四、实验内容与步骤

1. 准备

差动放大器增益旋钮调到最右边(最大位置),按实验电路原理图接好电路。

2. 单臂桥测量

(1) 接线。以 R_1^* 代替 R_1 将电路接成单臂桥。

(2) 悬臂自由端位置调整。转动测微头,使双簧片处于水平位置。

(3) 差动放大器调零。用导线将差动放大器的正、负输入端与地短接,其输出端与数字电压表连接,调整差动放大器上的调零旋钮,使数字电压表指示为零,然后拆下导线,再接入单臂桥电路。

(4) 将直流稳压电源调到±4 V 挡,预热几分钟,调整 W_D,使数字电压表指示为零。

(5) 调整差动放大器增益,使测微头分别上下移动 5 mm 时,数字电压表指示值分别为 50 mV 或 –50 mV,此后不能再调整增益(注:必要时往返几次进行调整)。

(6) 记录。旋转测微头,按表格每 1 mm 记录一个数值。

(7) 求出该电桥的灵敏度,画出 X–V 关系曲线。

3. 半桥、全桥测量

保持差动放大器增益不变,将电桥线路分别改接为半桥、全桥电路(注意:改换桥路时,一定要将直流稳压电源关闭),重复上述第(2)、(4)、(6)、(7)。

将三种电桥的测量结果进行比较,并得出结论。

五、思考题

1. 为什么悬臂梁上同一侧的两个应变片不能接成相邻桥臂?

2. 为什么通常在应变式传感器中用双臂桥或全桥形式?

实验六　电容式传感器特性

一、实验目的

1. 认识差动电容传感器的作用和基本结构。
2. 了解差动电容传感器系统的基本电路。
3. 掌握电容传感器的输出特性。

二、实验仪器及设备

CSY$_{10}$型传感器系统实验仪单元:电容变换器、差动放大器、低通滤波器、数字电压表。

三、实验原理

差动变面积式电容传感器由上、下两组定片和一组装在振动台上的动片组成。当改变振动台上、下位置时,动片随之改变垂直位置,使上、下两组动静片之间的重叠面积相应发生变化,成为两个差动式电容。上层定片与动片组成 C_{x1},下层定片与动片组成 C_{x2}接入变换桥路,由图 16 可知,当位移量变化造成 C_{x1}、C_{x2} 的差动变化时,电容变换电路输出一个相应的毫伏级电压,此电压经差动放大器放大后,再经过低通滤波器,即可在数字电压表上显示出被测量的大小。

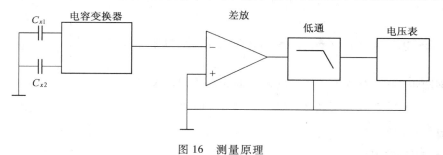

图 16　测量原理

四、实验步骤

1. 接线。按图 16 进行,电容变换器和差动放大器的增益均调至最大。
2. 调整和记录。测微头带动振动台移动至系统输出为零,此时动片位于两静片组中间。旋动测微头,每次 0.5 mm,记下位移 x 与输出电压 V 值,直至动片与静片覆盖面积最大为止。然后,向相反方向重复做上述实验。
3. 计算。算出系统灵敏度 $S = \Delta V / \Delta x$,并作出 V-x 曲线。
4. 将"差动放大器"增益旋钮调至适中,接通激振器,用示波器观察低通输出波形。

五、思考题

本实验系统的灵敏度取决于哪些因素?

实验七　光电测速传感器特性实验

一、实验目的

1. 了解光电传感器的基本原理。
2. 了解光电二极管的特性。
3. 掌握光电管和栅格盘组合的测速技术。

二、实验仪器及设备

光电测速装置、直流电动机、数字频率计、示波器。

三、实验原理

本实验通过栅格圆盘和光电管检测装置组成的测速系统进行电动机转速测试。当电动机带动栅格盘旋转时,如图 17 所示,测速光电管 4 获得一系列脉冲信号,经转换电路由数字频率计测量出脉冲信号的频率 f,再经过计算和换算,就可以得到直流电动机的转速。

直流电动机转速计算公式为

$$n = \frac{60f}{N}$$

式中,n 为直流电动机转速 r/min;f 为脉冲频率数;N 为栅格数。

由栅格圆盘、光电管及相应的电路构成的光电传感器输出的脉冲信号,要求有一定脉宽和幅度,其频率(即脉冲频率)由数字频率计读出。

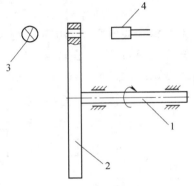

图 17　测速系统
1—电动机轴接杆;2—栅格盘;
3—发光管;4—测速光电管

四、实验内容和步骤

1. 按要求接好实验线路,并接通电源。
2. 起动电动机,观察数字频率计显示值。
3. 改变直流电动机的供电电压来调节电动机转速,待电动机转速稳定后即可读数。
4. 重复 2 次,取算术平均值。
5. 算出对应的转速值。

五、实验要求

整理测试数据,画出光电传感器的转速特性曲线。

实验八　差动电感传感器测量位移和振幅

一、实验目的

1. 认识差动电感传感器的工作原理和结构。
2. 掌握差动电感传感器测量位移和振幅的方法。

二、实验设备及装置

CSY$_{10}$型传感器系统实验仪单元:音频振荡器、低频振荡器、电桥、差动放大器、移相器、相敏检波器、测微头、低通滤波器、数字电压表、示波器。

三、实验原理

利用差动变压器两个次级线圈和软磁铁氧体组成差动螺管式电感传感器。当衔铁处在中间位置时,位移为零,两线圈的电感量相等。衔铁相对位置的变化将引起螺管线圈电感值的变化,从而使传感器线圈的输出电压变化。

四、实验步骤

1. 静态测量(位移测量)

(1)如图 18 所示电路,线圈 L_{01}、L_{02} 接成差动形式并接入桥路相邻边。音频振荡器 LV 作为恒流源供电。差动放大器的增益为 100 倍,电桥上 R_2、R_3 组成桥路的另外两个臂。电桥的作用是将线圈电感的变化转换成电桥电压输出。

(2)旋转测微头使衔铁置于中间部位,此时 $L_{01} = L_{02}$,系统输出为零。

(3)当衔铁上下移动时,$L_{01} \neq L_{02}$,电桥就有输出电压,其值大小与衔铁位移量 y 成正比,相位与衔铁的移动方向有关,衔铁向上移动和向下移动时输出电压的相位相差约 180°。由于电桥输出电压是一个调幅波,因此必须通过相敏检波后才能判断电压极性。改变衔铁的位置就可以

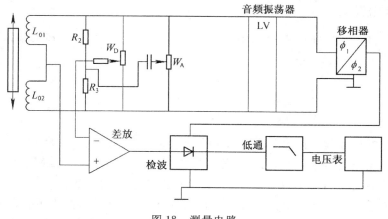

图 18　测量电路

得到相应的输出电压 V,由 V 和位移 y 可绘制 $V-y$ 静态输出曲线。

　　注:以衔铁中心位置为基准,振动台上下移动 ±5 mm 左右,调节移相器,使电压输出为最大。如双向不对称,可调 W_A、W_D 及移相旋钮直到基本对称。

　　输出电压 V-位移 y:

y/mm											
V											

2. 动态测量(振幅测量)

　　(1)用低频振荡器加入一频率为 f 的交变力使振动台上下振动,输出电压 V_{P-P} 为一交变的正弦波。

　　(2)低通滤波器的输出接示波器,从示波器观察各环节的波形。

　　输出电压 V_{P-P}-频率 f:

f/Hz	4	5	6	7	8	9	10	12	14	16	18	30
V_{P-P}												

五、实验要求

　　1. 绘出实验装置简图及实验系统方框图,并说明各部分的作用。
　　2. 根据实验数据在坐标纸上绘制输出特性曲线 $V-y$ 和 $V_{P-P}-f$。

实验九　环形输送线实验台综合实验

一、实验目的

　　通过本实验让学生了解自动生产线上常用传感器的检测原理和应用方法。

二、实验仪器和设备

　　计算机 1 台,DRVI 快速可重组虚拟仪器平台 1 套,打印机 1 台,环形输送线试验台 1 个,USB 数据采集仪 1 台。

三、实验内容

1. 物体检测

　　本实验采用红外反射式传感器(DRHF-12-A)检测物体,如图 19 所示,在进行实验之前要确认传感器的反光板已经正确安装,否则传感器检测不到信号。红外反射式传感器及反光板的安装方法是将传感器固定在支架上,调整安装螺钉使传感器的下边沿平行于输送线的顶盖板。反光板固定在传感器发射面的前面,使反光面中心正对着传感器。开动环形输送线,当测试样品随链板运动经过传感器时,由于物体遮挡了红外线的反射,传感器会输出一个跳变的信号。

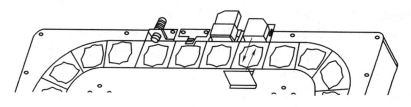

图 19　红外反射式传感器物体检测

2. 金属物体检测

本实验采用电涡流接近开关进行测量,如图 20 所示,探测距离比较短,一般<20 mm。因此,在进行实验之前,请注意调节传感器探头与被测物体之间的距离。为了取得良好的实验效果,建议调整到 5～10 mm。在传感器调整好以后,开动环形输送线。链板拖动被测物体经过传感器探头前面,当金属材质(铝)的物体经过探头时,传感器会输出跳变的信号。需要说明的是,电涡流接近开关在探测不同材质、不同形状的金属物体时,其有效探测距离会表现得有一些差异。一般地,铝材比铁质物体的有效探测距离要小。随环形输送线提供的测试样品有两种:一种是塑料材质的,另一种是铝材质的。

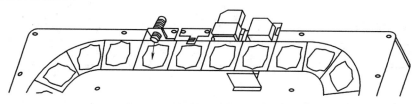

图 20　电涡流接近开关金属物体检测

3. 输送线运行速度测量

本实验使用红外对射式传感器测量。如图 21 所示,红外对射式传感器的发射和接收窗口被固定在传动链条的两侧,当链条在电动机的拖动下运动时,链条的滚子会有规律地遮挡传感器发出的红外线,在传感器的输出端上就会得到连续的脉冲。由于链条的滚子之间的距离(即节距)相等,(节距:$d=12.7$ mm)所以测得传感器输出的脉冲频率(F),就可以推算出链条的运动速度 $S[S=dF(\text{mm/s})]$。实验时,可通过输送线的速度开关选择不同的运行速度,观察信号波形的变化。

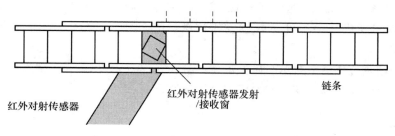

红外对射传感器　　　红外对射传感器发射/接收窗　　　链条

图 21　红外对射传感器运动速度测量原理示意图

需要说明的是,红外对射传感器安装在环形输送线的链板的下面,在输送线上部是观察不到该传感器的,使用时也不需要进行调整。由于链条的运动速度比较慢,一般为 16 ~ 50 mm/s,对应传感器测量信号频率为 1.26 ~ 3.94 Hz。因此,采样频率参数不能设置得过高,可根据采样长度(1 024)内包含至少 2 个脉冲周期来确定采样频率。

4. 色差传感器物体表面颜色识别实验

色差识别传感器使用的是红外反射式色差传感器(DRSC–12–A),如图 22 所示,它的工作原理是依据不同颜色的物体表面对红外线的吸收率和反射率。在相同的测试距离上,黑色的吸收率最高,白色的吸收率最低。因此,可以根据物体对红外线的反射率来判断物体的表面颜色。在标准测试距离上,随环形输送线提供的三种测试颜色样品在 DRSC–12–A 色差传感器的测试结果如表 3 所示。

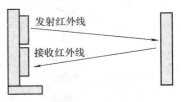

图 22　物体表面颜色识别原理

表 3　DRSC–12–A 色差传感器的测试结果

颜色	传感器输出/mv
黄	3 000 ~ 3 800
橙红	1 000 ~ 3 000
深蓝	200 ~ 500

注:测试距离为 5 ~ 10 mm。

在实际检测中,需要注意传感器与被测物体的距离应在 5 ~ 10 mm 之间,物体被测表面应为平面且角度与传感器的工作平面平行。测量时,由于输送线的运动,检测值是一个波动的电压范围,而不是精确的某个值。注意:在传感器的使用过程中请注意探头和被测物体表面的清洁,根据光的吸收与反射定律,如果被测物体表面有污物,会影响光的反射,也就是影响测量精度。另外,避免光源直射传感器端面或测试样品,否则也会影响测试结果。

5. 工位定位

在本实验中,使用霍尔传感器(DRHG–5–A)进行定位,霍尔传感器在检测到磁钢经过传感器探头时,磁场的变化会使传感器输出脉冲信号。利用霍尔传感器的这一特性,将磁钢安装在某几个特定的链板上,这样,当这些安装有磁钢的链板经过传感器探头时,传感器就会"认出"这些链板。当环形输送线上配有直角坐标机械手时,霍尔传感器的输出与红外传感器等工件检测传感器配合,可以实现机械手工件抓取位置的控制。图 23 所示为霍尔传感器及磁钢等的安装位置。

注意:由于霍尔传感器只对单个磁极敏感,因此,在链板安装磁钢时,请将标记有红色或黑色的一面朝上。另外,探头与磁钢之间的距离应小于 8 mm。

四、实验步骤

1. 关闭数据采集仪电源,将对应传感器的信号输出端接入配套的数据采集仪 A/D 通道中。
注意:禁止带电从采集仪上插拔传感器,否则会损坏采集仪和传感器。

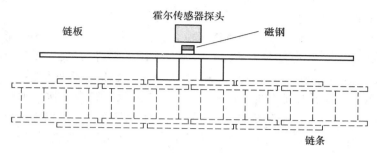

图 23　霍尔传感器定位原理图

2．按照上述方法,安装好相应传感器。

3．在输送线上放置测试样品。

4．闭合开关电源模块开关,其上的红色指示灯点亮。闭合数据采集仪电源开关,其上的绿色指示灯点亮。

5．开动环形输送线,运行相应 LabVIEW 实验脚本,记录实验结果。

五、实验报告要求

1．简述实验目的和原理。

2．复制实验系统运行界面,插入 Word 格式的实验报告中,用 Winzip 压缩后通过 Email 上交实验报告。

实验十　转子实验台综合实验

一、实验目的

通过本实验让学生掌握回转机械转速、振动、轴心轨迹测量方法,了解回转机械动平衡的概念和原理。

二、实验仪器和设备

计算机,LabVIEW 虚拟仪器平台,打印机,转子试验台,USB 数据采集仪 1 台。

三、实验内容

1. 转子实验台底座振动测量实验

对于多功能转子实验台底座的振动,可采用加速度传感器和速度传感器两种方式进行测量。将带有磁座的加速度和速度传感器放置在试验台的底座上,将传感器的输出接到变送器相应的端口,再将变送器输出的信号接到采集仪的相应通道,输入到计算机中。

启动转子试验台,调整转速。观察并记录得到的振动信号波形和频谱,比较加速度传感器和速度传感器所测得的振动信号特点。观察改变转子试验台转速后,振动信号、频谱的变化规律。对于多功能转子实验台转速,可以分别采用光电转速传感器和磁电转速传感器进行测量。

（1）采用光电传感器测量

如图 24 所示,将反光纸贴在圆盘的侧面,调整光电传感器的位置,一般推荐把传感器探头放置在被测物体前 2~3 cm,并使其前面的红外光源对准反光纸,使在反光纸经过时传感器的探测指示灯亮,反光纸转过后探测指示灯不亮(必要时可调节传感器后部的敏感度电位器)。当旋转部件上的反光纸通过光电传感器前时,光电传感器的输出就会跳变一次。通过测出这个跳变频率 f,就可知道转速 n。编写转速测量脚本,将传感器的信号通过采集仪输入计算机中。启动转子试验台,调节到一个稳定转速,点击实验平台面板中的"开始"按钮进行测量,观察并记录得到的波形和转速值。改变电动机转速,进行多次测量。

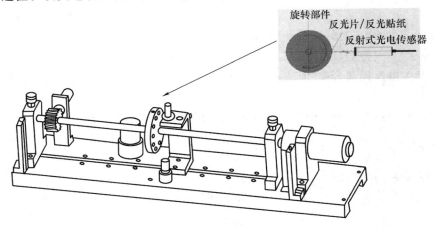

图 24　反射式光电转速传感器

（2）采用磁电传感器测量

将磁电传感器安装在转子试验台上专用的传感器架上,使其探头对准测速用 15 齿齿轮的中部,调节探头与齿顶的距离,使测试距离为 1 mm。在已知发信齿轮齿数的情况下,测得传感器输出信号脉冲的频率就可以计算出测速齿轮的转速。如设齿轮齿数为 N,转速为 n,脉冲频率为 f,则有 $n=f/N$。

通常,转速的单位是 r/min,所以要上述公式的得数再乘以 60 才能得到转速数据,即 $n=60 \times f/N$。在使用 60 齿的发信齿轮时,就可以得到一个简单的转速公式 $n=f$。所以,就可以使用频率计测量转速。这就是在工业转速测量中发信齿轮多为 60 齿的原因。

编写转速测量脚本,将传感器的信号通过采集仪输入计算机中。启动转子试验台,调节到一个稳定转速,点击实验平台面板中的"开始"按钮进行测量,观察并记录得到的波形和转速值。改变电动机转速,进行多次测量。

2. 轴心轨迹测量

轴心轨迹是转子运行时轴心的位置,在忽略轴的圆度误差的情况下,可以将两个电涡流位移传感器探头安装到实验台中部的传感器支架上,相互成 90°,并调好两个探头到主轴的距离(约 1.6 mm),标准是使从前置器输出的信号刚好为 0(mV)。这时,转子实验台启动后两个传感器测量的就是它在两个垂直方向 (x,y) 上的瞬时位移,合成为李沙育图就是转子的轴心运动轨迹。

四、实验步骤

1. 关闭 DRDAQ-USB 型数据采集仪电源,将需使用的传感器连接到采集仪的数据采集通道上。(禁止带电从采集仪上插拔传感器,否则会损坏采集仪和传感器。)

2. 开启 DRDAQ-USB 型数据采集仪电源。

3. 运行 LabVIEW 程序。

4. 观察实验现象,记录实验结果。

五、实验报告要求

1. 简述实验目的和原理。

2. 复制实验系统运行界面,插入 Word 格式的实验报告中,用 Winzip 压缩后通过 Email 上交实验报告。

参 考 文 献

[1] 黄长艺,严普强.机械工程测试技术基础.北京:机械工业出版社,1994.
[2] 梁德沛,李宝丽.机械工程参量的动态测试技术.北京:机械工业出版社,1995.
[3] 王恒杰,刘自然.机械工程检测技术.北京:机械工业出版社,1997.
[4] 廖念钊,等.互换性与技术测量.3 版.北京:中国计量出版社,1991.
[5] 何赐方,唐家才.形位误差测量.北京:中国计量出版社,1998.
[6] 何贡,马树山.表面粗糙度检测.北京:中国计量出版社,1998.
[7] 张玉文,唐家才.角度测量.北京:中国计量出版社,1998.
[8] 郑江,杨春风.螺纹测量.北京:中国计量出版社,1998.
[9] 于永芳,郑仲民.检测技术.北京:机械工业出版社,1995.
[10] 施文康,徐锡林.测试技术.上海:上海交通大学出版社,1996.
[11] 马西秦.自动检测技术.北京:机械工业出版社,1993.
[12] 王光铨,毛军红.机械工程测量系统原理与装置.北京:机械工业出版社,1998.
[13] 梁森,黄杭美,阮智利.自动检测与转换技术.北京:机械工业出版社,1996.
[14] 熊诗波.液压测试技术.北京:机械工业出版社,1982.
[15] 谭尹耕.液压实验设备与测试技术.北京:北京理工大学出版社,1989.
[16] 李树人,范琳生.转速测量技术.北京:中国计量出版社,1986.
[17] 国家机械工业委员会.无损检测技术.北京:机械工业出版社,1992.
[18] 侯国章.测试与传感技术.哈尔滨:哈尔滨工业大学出版社,1998.
[19] 王福全.单片微机测控系统设计大全.北京:北京航空航天大学出版社,1999.
[20] 重庆大学公差、刀具教研室.互换性与技术测量实验指导书.北京:中国计量出版社,1998.
[21] 邹吉权.公差配合与技术测量.重庆:重庆大学出版社,2004.
[22] 梁荣茗.三坐标测量机的设计 使用 维修与检定.北京:中国计量出版社,2001.
[23] 邓奕.数控加工技术实践.北京:机械工业出版社,2004.
[24] 刘巽尔.机械工程标准手册:基础互换性卷.北京:中国标准出版社,2001.
[25] 王健石.机械加工常用量具、量仪数据速查手册.北京:机械工业出版社,2006.
[26] 张洪源.公差配合与技术测量.北京:人民交通出版社,2006.
[27] 时代集团北京时代之峰科技有限公司.TR210手持式粗糙度仪使用说明书.
[28] 梁森.自动检测技术及应用.北京:机械工业出版社,2006.
[29] 雨宫好文.传感器入门.洪淳赫,译.北京:科学出版社,2000.
[30] 三浦宏文.机电一体化实用手册.杨晓辉,译.2 版.北京:科学出版社,2007.
[31] 侯国屏.LabVIEW7.1 编程与虚似仪器设计.北京:清华大学出版社,2005.
[32] 胡仁喜.LabVIEW8.2.1 虚拟仪器实例指导教程.北京:机械工业出版社,2008.
[33] 陈锡辉.LabVIEW8.20 程序设计从入门到精通.北京:清华大学出版社,2007.

防伪查询说明

用户购书后刮开封底防伪涂层,利用手机微信等软件扫描二维码,会跳转至防伪查询网页,获得所购图书详细信息。用户也可将防伪二维码下的 20 位密码按从左到右、从上到下的顺序发送短信至 106695881280,免费查询所购图书真伪。

反盗版短信举报

编辑短信"JB,图书名称,出版社,购买地点"发送至 10669588128

防伪客服电话

(010)58582300